DIANLI JIANSHE GONGCHENG GAIYUSUAN DINGE
2015NIAN JIAGE SHUIPING TIAOZHENG WENJIAN HUIBIAN

电力建设工程概预算定额

2015年价格水平调整文件汇编

电力工程造价与定额管理总站　编

中国电力出版社
CHINA ELECTRIC POWER PRESS

内 容 提 要

　　本文件汇编收录了 2015 年度电力工程造价与定额管理总站及所属电力定额站颁布执行的电力工程概预算定额价格水平调整文件。本文件汇编收录文件与 2006、2013 年版电力建设工程定额与计算规定，2009 年版 20kV 及以下配电网工程定额与计算规定，2010、2015 年版电网技术改造和检修工程定额与计算规定配套使用，分不同地区、不同工程类型给出了人工收入单价地区工资性补贴和人材机价格水平调整依据及办法，如实反映了概预算定额的地域价格水平差异和年度价格水平差异。

图书在版编目（CIP）数据

　　电力建设工程概预算定额 2015 年价格水平调整文件汇编/电力工程造价与定额管理总站编. —北京：中国电力出版社，2016.3

　　ISBN 978-7-5123-9021-8

　　Ⅰ. ①电… Ⅱ. ①电… Ⅲ. ①电力工程－概算编制－文件－汇编－中国－2015②电力工程－预算编制－文件－汇编－中国－2015 Ⅳ. ①TM7

　　中国版本图书馆 CIP 数据核字（2016）第 045082 号

中国电力出版社出版、发行

（北京市东城区北京站西街 19 号　100005　http://www.cepp.sgcc.com.cn）
北京市同江印刷厂印刷
各地新华书店经售

*

2016 年 3 月第一版　　2016 年 3 月北京第一次印刷
850 毫米×1168 毫米　32 开本　14.75 印张　366 千字
印数 0001—2000 册　　定价 **85.00** 元

敬 告 读 者

本书封底贴有防伪标签，刮开涂层可查询真伪
本书如有印装质量问题，我社发行部负责退换

版 权 专 有　翻 印 必 究

目　录

1. 关于公布各地区工资性补贴的通知

电定总造〔2007〕12号

各电力建设定额站:

为配合2006年版定额与费用计算标准的颁布实施,按照国家发展和改革委员会发改办能源〔2006〕427号文有关规定,我站对全国各地区工资性补贴进行了核定,现予公布。请各单位遵照执行。

附件:各地区工资性补贴汇总表

电力工程造价与定额管理总站(印)

2007年11月15日

附件：

各地区工资性补贴汇总表

单位：元

地区	工资性补贴	地区	工资性补贴
京津唐	3.30	浙江	3.77
山西	3.26	福建	3.50
河北	3.16	安徽	3.37
山东	3.03	江西	3.29
内蒙古	3.20	河南	3.91
辽宁	3.71	湖北	3.96
吉林	3.86	湖南	3.90
黑龙江	4.47	四川	3.12
陕西	3.90	重庆	3.12
新疆	3.13	云南	3.91
甘肃	4.00	广西	3.14
宁夏	3.77	贵州	2.91
青海	6.88	广东	2.40
上海	3.20	海南	2.40
江苏	3.48		

2. 关于颁布电力建设工程概预算定额价格水平调整办法的通知

电定总造〔2007〕14 号

各有关单位：

《电力建设工程概算定额（2006 年版）》和《电力建设工程预算定额（2006 年版）》已经颁布施行，为便于定额价格水平的调整和计算，如实反映不同年度、不同地区的市场价格水平，我站制定了《电力建设工程概预算定额价格水平调整办法》（见附件），现予颁布。

本办法自 2007 年 12 月 1 日起执行。

请国家电网公司电力建设定额站和中国南方电网有限责任公司电力建设定额站转发至所属各级电力建设定额站。

附件：电力建设工程概预算定额价格水平调整办法

电力工程造价与定额管理总站（印）

2007 年 11 月 10 日

附件：

电力建设工程概预算定额价格
水平调整办法

一、总则

（一）本办法适用于以《电力建设工程概算定额（2006年版）》、《电力建设工程预算定额（2006年版）》（以下简称"概预算定额"）和《电网工程建设预算编制与计算标准》《火力发电工程建设预算编制与计算标准》（以下简称"新版预规"）为计价依据编制电力建设工程预算时，对计入定额基价的人工、消耗性材料和机械台班的价格水平进行调整和计算，不适用于安装工程装置性材料价差的调整和计算。

（二）概预算定额价格水平调整的内容包括：工程所在省（自治区、直辖市）价格水平与概预算定额所规定的电力行业基准价格之间的地域价格水平调整，以及概预算编制水平年与定额基价水平年之间的年度价格因素调整。

（三）电力工程概预算编制水平年市场价格与定额基价水平之间的调整幅度，发电安装工程和电网安装工程以系数形式发布，建筑工程价格水平的调整按照本办法规定的典型材料品种直接计算编制年价差。

二、人工费调整

（一）人工费调整的内容。

各地区只调整工资性补贴。各地区工资性补贴金额由各省（自治区、直辖市）电力建设定额站测算，经上级电力建设定额站平衡，报电力工程造价与定额管理总站（以下简称"定额总站"）核定后发布实施。

（二）人工费调整系数计算公式

$$人工费调整系数=\frac{定额基准工日单价-2.4+当地工资性补贴}{定额基准工日单价}-100\%$$

（三）人工费调整金额计算公式

人工费调整金额=定额基价的人工费×人工费调整系数

（四）其他说明。

编制概预算时，人工费调整金额应汇总计入概预算编制年直接工程费的人工费，作为各项取费的取费基数。

三、安装工程定额材料、机械台班费用调整

安装工程定额材料、机械台班费用调整（以下简称"材机调整"）是针对定额基价中除人工费之外的材料与机械台班费用进行各地区概预算编制水平年与定额基价水平年之间差值的调整。

（一）材机调整系数计算公式

材机调整系数

$$=\frac{\sum(材料市场价格×消耗量)+\sum(机械台班单价×消耗量)}{\sum(定额内材料价格×消耗量)+\sum(定额内机械台班单价×消耗量)}-100\%$$

（二）电网工程材机调整系数的测算。

1．变电工程分 750、500（含换流站）、330、220、110kV 及以下五个电压等级，送电工程分 750、500（含直流）、330、220、110kV 及以下五个电压等级分别测定材机调整系数。

2．各电压等级典型工程的材料及机械品种构成及其消耗量见附表 1、附表 2。

3．材机调整系数由各省（自治区、直辖市）电力建设定额站测算，经上级电力建设定额站平衡，报定额总站核定后，于每年第一季度末发布施行。

（三）发电工程材机调整系数的测算。

1．按单机容量 1000、600、300、200、135MW 级及以下五个机组等级，分热力系统、燃料供应系统、除灰系统、水处

理系统、供水系统、电气系统、热工控制系统、附属生产系统和脱硫系统分别测定材机调整系数。

2．各机组等级典型工程的材料及机械品种构成见附表3。

3．发电工程材机调整系数由定额总站组织各电力建设定额站统一测算后，分地区发布。

（四）编制年材料市场价格的取定原则。

按照各省（自治区、直辖市）编制水平年度的第三季度材料价格为依据取定。

（五）编制年机械台班单价的取定原则。

以《电力建设工程施工机械台班费用定额（2006年版）》为依据取定，水平运输机械需缴纳的养路费、车船使用税，按各地规定一并计入机械台班单价中予以调整。施工机械用油、电的市场价格与定额取定价格之差，按机械品种表中规定的消耗量计入机械台班费用中一并调整。

（六）材机价差的计算和汇总。

1．材机价差的计算公式

材机价差=（定额基价−定额基价中的人工费）×材机调整系数

2．在编制概预算时，材机价差只计取税金，汇总计入编制年价差，不参与安装工程各项取费。

四、建筑工程定额材料、机械费用调整

（一）建筑工程采用典型材料、机械品种直接调整方式，各工程应根据实际汇总消耗量计算，公式如下：

材机价差=∑［典型材料消耗量×（市场价格−定额内取定价格）］

　　　　+∑［典型机械台班实际消耗量×（机械台班单价

　　　　　−定额内机械台班单价）］

材料市场价格及机械台班单价的取定原则同安装工程。

（二）建筑工程典型材料、机械品种规格见附表4、附表5。

（三）在编制概预算时，建筑工程材机价差只计取税金，汇总计入编制年价差，不参与建筑工程各项取费。

五、其他

1. 本办法自 2007 年 12 月 1 日起执行。

2. 本办法由电力工程造价与定额管理总站负责解释。

附表 1：变电安装工程定额材机调整表
附表 2：送电线路安装工程定额材机调整表
附表 3：发电安装工程定额材机调整表
附表 4：建筑工程材料价差调整表
附表 5：建筑工程施工机械价差调整表

附表 1　变电安装工程定额材机调整表

编码	名称规格	单位	含量					单价（元）	
			110kV	220kV	330kV	500kV	750kV	北京	
	材料								
C3103100	槽钢 10 号以下	kg	5258	14 472	17 321	17 494	18 776	2.89	
C3105201	镀锌扁钢 综合	kg	1877	12 665	14 362	17 438	19 544	4.90	
C3107102	圆钢 ϕ10 以上	kg	746	3063	3534	4202	8522	2.71	
C3110001	型钢 综合	kg	850	12 334	16 878	19 090	21 859	3.35	
C3112301	中厚钢板 10mm 以下	kg	963	2796	8712	10 464	19 247	3.40	
C3202207	镀锌钢管 DN70	kg	610	4719	5113	6100	7147	4.49	
C4000033	碎石混凝土 C15-40	m³	15	61	70	84	170	128.41	
C5101101	电焊条 J422 综合	kg	500	2841	3531	3659	3886	4.20	
C5201201	镀锌六角螺栓 综合	kg	1343	7564	9903	12 493	12 788	8.96	
C5251101	镀锌铁丝 8 号	kg	403	1139	2245	3085	3516	5.50	
C6203301	自黏性橡胶带	卷		779	1656	2546		6.00	

编码	名称规格	单位	含量					单价（元）	
			110kV	220kV	330kV	500kV	750kV	北京	
C6215103	塑料标志牌 端子牌	个	2265	14 767	31 684	43 520	44 980	0.85	
C6301102	汽油 80 号以上	kg		1214	2220	3462		4.10	
C6323101	氩气	m³		818		1110		7.50	
C6401101	红丹防锈漆	kg	516	2511	2845	3658	4775	10.50	
C6403101	普通调和漆	kg	255	1112	1300	2270	2755	8.00	
C6407101	沥青清漆	kg	308	1398	1706	2057	2835	9.60	
C7101104	铜绞线 16mm²	m	260	1518	3260	4473	4705	7.37	
C7101105	铜绞线 25mm²	m	124	436	964		1386	13.00	
C7101307	铜编织带 100mm²	m			401	189		46.10	
C7104306	铜芯塑料绝缘线 500V BV-8	m	342	1404				4.00	
C7110105	铜接线端子 35mm²	个	324					3.36	
C7111301	热收缩封头 1～4 号	个	894	3695	5353	9435	11 360	5.00	
C7112104	电缆卡子 40mm	个	4323	17 958	26 017	46 751	55 210	0.70	
C7201212	固定金具 MRJ-300/200	套		687		384		20.90	
C7201610	母线伸缩节 MSC3-150	件	35	127		127		68.00	
C7202111	固定金具 MRJ-51/400	件				938	2373	104.00	
C7203104	设备线夹 SSY-1400C/400	件				92		143.00	
C7203108	设备线夹 SSY-600KA/400	件				28	66	449.00	
C7203115	设备线夹 SY-300	件		508	560	490		27.00	

编码	名称规格	单位	含量					单价（元）
			110kV	220kV	330kV	500kV	750kV	北京
C7203405	耐张线夹 NYZ-1400N	件				300	353	202.00
C7203601	均压屏蔽环 FJP-500B-6	件				182	229	211.00
C7203702	直角挂板 Z-16	件				425	588	26.00
C7203804	联板 LV-1620	件		127	147			36.00
C7204605	U 形挂环 U-30	件				273	344	60.00
C7204703	碗头挂板 WS-16	副				237	337	64.00
C7206211	钢芯铝绞线 LGJ-185（阻尼线）	kg		1211		721		12.62
C7206302	轻型钢芯铝绞线 LGJQ-300	kg	101	3491	2965	2707		16.60
C7206303	轻型钢芯铝绞线 LGJQ-400	kg		1060	400	750		16.54
C7206304	轻型钢芯铝绞线 LGJQ-600	kg			700			16.47
C7206401	扩径导线 LGKK-600	kg			546	455	1423	18.45
C7206402	扩径导线 LGKK-2×600	kg				1709	3194	18.45
C7206501	耐热铝合金导线 NRLH60GJ-1440	kg				5398	7418	18.56
C8101101	钢管脚手架 包括扣件	kg	391	2835	3536	4457	5489	3.65
C8101501	木脚手板 50×250×4000	块				104		78.75
C8102101	枕木 160×220×2500	根	47	84		422		120.75
C8981101	调试材料费	元	7405	16 645	44 425	47 475	55 803	1.00
CC04010210	变电 T 形线夹（压缩型）TY-300/20	件		171				71.00
	材料合计							

编码	名称规格	单位	含 量					单价（元）
			110kV	220kV	330kV	500kV	750kV	北京
	机械							
J1302101	汽车式起重机 5t	台班	19	82	112.18			299.19
J1302104	汽车式起重机 16t	台班	8	80		128	193	764.27
J1302107	汽车式起重机 30t	台班				78		1238.90
J1401102	载重汽车 5t	台班	22.18	41		214	267	239.28
J1401302	高空作业车 30m	台班			157		162	1023.87
J1901001	交流电焊机 21kVA	台班	315	1338	1575	1652		48.30
J2201101	高真空净油机 6000L/h	台班		20				1727.00
J2201102	高真空净油机 12 000L/h	台班			141.07	245	398	2075.36
J2201202	真空滤油机 6000L/h	台班	26	37				785.76
J2405123	调试机械费	元	140 638	316 123	843 718	901 644	1 059 807	1.00
	汽油	kg	432	1909	2614			4.10
	柴油	kg	1003	4197	9420	14 906	25 214	3.90
	电	kWh	31 636	118 118	250 130	369 184	437 701	0.60
	机械合计							
	材机费合计							
	材机调整系数							

附表 2 送电线路安装工程定额材机调整表

编码	名称规格	单位	每千米含量					单价（元）
			110kV	220kV	330kV	500kV	750kV	北京
	材料							
C4101102	圆木 红白松 二等	m³	0.28	0.38	0.49	0.47	0.63	820.00
C4102102	方材 红白松 二等	m³	0.95	1.18	1.57	0.78	1.40	930.00
C4102202	板材 红白松 二等	m³	1.33	1.38	1.78	1.67	2.25	990.00
C5101101	电焊条 J422 综合	kg	21.00	44.00	63.65	110.00	138.16	4.20
C5206101	圆钉	kg					41.97	5.00
C5251101	镀锌铁丝 8 号	kg	46.15	93.40	136.63	131.85	155.72	5.50
C6319101	硝铵炸药 2 号	kg	14.41	50.72		139.18	161.30	4.05
C6319202	雷管 火雷管	个				385.67		1.10
C6324201	焦炭	kg		150.65		506.83		0.60
C6407101	沥青清漆	kg	4.41					9.60
C7103104	镀锌钢绞线 GJ-70	kg		36.23				8.50
C7103105	镀锌钢绞线 GJ-100	kg			25.49	29.03		6.50
C7103106	镀锌钢绞线 GJ-120	kg					52.00	6.50
C7115701	铝包带 1×10	kg	2.70		12.95	11.43	16.52	25.00
C7208418	导线接续管 JTB-185	个	2.00					25.00
C7208421	导线接续管 JYB-300	个		8.00	6.82			46.00
C7208423	导线接续管 JYB-400	个				9.84	14.76	64.00
C8101101	钢管脚手架 包括扣件	kg	26.87	34.77	48.11	52.45	62.69	3.65
C8101801	安全网	m²	13.16	28.35		36.18		16.80
	材料合计							

编码	名称规格	单位	每千米含量					单价（元）	
			110kV	220kV	330kV	500kV	750kV	北京	
	机械								
J1302202	送电专用汽车式起重机 8t	台班	1.21		2.57	4.58	4.93	551.53	
J1302204	送电专用汽车式起重机 20t	台班			2.94	2.64	3.05	1138.99	
J1302205	送电专用汽车式起重机 25t	台班					3.05	1280.58	
J1401501	送电专用载重汽车 4t	台班	18.55	28.72	21.83	21.42	31.07	226.11	
J1401502	送电专用载重汽车 5t	台班	14.98	26.96	41.04	45.02	62.69	260.67	
J1802102	污水泵 100mm	台班		6.40	9.52	8.99		154.78	
J2101103	柴油发电机 60kW	台班			1.48	2.21	3.43	464.60	
J2203102	牵引机组 一牵二	台班			1.09			2012.40	
J2203103	牵引机组 一牵四	台班				0.91		4024.09	
J2203104	牵引机组 一牵六	台班					1.04	6038.53	
J2203202	张力机组 一张二	台班			1.09			1932.28	
J2203203	张力机组 一张四	台班				0.91	1.04	3908.92	
J2203301	机动绞磨 3t	台班		8.33		11.42		79.53	
	汽油	kg	472.65	770.09	556.15	598.36	791.76	4.10	
	柴油	kg	516.63	867.84	1705.80	1958.24	2799.65	3.90	
	电	kWh		832.00	1237.97	1169.05		0.60	
	机械合计								
	材机费合计								
	材机调整系数								

附表3 发电安装工程定额材机调整表

附表3.1 热力系统

编码	名称规格	单位	含量					单价(元)
			135MW	200MW	300MW	600MW	1000MW	北京
	(一)热力系统							
	材料							
C8320801	电	kWh	1 431 441	2 374 278	3 232 122	3 822 608	4 941 178	0.60
C8102101	枕木 160×220×2500	根	1461	1511	1713	1854	2860	120.75
C8101501	木脚手板 50×250×4000	块	1904	2307	2663	3309	6165	78.75
C8101101	钢管脚手架 包括扣件	kg	75 019	82 877	102 960	136 765	278 743	3.65
C6403301	酚醛调和漆	kg	25 058	25 818	39 599	69 691	135 569	8.00
C6322201	乙炔气	m³	32 363	38 678	43 987	58 790	95 248	12.50
C6322101	氧气	m³	91 730	109 536	125 782	168 488	272 828	1.95
C6315201	高温黏结剂	kg		15 678	18 636	26 138		7.50
C6312301	乙二胺四乙酸	kg		18 711			41 371	15.60
C6312101	联胺40%	kg		15 336			42 963	5.70
C6307101	氢氧化钠(烧碱)99.5%	kg	37 800	87 780		117 096	134 354	2.50
C6306501	柠檬酸	kg				70 476	86 700	5.40
C6209701	X光软胶片 80×300	cm²	4 633 195	5 926 530	7 794 692	10 469 345	21 527 813	0.02

编码	名称规格	单位	含 量					单价（元）	
			135MW	200MW	300MW	600MW	1000MW	北京	
C6104101	自锁保温钉 ϕ3.2×200	套	429 823	1 074 228	1 276 862	1 791 437	2 665 236	0.60	
C5251101	镀锌铁丝 8 号	kg	22 060	26 954	34 827	49 518	108 198	5.50	
C5101301	不锈钢电焊条 综合	kg				4263	10 229	39.00	
C5101202	合金钢电焊条 中高合金 综合	kg			3525	12 817	41 659	98.00	
C5101201	合金钢电焊条 低合金 综合	kg	9489	13 230	14 186	20 338	33 673	15.80	
C5101102	电焊条 J507 综合	kg	60 659	66 227	95 937	151 501	184 515	6.20	
C5101101	电焊条 J422 综合	kg	18 406	28 464	39 063	58 905	98 462	4.20	
C4102201	板材 红白松 一等	m³	233					1160.00	
C3607306	履带式加热片	m²	66	119	158	233	457	2500.00	
C3501514	电动闸阀 Z941H-40 DN400	只	5	5		5		30 000.00	
C3201102	一般无缝钢管 ϕ57 以下	kg	31 512	31 844		56 294		5.80	
C3112302	中厚钢板 20mm 以下	kg	37 682	50 148	75 370	105 297	205 003	3.23	
C3110001	型钢综合	kg	125 581	138 064	192 756	263 110	479 743	3.35	
C3107502	不锈圆钢 ϕ6 以下	kg	7750					28.00	
	材料合计								

14

编码	名称规格	单位	含 量					单价（元）
			135MW	200MW	300MW	600MW	1000MW	北京
	机械							
J2002201	热处理机	台班	2495	4597	5288	7690	17 071	238.29
J2001203	X光探伤机 2505	台班	3395	3437	5265	7845	15 387	144.59
J1902002	逆变电焊机	台班	15 248	19 908	27 356	53 412	85 737	64.54
J1901001	交流电焊机 21kVA	台班	9115	12 651	17 227	25 185	50 179	48.30
J1501302	卷扬机 单筒慢速 5t	台班		4530				86.06
J1407001	低驾平板车 25t	台班	663	766	1219	1382	3044	1310.90
J1403006	平板拖车组 40t	台班	393	512	514	752		1078.25
J1308002	炉顶式起重机 630t·m	台班				896	2203	1520.37
J1308001	炉顶式起重机 300t·m	台班			718			1184.90
J1307101	电动双梁起重机 235t	台班					1079	1500.00
J1307008	电动双梁起重机 100t	台班		696	912	1317		679.04
J1307007	电动双梁起重机 75t	台班	596					551.10
J1306111	塔式起重机 3000t·m	台班		107				5830.13
J1306105	塔式起重机 60t	台班	860	682	221	349	666	2591.62
J1306103	塔式起重机 15t	台班	730	706	948	1403	1737	880.43

编码	名称规格	单位	含　量					单价（元）
			135MW	200MW	300MW	600MW	1000MW	北京
J1303007	龙门式起重机 63t	台班		698	1747	1676	3548	1251.85
J1303005	龙门式起重机 40t	台班	564	669				828.56
J1302106	汽车式起重机 25t	台班	548	601	463			983.93
J1301017	履带式起重机 400t	台班				406	790	17 763.83
J1301015	履带式起重机 250t	台班			214	387	744	12 162.40
J1301013	履带式起重机 150t	台班			387			7376.94
J1301008	履带式起重机 50t	台班	355	281	738	1205	1987	1630.57
	汽油	kg						4.10
	柴油	kg	114 871	123 289	270 460	378 001	638 974	3.90
	电	kWh	2 477 203	3 708 688	4 732 416	7 358 337	11 545 474	0.60
	机械合计							
	材机费合计							
	材机调整系数							

燃 料 供 应 系 统

编码	名称规格	单位	含　　　量					单价（元）
			135MW	200MW	300MW	600MW	1000MW	北京
	（二）燃料供应系统							
	材料							
C8320801	电	kWh	17 905	22 126	24 590	27 226	29 832	0.60
C8306101	棉纱头	kg	501	681	1013	1039	1762	7.06
C8101501	木脚手板 50×250×4000	块	44	79	107	114	155	78.75
C8101101	钢管脚手架包括扣件	kg	3991	7807	9039	9743	14 184	3.65
C6403301	酚醛调和漆	kg	3741	5096	8029	10 733	17 360	8.00
C6322201	乙炔气	m³	834	1227	1801	1861	3039	12.50
C6322101	氧气	m³	2427	3571	5281	5464	8871	1.95
C6302611	油脂 钙基脂（黄油）	kg	525				1806	5.50
C6301301	煤油	kg	917	1109				3.30
C5301810	镀锌钢管接头零件 DN100	个		228		552		20.68
C5251101	镀锌铁丝 8 号	kg	635		1228	1639	1993	5.50
C5101102	电焊条 J507 综合	kg		774	1136	1414	1776	6.20
C5101101	电焊条 J422 综合	kg	1821	3315	3704	3694	7204	4.20
C3801201	斜垫铁 综合	kg	3229	5015	6185	8125	11 216	6.60
C3112302	中厚钢板 20mm 以下	kg	3708	5667	9309	12 296	16 371	3.23
C3110001	型钢 综合	kg	3174	5866	8892	12 220	15 516	3.35
	材料合计							

编码	名称规格	单位	含 量					单价（元）	
			135MW	200MW	300MW	600MW	1000MW	北京	
	机械								
J1902002	逆变电焊机	台班	210	324	780	1009	1212	64.54	
J1901001	交流电焊机 21kVA	台班	747	972	1456	1805	2395	48.30	
J1503101	单笼施工电梯 75m	台班	28					237.26	
J1501302	卷扬机 单筒 慢速 5t	台班	84					86.06	
J1501301	卷扬机 单筒 慢速 3t	台班	170	233	402	456	590	77.76	
J1403006	平板拖车组 40t	台班		7		15		1078.25	
J1401104	载重汽车 8t	台班	30	26	41		87	310.71	
J1306105	塔式起重机 60t	台班	3		8		18	2591.62	
J1305002	叉式起重机 5t	台班		23				345.70	
J1303004	龙门式起重机 30t	台班			17		37	713.26	
J1302111	汽车式起重机 90t	台班	5	7	10	20	20	5854.72	
J1302106	汽车式起重机 25t	台班	32	44	50	90	83	983.93	
J1302104	汽车式起重机 16t	台班		11	27	18	46	764.27	
J1302102	汽车式起重机 8t	台班	45	60	101	75	196	443.23	
	汽油	kg						4.10	
	柴油	kg	3954	6373	7970	8645	15 000	3.90	
	电	kWh	68 445	85 350	154 704	183 673	252 049	0.60	
	机械合计								
	材机费合计								
	材机调整系数								

附表 3.3 　　　　除 灰 系 统

编码	名称规格	单位	含 量					单价（元）
			135MW	200MW	300MW	600MW	1000MW	北京
	（三）除灰系统							
	材料							
C8306101	棉纱头	kg	216	297	423	498	573	7.06
C8101501	木脚手板 50×250×4000	块	28	64	76	81	119	78.75
C8101101	钢管脚手架 包括扣件	kg	680	888	1362	1694	2490	3.65
C6403301	酚醛调和漆	kg	415	413	584	709	975	8.00
C6322201	乙炔气	m³	402	406	543	588	1355	12.50
C6322101	氧气	m³	1165	1192	1615	1729	3993	1.95
C5301805	镀锌钢管接头零件 DN50	个			492		870	4.04
C5251101	镀锌铁丝 8 号	kg	450	480	578	920	1466	5.50
C5101102	电焊条 J507 综合	kg	980	739	1628	1272	4136	6.20
C5101101	电焊条 J422 综合	kg	1016	1247	804	1619	1935	4.20
C3801301	钩头斜垫铁 综合	kg	225	676	676	957	1149	6.82
C3801201	斜垫铁 综合	kg	666	1017	1134	1571	1945	6.60
C3801101	平垫铁 综合	kg		421	427	580	705	6.05
C3112302	中厚钢板 20mm 以下	kg	447	801	949			3.23
C3112301	中厚钢板 10mm 以下	kg		338		611		3.40
C3112105	薄钢板 4mm 以下	kg			425	794		4.35
C3110001	型钢 综合	kg	2087	1416	3113	3190	12 568	3.35
	材料合计							

编码	名称规格	单位	含　　量					单价（元）	
			135MW	200MW	300MW	600MW	1000MW	北京	
	机械								
J2102106	电动空气压缩机 10m³/min	台班	20					355.96	
J2102105	电动空气压缩机 6m³/min	台班		34	29	41		224.26	
J2001203	X光探伤机 2505	台班			52		97	144.59	
J1902002	逆变电焊机	台班	426	480	745	843	2108	64.54	
J1901001	交流电焊机 21kVA	台班	237	354	192	451	511	48.30	
J1501301	卷扬机 单筒慢速 3t	台班			58		152	77.76	
J1401105	载重汽车 10t	台班	9	19	20	21		390.69	
J1401104	载重汽车 8t	台班	12	16	18	20	56	310.71	
J1401102	载重汽车 5t	台班	10				51	239.28	
J1306105	塔式起重机 60t	台班	3	5		9	10	2591.62	
J1303004	龙门式起重机 30t	台班	4		15			713.26	
J1302106	汽车式起重机 25t	台班	3		5			983.93	
J1302105	汽车式起重机 20t	台班	4	12	7	7		869.45	
J1302104	汽车式起重机 16t	台班	6	11	16	24	22	764.27	
J1302102	汽车式起重机 8t	台班	11			11	41	443.23	
J1302101	汽车式起重机 5t	台班					40	299.19	

编码	名称规格	单位	含 量					单价（元）	
			135MW	200MW	300MW	600MW	1000MW	北京	
	汽油	kg					925	4.10	
	柴油	kg	1917	2196	2461	2981	5608	3.90	
	电	kWh	49 905	59 375	64 883	94 046	167 363	0.60	
	机械合计								
	材机费合计								
	材机调整系数								

附表 3.4　　　　化学水处理系统

编码	名称规格	单位	含 量					单价（元）	
			135MW	200MW	300MW	600MW	1000MW	北京	
	（四）化学水处理系统								
	材料								
C8320101	水	t	11 361	21 005	23 150	40 529	60 111	2.00	
C8101101	钢管脚手架包括扣件	kg	4941	4754	5937	9426	18 367	3.65	
C6323101	氩气	m³	4854	4069	5359	7652	10 577	7.50	
C6322201	乙炔气	m³	969	1304	2130	2894	2917	12.50	
C6307101	氢氧化钠（烧碱）99.5%	kg	10 880	19 137	28 226	36 452	38 226	2.50	
C6306201	盐酸 31%	kg	21 067	37 110	45 343	70 686	95 343	0.85	
C5251101	镀锌铁丝 8 号	kg		1671		3490	3614	5.50	
C5103602	钨极棒	g	20 908	34 482	69 316	127 541	176 291	0.44	
C5103301	不锈钢氩弧焊丝 综合	kg	1618	683	2785	2544	3525	48.00	

编码	名称规格	单位	含 量					单价（元）	
			135MW	200MW	300MW	600MW	1000MW	北京	
C5101301	不锈钢电焊条 综合	kg			893	1230	1401	39.00	
C5101102	电焊条 J507 综合	kg		3343	3157	3226	3663	6.20	
C3110001	型钢 综合	kg	15 166	20 236	28 973	30 415	36 960	3.35	
	材料合计								
	机械								
J2102105	电动空气压缩机 6m³/min	台班		56	128	294.27	1136	224.26	
J1902002	逆变电焊机	台班	1808	2657	4712	5194	7524	64.54	
J1503101	单笼施工电梯 75m	台班	30			113		237.26	
J1401102	载重汽车 5t	台班	51	167	198	307	632	239.28	
J1302102	汽车式起重机 8t	台班	11	33				443.23	
J1302101	汽车式起重机 5t	台班	23	109	160	263	444	299.19	
	汽油	kg		2534	3729	6119	10 346	4.10	
	柴油	kg	1953	6320	6380	9871	20 335	3.90	
	电	kWh	109 879	171 369	310 229	380 030	695 745	0.60	
	机械合计								
	材机费合计								
	材机调整系数								

附表 3.5

供 水 系 统

编码	名 称 规 格	单位	含 量							单价（元）
			135MW	200MW	300MW		600MW		1000MW	北京
					空冷	湿冷	空冷	湿冷		
	（五）供水系统									
	材料									
C8320801	电	kWh	32 860	39 140		57 326	15 057.00	119 986	199 393	0.60
C8101201	钢脚手板 50×250×4000	块			1106.57					69.09
C8101101	钢管脚手架 包括扣件	kg			46 670.05					3.65
C6407401	环氧煤沥青漆	kg	8192	12 355	16 539.26	17 626	4 6147	29 549	37 354	15.00
C6322201	乙炔气	m³	360	642	4357.44	1388	8090.68	1799	2598	12.50
C6304901	环氧稀释剂	kg	1820	2471		3562	4355.00	4155	4735	13.50
C6304501	渗透剂	kg			1273.72					30.00
C6102801	玻璃丝布 0.2mm	m²	30 620	47 879	88 301.44	75 135	153 421	95 165	115 223	1.20
C5251101	镀锌铁丝 8 号	kg	1736	3724	8590	4919	12 526.31	5343	6735	5.50
C5101102	电焊条 J507 综合	kg	3976	6182	14 172.24	17 888	33 720	23 918	46 655	6.20

续表

编码	名称 规格	单位	含 量							单价（元）
			135MW	200MW	300MW 空冷	300MW 湿冷	600MW 空冷	600MW 湿冷	1000MW	北京
C5101101	电焊条 J422 综合	kg			9962.37					4.20
C3112102	薄钢板 1.5mm 以下	kg			6300.00					4.50
C3110001	型钢 综合	kg	1857	2277	25 870.92					3.35
	材料合计									
	机械									
J2106201	鼓风机 30m³/min	台班		149		1794	2950	2409	3453	54.00
J2106101	轴流风机 7.5kW	台班	0	669	4050	991	6054	3563	1556	32.13
J2102106	电动空气压缩机 10m³/min	台班		130	730.54		950	240	453	355.96
J1902002	逆变电焊机	台班	624	1357	9080.11	2839	11 580	3580	5944	64.54
J1401107	载重汽车 15t	台班	10				215.22	21		607.57
J1401104	载重汽车 8t	台班				126		215	1080	310.71

编码	名称 规格	单位	含量							单价（元）
			135MW	200MW	300MW		600MW		1000MW	北京
					空冷	湿冷	空冷	湿冷		
J1306105	塔式起重机 60t	台班			184.74					2591.62
J1302105	汽车式起重机 20t	台班	25					37		869.45
J1302102	汽车式起重机 8t	台班	0			128	215.61	211	327	443.23
J1301015	履带式起重机 250t	台班			70.00					12 162.40
J1301011	履带式起重机 90t	台班		39						3780.19
J1301008	履带式起重机 50t	台班			149.83		170			1630.57
J1301003	履带式起重机 15t	台班	12			144	272.99	270		553.51
	汽油	kg								4.10
	柴油	kg	1893	4494	25 424	12 726	37 551	24 942	47 624	3.90
	电	kWh	37 440	160 764	1 082 459	210 264	1 321 680	455 164	601 996	0.60
	机械合计									
	材机费合计									
	材机调整系数									

附表 3.6 电 气 系 统

编码	名称规格	单位	含量					单价（元）	
			135MW	200MW	300MW	600MW	1000MW	北京	
	（六）电气系统								
	材料								
C8953502	镀锌水煤气管 DN70	kg	9135	9887	14 054	22 379	12 648	5.37	
C8953403	水煤气管 DN25	kg	5304	10 538	10 538	10 561	19 716	4.00	
C8320801	电	kWh	89 962	127 393	159 146	264 011	453 425	0.60	
C8307110	尼龙绳ϕ25	kg		952		1757	2571	14.00	
C8306101	棉纱头	kg		1477			4891	7.06	
C8305601	破布	kg	2265	4714	5166	9921	13 407	7.00	
C8102101	枕木 160×220× 2500	根	165	254	197	366	598	120.75	
C8101101	钢管脚手架 包括扣件	kg	6961	13 737	17 070	73 850	66 158	3.65	
C7402301	滑触线组件 支架器	套	2430	5365	7491	8301	5973	32.16	
C7206215	钢芯铝绞线 LGJ-400/25	kg		687				17.78	
C7201401	母线衬垫 JG	套	907	1738	1990	4512	6230	9.46	
C7112107	电缆卡子80mm	个	3703	6345	7759	14 341	23 483	3.00	
C7112106	电缆卡子60mm	个	9232	15 819	19 345	35 755	58 549	1.20	
C7112104	电缆卡子40mm	个	58 118	139 289	124 074	249 805	358 486	0.70	
C7111301	热收缩封头 1～ 4 号	个	13 377	20 564	28 488	56 733	82 825	5.00	
C7110601	封铅	kg	2722	3958	5778	11 336	16 942	5.90	
C7110113	铜接线端子 240mm^2	个	906	1552	1898	3508	5744	16.00	
C7110109	铜接线端子 120mm^2	个	1877	3216	3933	7269	11 903	5.80	

编码	名称规格	单位	含 量					单价（元）	
			135MW	200MW	300MW	600MW	1000MW	北京	
C7110105	铜接线端子 35mm²	个	7982	13 678	16 727	30 916	50 624	3.36	
C7110104	铜接线端子 25mm²	个				10 615	17 383	2.10	
C7101206	软铜绞线 25mm²	m	870	1491	1823	3369	5517	16.13	
C7101105	铜绞线 25mm²	m	2957	5205	6212	11 366	18 215	13.00	
C7101104	铜绞线 16mm²	m		2290				7.37	
C7101103	铜绞线 10mm²	m	2262	5057	4848	10 146	13 781	4.62	
C6407101	沥青清漆	kg	2015	4017	3838	6649	8381	9.60	
C6403101	普通调和漆	kg	2139	2746	4808	3856	5271	8.00	
C6401101	红丹防锈漆	kg	3792	5295	7956	8637	10 706	10.50	
C6301102	汽油 80 号以上	kg	4139	8516	8966	16 078	24 988	4.10	
C6203301	自黏性橡胶带	卷	3189	6229	6738	12 839	19 921	6.00	
C5251101	镀锌铁丝 8 号	kg	3198	5470	6897	14 619	25 923	5.50	
C5201401	双头螺栓 综合	kg		1959	2735			7.26	
C5201201	镀锌六角螺栓 综合	kg	15 322	26 869	34 283	59 371	76 152	8.96	
C5101101	电焊条 J422 综合	kg	4050	4826	4931	5601	7648	4.20	
C4000033	碎石混凝土 C15-40	m³	141		195	219	234	128.41	
C3610103	钢管卡子 DN32	个	11 946	20 769	22 103	35 961	49 530	0.80	
C3291101	钢管 综合	kg	1771		3493			5.00	
C3112301	中厚钢板 10mm 以下	kg	3072	3822		7699	12 608	3.40	
C3107102	圆钢 φ10 以上	kg	7069		9818	10 996	11 781	2.71	

编码	名称规格	单位	含量					单价（元）	
			135MW	200MW	300MW	600MW	1000MW	北京	
C3105201	镀锌扁钢 综合	kg	15 023	23 079	33 712	31 205	41 501	4.90	
C3104102	等边角钢 边长 50mm 以下	kg	6495	10 583	15 738	18 253	13 779	3.30	
C3103100	槽钢 10 号以下	kg	18 023	21 029	26 072	42 627	46 278	2.89	
	材料合计								
	机械								
J2405123	调试机械费	元	495 672	1 063 653	1 348 196	1 842 681	2 235 781	1.00	
J2221301	光时域反射仪	台班					654	390.18	
J2201202	真空滤油机 6000L/h	台班	123	115	149	179	323	785.76	
J2201102	高真空净油机 12 000L/h	台班				106	201	2075.36	
J1901001	交流电焊机 21kVA	台班	2330	3269	4879	4777	5378	48.30	
J1401302	高空作业车 30m	台班			78			1023.87	
J1401102	载重汽车 5t	台班	158	267	383	851	992	239.28	
J1302104	汽车式起重机 16t	台班	64	132	152	244	366	764.27	
J1302103	汽车式起重机 12t	台班		95				576.85	
	汽油	kg						4.10	
	柴油	kg	7399	16 207	22 474	36 117	45 054	3.90	
	电	kWh	199 877	252 292	366 008	490 617	703 939	0.60	
	机械合计								
	材机费合计								
	材机调整系数								

附表 3.7 热 工 控 制 系 统

编码	名称规格	单位	含量					单价（元）
			135MW	200MW	300MW	600MW	1000MW	北京
	（七）热工控制系统							
	材料							
CH03010101	普通型槽钢甲沸 5～8 号	t	8	14		19	24	2891.00
C8923601	仪表接头	套	3430	3960	4487	8032	8617	10.00
C8101201	钢脚手板 50×250×4000	块	639	826	1090	1317	1983	69.09
C8101101	钢管脚手架包括扣件	kg	22 658	43 328	68 822	36 409	117 864	3.65
C7112104	电缆卡子 40mm	个	130 415	180 460	198 664	294 200	459 042	0.70
C7111301	热收缩封头 1～4 号	个	25 986	36 055	39 606	58 620	91 486	5.00
C7110601	封铅	kg	4180	5777	6380	9429	14 711	5.90
C7101104	铜绞线 16mm^2	m	2242	12 824	3067	4964	7670	7.37
C7101103	铜绞线 10mm^2	m	7013	5906	11 000	15 890	23 329	4.62
C6407101	沥青清漆	kg	2332	10 612	4522	5871	9387	9.60
C6401101	红丹防锈漆	kg	1490	3452	4054	15 117	7379	10.50
C6301102	汽油 80 号以上	kg	4687		7282	10 701	16 258	4.10
C6215103	塑料标志牌端子牌	个	17 501	109 758	126 750	38 678	61 092	0.85
C6215101	塑料标志牌	个	46 521	65 066		105 259	147 228	0.30
C6211601	聚四氟乙烯生料带	kg	2207	2718		3503	4252	25.00
C6203301	自黏性橡胶带	卷	2891	3562	4451	6576	9826	6.00
C5301303	镀锌管接头 DN32	个	6041	12 560	14 179	16 920	29 061	2.90

编码	名称规格	单位	含　量					单价（元）	
			135MW	200MW	300MW	600MW	1000MW	北京	
C5251101	镀锌铁丝 8 号	kg	5617	9092	11 760	13 204	24 100	5.50	
C5201201	镀锌六角螺栓 综合	kg	12 753	21 793	31 610	55 741	59 688	8.96	
C5102301	不锈钢气焊丝 综合	kg	456		513	1040	1013	45.00	
C3610202	镀锌管卡子 DN32	个	18 124		34 060	36 248	62 496	1.20	
C3610103	钢管卡子 DN32	个	26 000	43 333	52 645	67 039	109 036	0.80	
C3105201	镀锌扁钢 综合	kg	3294	4045	5595	8233	12 167	4.90	
	材料合计								
	机械								
J2405123	调试机械费	元	522 425	716 530	827 513	1 311 806	1 511 957	1.00	
J1902002	逆变电焊机	台班	1321	657	893	3145	2971	64.54	
J1901001	交流电焊机 21kVA	台班		1045	1582	2967	3440	48.30	
J1702101	弯管机φ108	台班		407	856			74.89	
J1401102	载重汽车 5t	台班			356		688	239.28	
J1302104	汽车式起重机 16t	台班	52	65	79		183	764.27	
	汽油	kg						4.10	
	柴油	kg	1858	2330	14 289		28 689	3.90	
	电	kWh	79 241	115 447	176 434	367 519	385 602	0.60	
	机械合计								
	材机费合计								
	材机调整系数								

附表 3.8　　　　　　　附 属 生 产 工 程

编码	名称规格	单位	含　　量					单价（元）
			135MW	200MW	300MW	600MW	1000MW	北京
	（八）附属生产工程							
	材料							
C8320801	电	kWh	3198	4713	7867	11 076	17 550	0.60
C8101101	钢管脚手架 包括扣件	kg	1194	1037	2530	3228		3.65
C6407401	环氧煤沥青漆	kg	1386		1640	788		15.00
C6403101	普通调和漆	kg			1147			8.00
C6322201	乙炔气	m³	188	300	1466	1757	2178	12.50
C6322101	氧气	m³		1714	4195	5019		1.95
C6201103	橡胶板 15mm 以下	kg				722	214	6.30
C6102801	玻璃丝布 0.2mm	m²	3465		3798	2079		1.20
C5251101	镀锌铁丝 8 号	kg	325	1336	1916	1599	2252	5.50
C5103301	不锈钢氩弧焊丝 综合	kg		100	274	408	422	48.00
C5101301	不锈钢电焊条 综合	kg		107		1113	777	39.00
C5101102	电焊条 J507 综合	kg	644	1214	6351	3090	2777	6.20
C5101101	电焊条 J422 综合	kg	474	2503		2952		4.20
C4301601	石英砂	kg	29 597		81 097			0.20
C3801201	斜垫铁 综合	kg	700	953	1181	1501	1496	6.60
C3801101	平垫铁 综合	kg				358		6.05
C3112302	中厚钢板 20mm 以下	kg				484		3.23

编码	名称规格	单位	含 量					单价（元）
			135MW	200MW	300MW	600MW	1000MW	北京
C3112301	中厚钢板 10mm 以下	kg				4607		3.40
C3112105	薄钢板 4mm 以下	kg	480	1716		930		4.35
C3110001	型钢 综合	kg	1478	4821	9951	12 132	13 210	3.35
	材料合计							
	机械							
J2102202	内燃空气压缩机 6m³/min	台班				108		285.24
J2102106	电动空气压缩机 10m³/min	台班	14	31	39			355.96
J1902002	逆变电焊机	台班	515	561	587	894	1098	64.54
J1901003	交流电焊机 32kVA	台班		47		107	38.57	72.26
J1804102	试压泵 30MPa	台班		69				73.03
J1501302	卷扬机 单筒 慢速 5t	台班		90			52	86.06
J1501301	卷扬机 单筒 慢速 3t	台班	62	108				77.76
J1401105	载重汽车 10t	台班	50		32		45	390.69
J1401102	载重汽车 5t	台班		26	40	60	65	239.28
J1305002	叉式起重机 5t	台班					15	345.70
J1303004	龙门式起重机 30t	台班		9				713.26
J1302108	汽车式起重机 40t	台班	8	15				1458.84

编码	名称规格	单位	含量					单价（元）	
			135MW	200MW	300MW	600MW	1000MW	北京	
J1302106	汽车式起重机 25t	台班		7				983.93	
J1302105	汽车式起重机 20t	台班	6	6	29	21	10	869.45	
J1302104	汽车式起重机 16t	台班	31	57	27	57		764.27	
J1302101	汽车式起重机 5t	台班	16	40	40		12	299.19	
J1301003	履带式起重机 15t	台班		12	23	24	7	553.51	
	汽油	kg	372	921	925		278	4.10	
	柴油	kg	3722	4483	5379	9478	4908	3.90	
	电	kWh	38 590	60 206	50 920	63 995	71 360	0.60	
	机械合计								
	材机费合计								
	材机调整系数								

附表 3.9 脱 硫 工 程

编码	名称规格	单位	含量			单价（元）	
			300MW	600MW	1000MW	北京	
	（九）脱硫工程						
	材料						
C3103100	槽钢 10 号以下	kg			14 516	2.89	
C3105201	镀锌扁钢 综合	kg		1137	6793	4.90	
C3110001	型钢 综合	kg	23 385	30 369	34 361	3.35	
C3112302	中厚钢板 20mm 以下	kg	5272	5071		3.23	

编码	名称规格	单位	含　量			单价（元）
			300MW	600MW	1000MW	北京
C3607101	仪表加工件	套		1950		20.00
C3610202	镀锌管卡子 DN32	个		7000		1.20
C3801201	斜垫铁 综合	kg	4199	5931	7550	6.60
C5101101	电焊条 J422 综合	kg	24 310	41 330	73 020	4.20
C5101102	电焊条 J507 综合	kg	3181	5164	7507	6.20
C5201102	六角螺栓 精制	kg	2634	3338	6593	7.24
C5201201	镀锌六角螺栓 综合	kg	2626	6764	8072	8.96
C5251101	镀锌铁丝	kg	9690	8169	15 401	5.50
C5251202	镀锌铁丝网 丝径 1.6mm 以下	m²		3629		5.20
C6103301	石棉灰	kg	11 528	13 056	15 056	1.50
C6211601	聚四氟乙烯生料带	kg		760	1346	25.00
C6304101	溶剂汽油 200 号	kg			5635	4.50
C6308301	亚硝酸钠 一级	kg		7848		1.98
C6322101	氧气	m³	9877	18 047	31 460	1.95
C6322201	乙炔气	m³	3433	6724	10 907	12.50
C6401101	红丹防锈漆	kg	3127	3785	4328	10.50
C6401301	酚醛防锈漆 F53 各色	kg	21 295	33 327	50 682	8.50
C6403301	酚醛调和漆	kg	3473	2139	4127	8.00
C6406101	环氧树脂 E44	kg	1453			27.00
C6408301	环氧富锌漆 含锌粉	kg	5953	9938	24 829	22.00
C7111301	热收缩封头 1~4 号	个	2544	5241	11 424	5.00
C7112104	电缆卡子 40mm	个		25 493	54 821	0.70
C8101101	钢管脚手架 包括扣件	kg	30 457	63 877	90 041	3.65
C8101201	钢脚手板 50×250×4000	块		242		69.09

34

编码	名称规格	单位	含 量			单价（元）
			300MW	600MW	1000MW	北京
C8101501	木脚手板 50×250×4000	块	587	702	1439	78.75
C8102101	枕木 160×220×2500	根	320	625	923	120.75
C8203201	尼龙砂轮片 ϕ100	片	13 839	27 073	48 366	1.10
C8302101	砂布	张	42 237		81 517	0.80
C8306101	棉纱头	kg	5968	41 211	5619	7.06
C8320801	电	kWh	101 119	124 158	139 050	0.60
C8981101	调试材料费	元		11 927		1.00
	材料合计					
	机械					
J1301008	履带式起重机 50t	台班	50			1630.57
J1301013	履带式起重机 150t	台班	77	134	186	7376.94
J1301015	履带式起重机 250t	台班	4			12 162.40
J1302106	汽车式起重机 25t	台班		40		983.93
J1303004	龙门式起重机 30t	台班	171	275	371	713.26
J1306105	塔式起重机 60t	台班		9	21	2591.62
J1306106	塔式起重机 80t	台班	30	41	51	2822.55
J1401101	载重汽车 4t	台班	218			207.52
J1403006	平板拖车组 40t	台班			53	1078.25
J1501302	卷扬机 单筒慢速 5t	台班		296		86.06
J1503101	单笼施工电梯 75m	台班	115	145		237.26
J1901001	交流电焊机 21kVA	台班	2821	5202	8328	48.30
J1902002	逆变电焊机	台班	3091	6636	9898	64.54
J2102105	电动空气压缩机 6.0m³/min	台班	283			224.26
J2102106	电动空气压缩机 10m³/min	台班	212			355.96

编码	名称规格	单位	含　　量			单价（元）
			300MW	600MW	1000MW	北京
J2106101	轴流风机 7.5kW	台班	3260			32.13
J2405123	调试机械费	元	115 437	226 512	342 856	1.00
	汽油	kg	5555			4.10
	柴油	kg	14 781	18 525	26 445	3.90
	电	kWh	695 324	819 348	1 220 345	0.60
	机械合计					
	材机费合计					
	材机调整系数					

附表4　建筑工程材料价差调整表

序号	材料名称及规格	材料消耗量	单位	定额单价（元）	实际单价（元）	价差（元）	备注：组合材料价格取定
1	圆钢 ϕ10 以下		kg	2.66			普碳热轧 ϕ5.5～ϕ10
2	圆钢 ϕ10 以上		kg	2.71			按普碳热轧圆钢 ϕ10 以上 17%、Ⅱ级钢 83%组合。其中： 1. 热轧 ϕ10～ϕ14、ϕ15～ϕ24、ϕ25～ϕ36 平均 2. Ⅱ级钢 ϕ10～ϕ14、ϕ15～ϕ24、ϕ25～ϕ36 平均
3	冷拔低碳钢丝		kg	2.70			ϕ4～ϕ5
4	中厚钢板 10mm 以下		kg	3.40			热轧 4.1～9mm
5	中厚钢板 20mm 以下		kg	3.23			热轧 10～16mm、18～25mm 平均
6	压型钢板		m²	46.12			墙、屋面为厚 0.8mm
7	压型钢板 1.2mm		kg	6.00			底模

序号	材料名称及规格	材料消耗量	单位	定额单价（元）	实际单价（元）	价差（元）	备注：组合材料价格取定
8	铁件 综合		kg	3.50			
9	型钢 综合		kg	3.35			按角钢 45%、槽钢 40%、扁钢 10%、无缝钢管 5%组合。其中：1. 角钢以等边 60 以下、60 以上平均 2. 槽钢以热轧普型 5～16、热轧普型 18 以上平均 3. 扁钢以宽 55 以下、69 以上平均 4. 无缝钢管以热轧一般外径 51～167mm 平均
10	通用钢模板		kg	4.10			
11	硅酸盐水泥 32.5		t	263.00			普通袋装 30%，矿渣袋装 70%
12	硅酸盐水泥 42.5		t	278.00			普通袋装 30%，矿渣袋装 70%
13	硅酸盐水泥 52.5		t	300.00			普通袋装 100%
14	预制钢筋混凝土方桩		m³	925.00			
15	板材 红白松二等		m³	990.00			红白松各 50%
16	板材 红白松一等		m³	1160.00			红白松各 50%
17	方材 红白松二等		m³	930.00			红白松各 50%
18	方材 红白松一等		m³	1090.00			红白松各 50%
19	中砂		m³	28.08			
20	毛石 70～190mm		m³	30.00			
21	碎石 10～20mm		m³	39.00			
22	碎石 20～40mm		m³	39.00			

序号	材料名称及规格	材料消耗量	单位	定额单价（元）	实际单价（元）	价差（元）	备注：组合材料价格取定
23	砾石 10～20mm		m³	41.30			
24	砾石 20～40mm		m³	31.00			
25	机制砖 240×115×53		千块	170.00			
26	耐火砖 标准		块	0.85			
27	塑料填料 PVC H=1m		kg	10.00			
28	耐酸砖		千块	2200.00			
29	除水器 ϕ300		m	120.00			
30	预应力混凝土管 ϕ300		m	110.00			
31	预应力混凝土管 ϕ400		m	170.00			
32	预应力混凝土管 ϕ500		m	232.00			
33	预应力混凝土管 ϕ600		m	278.00			
34	预应力混凝土管 ϕ700		m	313.00			
35	预应力混凝土管 ϕ800		m	383.00			
36	预应力混凝土管 ϕ1000		m	545.00			
37	预应力混凝土管 ϕ1200		m	733.00			成品购置
38	彩钢夹芯板 δ=75mm		m²	90.00			成品购置
39	彩钢夹芯板 δ=120mm		m²	114.31			成品购置
40	钢轨 QU70		t	4128.00			成品购置
41	H 型钢		kg	4.73			成品购置

序号	材料名称及规格	材料消耗量	单位	定额单价（元）	实际单价（元）	价差（元）	备注：组合材料价格取定
42	球节点钢网架		t	5800.00			成品购置
43	钢格栅		t	5500.00			成品购置
44	钢窗 单开		m²	80.00			成品购置
45	钢窗 组合式		m²	80.00			成品购置
46	钢窗 带纱扇		m²	120.00			成品购置 带纱扇增 20 元/m²
47	铝合金窗 固定式		m²	130.00			成品购置 带纱扇增 20 元/m²
48	铝合金窗 推拉式		m²	140.00			成品购置 带纱扇增 20 元/m²
49	铝合金窗 平开式		m²	160.00			
50	塑钢单玻平开窗		m²	140.00			成品购置
51	塑钢双玻平开窗		m²	160.00			成品购置
52	铝合金平开门		m²	130.00			成品购置
53	铝合金推拉门		m²	140.00			成品购置
54	铝合金全玻地弹门		m²	220.00			成品购置
55	塑钢单玻平开门		m²	170.00			成品购置
56	塑钢双玻平开门		m²	190.00			成品购置
57	钢防火门		m²	325.00			成品购置
58	卷闸电动装置		套	1300.00			成品购置
59	电子感应门装置		套	12 180.00			成品购置
60	离心杆ϕ300×3m		根	281.00			成品购置
61	离心杆ϕ300×4.5m		根	422.00			成品购置

序号	材料名称及规格	材料消耗量	单位	定额单价（元）	实际单价（元）	价差（元）	备注：组合材料价格取定
62	离心杆φ300×6m		根	570.00			成品购置
63	离心杆φ300×9m		根	756.00			成品购置
64	离心杆φ400×4.5m		根	782.00			成品购置
65	离心杆φ400×6m		根	948.00			成品购置
66	镀锌钢管构架		t	7000.00			成品购置
67	镀锌型钢构架		t	6500.00			成品购置
68	镀锌离心钢管混凝土构架		t	8556.00			成品购置
69	型钢构架梁		t	5530.00			成品购置
70	镀锌避雷针塔		t	6500.00			
71	竹胶模板		m²	33.00			
72	石膏板		m²	20.00			
73	铝塑板		m²	70.00			
74	大理石		m²	130.00			
75	花岗岩		m²	210.00			
76	水		t	2.00			
77	电		kWh	0.60			

附表5　建筑工程施工机械价差调整表

序号	机械	规格	单位	材料消耗量	定额单价（元）	汽油（kg）	柴油（kg）	电（kWh）	实际单价（元）	价差（元）
1	履带式推土机	75kW	台班		514.55		53.99			
2	履带式推土机	90kW	台班		649.90		59.01			
3	轮胎式装载机	2m³	台班		545.35		65.22			

序号	机 械	规格	单位	材料消耗量	定额单价（元）	其 中			实际单价（元）	价差（元）
						汽油（kg）	柴油（kg）	电（kWh）		
4	履带式液压挖掘机	1m³	台班		834.19		63.00			
5	光轮压路机（内燃）	12t	台班		330.25		32.09			
6	履带式柴油打桩机	3.5t	台班		1194.66		47.94			
7	履带式起重机	15t	台班		553.51		32.25			
8	履带式起重机	25t	台班		614.37		42.76			
9	履带式起重机	40t	台班		1173.26		63.54			
10	履带式起重机	50t	台班		1680.57		88.11			
11	汽车式起重机	5t	台班		299.19		23.3			
12	汽车式起重机	8t	台班		443.23		28.43			
13	汽车式起重机	16t	台班		764.27		35.85			
14	龙门式起重机	20t	台班		487.86			207.11		
15	龙门式起重机	40t	台班		828.56			315.50		
16	塔式起重机	6t	台班		499.45			54.95		
17	塔式起重机	8t	台班		645.04			69.78		
18	塔式起重机	3000t·m	台班		5830.13			1032.00		
19	塔式起重机	4000t·m	台班		7077.91			1218.00		
20	载重汽车	4t	台班		207.52	25.48				
21	载重汽车	8t	台班		310.71		35.49			
22	自卸汽车	4t	台班		310.23	34.34				
23	自卸汽车	8t	台班		407.80		40.93			
24	自卸汽车	12t	台班		549.28		46.59			

序号	机械	规格	单位	材料消耗量	定额单价（元）	其中			实际单价（元）	价差（元）
						汽油（kg）	柴油（kg）	电（kWh）		
25	平板拖车组	40t	台班		1078.25		57.37			
26	机动翻斗车	1t	台班		90.99		6.03			
27	洒水车	4000L	台班		311.36	29.96				
28	卷扬机	单筒快速1t	台班		68.47			32.90		
29	卷扬机	单筒慢速3t	台班		77.76			31.50		
30	皮带输送机	10m	台班		121.71			20.58		
31	灰浆搅拌机	200L	台班		61.80			8.61		
32	混凝土振捣器	插入式	台班		11.80			4.00		
33	钢筋调直机	直径14mm	台班		42.60			11.90		
34	钢筋切断机	直径40mm	台班		36.64			32.10		
35	钢筋弯曲机	直径40mm	台班		22.31			12.80		
36	普通车床	400×2000	台班		95.87			22.77		
37	井点喷射泵		台班		158.37			140.00		
38	交流电焊机	21kVA	台班		48.30			60.27		
39	交流电焊机	32kVA	台班		72.26			96.53		
40	交流电焊机	40kVA	台班		96.56			136.30		
41	对焊机	100kVA	台班		129.05			163.84		
42	内燃空气压缩机	9.0m³	台班		375.44		51.50			
43	爬模机	6000m²	台班		2000			150.00		
44	折臂塔式起重机	240t·m	台班		1670.46			226.47		

序号	机 械	规格	单位	材料消耗量	定额单价（元）	其 中			实际单价（元）	价差（元）
						汽油（kg）	柴油（kg）	电（kWh）		
45	多级离心清水泵	150mm	台班		257.16			260.90		
46	汽油	70～80号	kg		4.10					
47	柴油		kg		3.90					
48	电		kWh		0.60					

3. 关于颁布电力建设工程概预算定额价格水平调整办法的通知

定额〔2014〕13 号

国家电网公司、中国南方电网有限责任公司、中国华能集团公司、中国大唐集团公司、中国华电集团公司、中国国电集团公司、中国电力投资集团公司、中国能源建设集团有限公司、中国电力建设集团有限公司及各有关单位：

2013 年版《火力发电工程建设预算编制与计算规定》《电网工程建设预算编制与计算规定》及与之配套的《电力建设工程概算定额》和《电力建设工程预算定额》已经颁布实施。为便于定额价格水平的动态调整和计算，如实反映不同时间、不同地区市场价格水平，电力工程造价与定额管理总站（以下简称"定额总站"）制定了《电力建设工程概预算定额价格水平调整办法》（以下简称"本办法"，详细内容见附件），现予颁布实施。

本办法自颁布之日起执行。

附件：2013 年版电力建设工程概预算定额价格水平调整办法

电力工程造价与定额管理总站（印）

2014 年 3 月 25 日

附件：

2013 年版电力建设工程概预算定额
价格水平调整办法

第一章　总　　则

第一条　为规范电力建设工程概预算定额价格水平的测算、发布和实施工作，科学反映不同时间和不同地区价格水平差异，合理确定工程投资，特制订本办法。

第二条　本办法适用于以《火力发电工程建设预算编制与计算规定（2013 年版）》《电网工程建设预算编制与计算规定（2013 年版）》（以下简称"预规"）和《电力建设工程概算定额（2013 年版）》《电力建设工程预算定额（2013 年版）》（以下简称"定额"）为计价依据，编制电力建设工程概预算时，对定额内人工费、材料费和施工机械费价格水平的调整。

第三条　本办法调整的主要内容包括：工程所在地编制基准期价格与概预算定额价格之间的时间差及地区差水平调整。

第四条　电力建设工程概预算编制基准期价格水平与定额编制价格水平之间的价差计算：发电和电网工程的人工费均以系数的形式进行调整；发电安装工程和电网安装工程的材料及机械费以系数的形式进行调整；发电建筑工程和电网建筑工程按照本办法中给定的典型材料及机械种类、品种及规格等直接进行价差调整。

第二章　人 工 费 调 整

第五条　定额人工费每年调整一次，分别按照建筑工程和安装工程，采用综合系数法进行调整（见附表1）。不分工种（普通工、技术工）、安装工程不分专业（热力设备安装工程、电气设备安装工程、输电线路安装工程和调试工程），计算时按照对应定额基价中人工费总额乘相应的调整系数。

第六条 各地区定额人工费调整系数是参照住房与城乡建设部发布的各地区人工信息价格，或当地定额与造价管理部门公布的本地区定额人工价格，但其组成内容要与电力建设工程预规和定额所规定的组成内容相一致，进行转化后综合取定。

第七条 定额人工费综合调整系数计算公式：

建筑工程定额人工费调整系数=［（转化后当地建筑工程定额人工工日单价/定额普通人工工日单价）×0.79］×100%−1

安装工程定额人工费调整系数=［（转化后当地安装工程定额人工工日单价/定额普通人工工日单价）×0.72］×100%−1

第八条 定额人工费调整金额计算公式：

定额人工费调整金额合计=建筑工程定额人工费调整合计+安装工程定额人工费调整合计

建筑工程定额人工费调整合计=建筑工程定额基价人工费总额×建筑工程定额人工费调整系数

安装工程定额人工费调整合计=安装工程定额基价人工费总额×安装工程定额人工费调整系数

此处安装工程包括热力设备安装工程、电气设备安装工程、输电线路安装工程和调试工程。

第九条 在编制电力工程建设预算时，人工费调整金额汇入"编制基准期价差"，只计取税金，作为建筑安装工程费的组成内容。

第三章 安装工程定额材料、机械费用调整

第十条 安装工程定额内材料、机械费用调整是指对定额中的材料和机械按照不同时间和不同地区，就建设预算编制基

准期价格与定额编制价格之间进行水平差调整。

第十一条 安装工程定额内材料与机械费用调整合并称为"材机调整"，主要包括发电安装工程材机调整和电网安装工程材机调整。

第十二条 安装工程材机调整均采用系数法调整。

（一）材机调整系数的计算公式

$$\text{安装工程材机调整系数} = \frac{\Sigma(\text{材料市场价格} \times \text{消耗量}) + \Sigma(\text{机械台班单价} \times \text{消耗量})}{\Sigma(\text{定额内材料价格} \times \text{消耗量}) + \Sigma(\text{定额内机械台班单价} \times \text{消耗量})} - 100\%$$

（二）安装工程材机调整金额

安装工程材机调整金额=（定额基价−定额基价中的人工费）×安装工程材机调整系数

第十三条 发电安装工程材机调整按照单机容量 1000、600、300、200、135MW 级及以下五个等级，分热力系统、燃料供应系统、除灰系统、水处理系统、供水系统、电气系统、热工控制系统、脱硫系统、脱硝系统及附属生产工程分别测定材机调整系数（见附表2）。

第十四条 电网安装工程材机调整分为变电工程材机调整和输电线路材机调整。变电工程和输电线路工程均分 1000、750、500、330、220、110kV 及以下六个电压等级分别测定材机调整系数（见附表3）。其中电缆安装工程执行相应电压等级的架空输电线路工程的调整系数（电缆建筑工程执行建筑工程相应调整）。

第十五条 相关价格取定原则及方法：材料的市场价格按照各省（自治区、直辖市）当年三季度材料平均价格水平为依据取定。机械台班费单价以《电力建设工程施工机械台班费用定额（2013 年版）》为基础，并按照各地规定将车船使用税、年检费、保险费、过路过桥费一并计入机械台班单价中予以调整，对于施工机械的燃料动力费（主要指油、电）的市场价格与定额取定价格之差，按机械台班单价表中规定的消耗量计入机械台班费用中一并调整。

第十六条　在编制电力工程建设预算时，安装工程材机调整金额汇入"编制基准期价差"，只计取税金，作为建筑安装工程费的组成内容。

第四章　建筑工程定额材料费、机械费用调整

第十七条　建筑工程定额材料费、机械费用调整按照典型材料（见附表 4）、机械品种（见附表 5）直接调整价差的方式，各工程应根据实际消耗量汇总计算。

（一）价差计算公式

材机价差=材料价差+机械价差

材料价差=市场价格−定额内取定价格

机械价差=当年本地区（电力）机械台班单价−定额内机械台班单价

（二）调整金额计算

建筑工程材料调整金额=Σ(典型材料消耗量×材料价差)

建筑工程机械费用调整金额=Σ(典型机械台班实际消耗量
×机械价差)

第十八条　典型材料市场价格和当年本地区（电力）机械台班单价的取定原则：

（一）典型材料市场价格按照工程所在地工程造价部门颁发的信息价或近期同类工程合同（招标）价格为依据取定。

（二）当年本地区机械台班单价按照电力工程造价与定额管理总站发布的"×××省（自治区、直辖市）××××年度施工机械价差调整表"为依据取定。

第十九条　在编制电力工程建设预算时，建筑工程材料费调整和施工机械费调整金额汇入"编制基准期价差"，只计取税金，作为建筑安装工程费的组成内容。

第五章　其　　他

第二十条　2013 年版电力建设工程概预算定额价格水平调整测算工作由电力工程造价与定额管理总站统一组织，各级电力建设定额站负责收集、整理和上报相关数据，经总站测算和平衡后，于每年的 1 月 15 日前发布实施。

第二十一条　本办法由电力工程造价与定额管理总站负责解释。

第二十二条　本办法自颁布之日起执行。

附表 1：电力建设工程概预算定额人工调整系数表
附表 2：发电安装工程材机调整系数表
附表 3：电网安装工程材机调整系数表
附表 4：建筑工程材料价差调整表
附表 5：建筑工程施工机械价差调整表

附表 1　电力建设工程概预算定额人工调整系数表

单位：%

省份或地区	建筑工程	安装工程
北京		
天津		
河北南部		
河北北部		
山西		
山东		
内蒙古东部		
内蒙古西部		

省份或地区		建筑工程	安装工程
辽宁			
吉林			
黑龙江			
上海			
江苏			
浙江			
安徽			
福建			
河南			
湖北			
湖南			
江西			
四川			
重庆			
陕西			
甘肃			
宁夏			
青海			
新疆			
广东	广州、深圳		
	佛山、珠海、江门、东莞、中山、惠州、汕头		
	广东其他地区		
广西			
云南			
贵州			
海南			

附表 2 发电安装工程材机调整系数表

单位：%

地区	项目名称	机 组 容 量					
		135MW	200MW	300MW		600MW		1000MW
				空冷	湿冷	空冷	湿冷	
北京	热力系统							
	燃料供应系统							
	除灰系统							
	水处理系统							
	供水系统							
	电气系统							
	热工控制系统							
	脱硫系统							
	脱硝系统							
	附属生产工程							
...	热力系统							
	燃料供应系统							
	除灰系统							
	...							

附表 3 电网安装工程材机调整系数表

单位：%

省份和地区	工程类别	110kV及以下	220kV	330kV	500kV	750kV	1000kV
北京	变电工程						
	输电工程						
天津	变电工程						
	输电工程						

省份和地区	工程类别	110kV及以下	220kV	330kV	500kV	750kV	1000kV
河北南部	变电工程						
	输电工程						
河北北部	变电工程						
	输电工程						
山西	变电工程						
	输电工程						
山东	变电工程						
	输电工程						
...	变电工程						
	输电工程						

附表4 建筑工程材料价差调整表

序号	材机编号	材机名称	单位	定额单价（元）	实际单价（元）	价差（元）
1	圆钢					
1.1	C01020700	圆钢 综合	kg	4.000		
1.2	C01020711	圆钢 $\phi6$ 以内	kg	4.280		
1.3	C01020712	圆钢 $\phi10$ 以内	kg	4.100		
1.4	C01020713	圆钢 $\phi10$ 以外	kg	4.100		
1.5	C01020714	圆钢 $\phi21\sim50$	kg	3.950		
1.6	C01020901	镀锌圆钢 $\phi8$ 以内	kg	5.100		
1.7	C01020903	镀锌圆钢 $\phi16$	kg	5.100		
2	中厚钢板					
2.1	C01030203	中厚钢板 $6\sim12$	kg	4.400		
2.2	C01030204	中厚钢板 $12\sim20$	kg	4.400		
2.3	C01030205	中厚钢板 $20\sim30$	kg	4.400		

序号	材机编号	材机名称	单位	定额单价（元）	实际单价（元）	价差（元）
3		压型钢板				
3.1	C01031101	压型钢板 0.8	kg	7.000		
3.2	C01031102	压型钢板 1.2	kg	6.500		
3.3	C01031202	复合压型钢板 1.2	kg	6.500		
4		其他钢板				
4.1	C01030000	钢板 综合	kg	4.300		
4.2	C01030101	薄钢板 1.0 以下	kg	4.600		
4.3	C01030102	薄钢板 1.5 以下	kg	4.660		
4.4	C01030104	薄钢板 2.5 以下	kg	4.300		
4.5	C01030105	薄钢板 4 以下	kg	4.200		
4.6	C01030301	镀锌钢板 0.5 以下	kg	5.600		
4.7	C01030302	镀锌钢板 1.0 以下	kg	5.600		
4.8	C01030303	镀锌钢板 1.5 以下	kg	5.600		
4.9	C01030304	镀锌钢板 2.5 以下	kg	5.600		
4.10	C01030305	镀锌钢板 5 以下	kg	5.400		
4.11	C01030306	镀锌钢板 6 以下	kg	5.400		
4.12	C01030601	合金钢板 10CrMo910 30～50	kg	13.800		
4.13	C01030701	耐候钢板 12mm	kg	6.000		
4.14	C01030801	不锈钢板 1.0	kg	22.000		
4.15	C01030802	不锈钢板 1.2	kg	22.000		
4.16	C01030811	不锈钢板 8 以下	kg	19.600		
4.17	C01030812	不锈钢板 9 以上	kg	19.600		
4.18	C01031000	花纹钢板 综合	kg	4.450		
5		型钢				
5.1	C01020000	型钢 综合	kg	4.300		
5.2	C01020100	工字钢 综合	kg	4.200		

序号	材机编号	材机名称	单位	定额单价（元）	实际单价（元）	价差（元）
5.3	C01020115	工字钢 16 号以下	kg	4.200		
5.4	C01020150	H 型钢 综合	kg	4.900		
5.5	C01020200	槽钢 综合	kg	4.100		
5.6	C01020212	槽钢 10 号以下	kg	4.100		
5.7	C01020216	槽钢 16 号以下	kg	4.100		
5.8	C01020218	槽钢 20 号	kg	4.100		
5.9	C01020300	角钢 综合	kg	4.000		
5.10	C01020301	等边角钢 边长 30 以下	kg	4.000		
5.11	C01020302	等边角钢 边长 50 以下	kg	4.000		
5.12	C01020303	等边角钢 边长 63 以下	kg	4.000		
5.13	C01020310	镀锌角钢 综合	kg	5.000		
5.14	C01020500	扁钢 综合	kg	4.050		
5.15	C01020501	扁钢（3～5）×50 以下	kg	3.750		
5.16	C01020502	扁钢（6～8）×75 以下	kg	3.750		
5.17	C01020521	镀锌扁钢 综合	kg	5.200		
5.18	C01020531	不锈钢扁钢 60 以下	kg	22.000		
5.19	C01020600	方钢 综合	kg	3.900		
5.20	C01020702	铁件型钢	kg	3.200		
5.21	C01021600	工具钢 综合	kg	5.500		
6		成品钢结构				
6.1	C01020121	钢管柱（成品）	t	6810.000		
6.2	C01020122	型钢柱（成品）	t	6800.000		
6.3	C01020123	钢管支架（成品）	t	6800.000		
6.4	C01020124	钢架（成品）	t	6160.000		
6.5	C01020125	钢梁（成品）	t	6520.000		
6.6	C01020126	钢吊车梁（成品）	t	6720.000		

序号	材机编号	材机名称	单位	定额单价（元）	实际单价（元）	价差（元）
6.7	C01020127	单轨钢吊车梁（成品）	t	6720.000		
6.8	C01020128	钢檩条（成品）	t	5280.000		
6.9	C01020129	轻型屋架（成品）	t	5760.000		
6.10	C01020131	型钢支架（成品）	t	6800.000		
6.11	C01020132	钢屋架（成品）	t	6410.000		
6.12	C01020133	钢桁架（成品）	t	6530.000		
6.13	C01020134	钢支撑（成品）	t	5560.000		
6.14	C01020135	钢墙架（成品）	t	6160.000		
6.15	C01020136	钢煤斗（成品）	t	6530.000		
6.16	C01020137	钢煤算子（成品）	t	6080.000		
6.17	C01020138	钢油算子（成品）	t	6080.000		
6.18	C01020139	钢平台（成品）	t	6700.000		
6.19	C01020140	钢格栅板（成品）	t	6610.000		
6.20	C01020141	钢梯（成品）	t	6030.000		
6.21	C01020142	钢栏杆（成品）	t	6030.000		
6.22	C01020143	零星钢构件（成品）	t	6610.000		
6.23	C01020144	直型钢轨（成品）	t	5140.000		
6.24	C01020145	弧型钢轨（成品）	t	5640.000		
6.25	C01020146	型钢构架（成品）	t	6800.000		
6.26	C01020147	格构式钢管构架（成品）	t	6800.000		
6.27	C01020148	构支架附件（成品）	t	6500.000		
6.28	C01020149	避雷针塔（成品）	t	6540.000		
7		铁件				
7.1	C07010501	预埋铁件　综合	kg	5.200		
7.2	C07010502	加工铁件　综合	kg	5.800		
7.3	C07010504	锚杆铁件	kg	5.500		

序号	材机编号	材机名称	单位	定额单价（元）	实际单价（元）	价差（元）
7.4	C16110501	镀锌铁件	kg	6.480		
8		钢管				
8.1	C02000000	无缝钢管 10～20 号 综合	kg	5.400		
8.2	C02010103	无缝钢管 10～20 号 φ28 以下	kg	5.700		
8.3	C02010106	无缝钢管 10～20 号 φ57 以下	kg	5.700		
8.4	C02010107	无缝钢管 10～20 号 φ89 以下	kg	5.800		
8.5	C02010108	无缝钢管 10～20 号 φ108 以下	kg	5.400		
8.6	C02010109	无缝钢管 10～20 号 φ159 以下	kg	5.400		
8.7	C02010110	无缝钢管 10～20 号 φ219 以下	kg	5.800		
8.8	C02010111	无缝钢管 10～20 号 φ273 以下	kg	5.900		
8.9	C02010112	无缝钢管 10～20 号 φ325 以下	kg	6.100		
8.10	C02010113	无缝钢管 10～20 号 φ377 以下	kg	6.100		
8.11	C02010114	无缝钢管 10～20 号 φ426 以下	kg	5.700		
8.12	C02010115	无缝钢管 10～20 号 φ 530 以下	kg	5.700		
8.13	C02020100	合金钢管 10CrMo910 综合	kg	12.100		
8.14	C02020200	合金钢管 30CrMoA 综合	kg	21.200		
8.15	C02030100	不锈钢管 φ20×1.5	m	20.000		
8.16	C02030101	不锈钢管 φ25×1.5	m	24.000		
8.17	C02030102	不锈钢管 φ32×1.5	m	30.200		
8.18	C02030103	不锈钢管 φ89×2.5	m	146.000		

序号	材机编号	材机名称	单位	定额单价（元）	实际单价（元）	价差（元）
8.19	C02030104	不锈钢管 $\phi45×2.5$	kg	18.600		
8.20	C02030105	不锈钢管 $\phi60×2$	kg	19.000		
8.21	C02030106	不锈钢管 $\phi32×1.5$	kg	25.000		
8.22	C02030200	不锈钢管 DN45	m	158.000		
8.23	C02030201	不锈钢管 DN50	m	94.300		
8.24	C02030202	不锈钢管 DN80	m	201.000		
8.25	C02030203	不锈钢管 DN100	m	283.000		
8.26	C02030204	不锈钢管 DN150	m	509.000		
8.27	C02040100	焊接钢管 综合	kg	4.700		
8.28	C02040111	焊接钢管 DN20 以下	kg	4.700		
8.29	C02040112	焊接钢管 DN25	kg	4.700		
8.30	C02040113	焊接钢管 DN32	kg	4.700		
8.31	C02040114	焊接钢管 DN40	kg	4.700		
8.32	C02040115	焊接钢管 DN50	kg	4.700		
8.33	C02040116	焊接钢管 DN65	kg	4.700		
8.34	C02040117	焊接钢管 DN80	kg	4.700		
8.35	C02040118	焊接钢管 DN100	kg	4.700		
8.36	C02040119	焊接钢管 DN125	kg	4.700		
8.37	C02040120	焊接钢管 DN150	kg	4.700		
8.38	C02040121	焊接钢管 DN200	kg	4.700		
8.39	C02040122	焊接钢管 DN250	kg	4.700		
8.40	C02040123	焊接钢管 DN300	kg	4.700		
8.41	C02040124	焊接钢管 DN350	kg	4.700		
8.42	C02040125	焊接钢管 DN400	kg	4.700		
8.43	C02040201	镀锌钢管 DN20 以下	kg	5.200		
8.44	C02040202	镀锌钢管 DN25	kg	5.200		

序号	材机编号	材机名称	单位	定额单价（元）	实际单价（元）	价差（元）
8.45	C02040203	镀锌钢管 DN32	kg	5.200		
8.46	C02040204	镀锌钢管 DN40	kg	5.200		
8.47	C02040205	镀锌钢管 DN50	kg	5.200		
8.48	C02040206	镀锌钢管 DN65	kg	5.200		
8.49	C02040207	镀锌钢管 DN80	kg	5.200		
8.50	C02040208	镀锌钢管 DN100	kg	5.200		
8.51	C02040211	镀锌钢管 DN150	kg	5.200		
8.52	C02040213	镀锌钢管 DN200	kg	5.200		
9		普通硅酸盐水泥				
9.1	C09010101	普通硅酸盐水泥 32.5	t	320.000		
9.2	C09010102	普通硅酸盐水泥 42.5	t	385.000		
9.3	C09010103	普通硅酸盐水泥 52.5	t	420.000		
10		方材				
10.1	C08020101	方材 红白松 一等	m³	1760.000		
10.2	C08020102	方材 红白松 二等	m³	1580.000		
10.3	C08030503	小木方材 ≤54cm²	m³	1580.000		
11		板材				
11.1	C08020201	板材 红白松 一等	m³	1760.000		
11.2	C08020202	板材 红白松 二等	m³	1580.000		
12		桩				
12.1	C09050101	预制钢筋混凝土方桩	m³	1060.000		
12.2	C09050103	预制钢筋混凝土管桩	m³	1250.000		
12.3	C22010601	钢板桩	kg	5.800		
12.4	C22010611	钢管桩	kg	5.800		
13		砌块				
13.1	C09050503	加气混凝土块 600×240×150	块	4.800		

序号	材机编号	材机名称	单位	定额单价（元）	实际单价（元）	价差（元）
13.2	C09050501	混凝土预制块 250×250×55	块	2.000		
13.3	C09050502	泡沫混凝土块	m³	230.000		
13.4	C09050522	硅酸盐砌块 280×430×240	块	6.650		
13.5	C09050523	硅酸盐砌块 430×430×240	块	10.200		
13.6	C09050524	硅酸盐砌块 580×430×240	块	13.800		
13.7	C09050525	硅酸盐砌块 880×430×240	块	20.900		
14		模板				
14.1	C22010401	通用钢模板	kg	4.850		
14.2	C22010422	专用钢模板烟囱用	kg	4.920		
14.3	C22010423	专用钢模板冷却塔用	kg	4.920		
14.4	C22010425	专用钢模板空冷柱用	kg	4.920		
14.5	C22010431	复合木模板	m²	38.300		
14.6	C22010432	木模板	m³	1580.000		
15		钢筋混凝土管				
15.1	C09050321	钢筋混凝土管 $\phi200$	m	32.200		
15.2	C09050322	钢筋混凝土管 $\phi300$	m	52.600		
15.3	C09050323	钢筋混凝土管 $\phi400$	m	70.500		
15.4	C09050324	钢筋混凝土管 $\phi500$	m	109.000		
15.5	C09050325	钢筋混凝土管 $\phi600$	m	145.000		
15.6	C09050326	钢筋混凝土管 $\phi700$	m	173.000		
15.7	C09050327	钢筋混凝土管 $\phi800$	m	236.000		
15.8	C09050328	钢筋混凝土管 $\phi900$	m	290.000		
15.9	C09050329	钢筋混凝土管 $\phi1000$	m	311.000		
15.10	C09050330	钢筋混凝土管 $\phi1100$	m	444.000		
15.11	C09050331	钢筋混凝土管 $\phi1200$	m	575.000		
15.12	C09050332	钢筋混凝土管 $\phi1400$	m	782.000		

序号	材机编号	材机名称	单位	定额单价（元）	实际单价（元）	价差（元）
15.13	C09050333	钢筋混凝土管 ϕ1500	m	995.000		
15.14	C09050334	钢筋混凝土管 ϕ1600	m	1150.000		
15.15	C09050335	钢筋混凝土管 ϕ1800	m	1328.000		
15.16	C09050336	钢筋混凝土管 ϕ2000	m	1725.000		
15.17	C09050337	钢筋混凝土管 ϕ2200	m	2875.000		
15.18	C09050338	钢筋混凝土管 ϕ2400	m	3389.000		
15.19	C09050339	钢筋混凝土管 ϕ2600	m	3816.000		
15.20	C09050340	钢筋混凝土管 ϕ2800	m	4254.000		
15.21	C09050341	钢筋混凝土管 ϕ3000	m	5530.000		
15.22	C09050342	钢筋混凝土管 ϕ3200	m	6086.000		
15.23	C09050343	钢筋混凝土管 ϕ3400	m	7050.000		
15.24	C09050344	钢筋混凝土管 ϕ3600	m	7890.000		
15.25	C09050345	钢筋混凝土管 ϕ3800	m	8241.000		
16		钢套筒混凝土管				
16.1	C09050701	钢套筒混凝土管 ϕ500	m	570.000		
16.2	C09050702	钢套筒混凝土管 ϕ600	m	650.000		
16.3	C09050703	钢套筒混凝土管 ϕ700	m	725.000		
16.4	C09050704	钢套筒混凝土管 ϕ800	m	850.000		
16.5	C09050705	钢套筒混凝土管 ϕ900	m	948.000		
16.6	C09050706	钢套筒混凝土管 ϕ1000	m	1130.000		
16.7	C09050707	钢套筒混凝土管 ϕ1200	m	1380.000		
16.8	C09050708	钢套筒混凝土管 ϕ1400	m	1550.000		
16.9	C09050709	钢套筒混凝土管 ϕ1500	m	1680.000		
16.10	C09050710	钢套筒混凝土管 ϕ1600	m	2120.000		
16.11	C09050711	钢套筒混凝土管 ϕ1800	m	2450.000		
16.12	C09050712	钢套筒混凝土管 ϕ2000	m	2830.000		

序号	材机编号	材机名称	单位	定额单价（元）	实际单价（元）	价差（元）
16.13	C09050713	钢套筒混凝土管 ϕ2200	m	3230.000		
16.14	C09050714	钢套筒混凝土管 ϕ2400	m	3640.000		
16.15	C09050715	钢套筒混凝土管 ϕ2600	m	5050.000		
16.16	C09050716	钢套筒混凝土管 ϕ2800	m	6050.000		
16.17	C09050717	钢套筒混凝土管 ϕ3000	m	6400.000		
16.18	C09050718	钢套筒混凝土管 ϕ3200	m	7000.000		
16.19	C09050719	钢套筒混凝土管 ϕ3400	m	7700.000		
16.20	C09050720	钢套筒混凝土管 ϕ3600	m	8500.000		
16.21	C09050721	钢套筒混凝土管 ϕ3800	m	8780.000		
16.22	C09050722	钢套筒混凝土管 ϕ4000	m	8960.000		
17	碎石					
17.1	C10020101	碎石 10	m³	60.600		
17.2	C10020102	碎石 20	m³	60.600		
17.3	C10020103	碎石 40	m³	60.600		
18	毛石					
18.1	C10020301	毛石 70～190	m³	62.300		
18.2	C10020321	毛石细料石	m³	135.000		
18.3	C10020322	毛石粗料石	m³	96.000		
18.4	C10020323	毛石方整石	m³	168.000		
18.5	C10020401	块石	m³	76.000		
19	面砖					
19.1	C11020123	外墙面砖	m²	57.500		
19.2	C11020212	内墙面砖	m²	45.000		
19.3	C11020201	彩釉砖 300×300	m²	40.300		
19.4	C11020211	瓷质抛光砖 600×600	m²	80.500		
19.5	C11020131	麻面仿石砖 200×75	m²	72.500		
19.6	C11021101	瓷质耐磨地砖 500×500	m²	104.000		

序号	材机编号	材机名称	单位	定额单价（元）	实际单价（元）	价差（元）
19.7	C11021102	瓷质耐磨地砖 300×300	m²	69.000		
19.8	C11020301	耐酸磁板 150×150×20	m²	113.000		
19.9	C11020302	耐酸磁砖 230×113×133	m²	198.000		
19.10	C11020303	耐酸磁砖 230×113×65	m²	153.000		
20		门				
20.1	C11050201	不锈钢电动伸缩门 0.9m	m	860.000		
20.2	C110505202	成品木门	m²	200.000		
20.3	C110505203	成品普通纱门	m²	95.000		
20.4	C110505204	成品钢木大门（两面板）	m²	180.000		
20.5	C110505205	成品钢木大门(防寒两面板）	m²	210.000		
20.6	C110505206	成品保温隔音门	m²	260.000		
20.7	C110505207	成品全钢板门	m²	125.000		
20.8	C110505208	成品钢板玻璃门	m²	105.000		
20.9	C110505209	成品平开防盗门	m²	305.000		
20.10	C110505210	成品半截百页钢板门	m²	155.000		
20.11	C110505211	成品防射线门	m²	305.000		
20.12	C110505212	成品防火门	m²	485.000		
20.13	C110505213	成品铝合金门	m²	255.000		
20.14	C110505214	成品铝合金纱门	m²	110.000		
20.15	C110505215	成品单扇全玻地弹门	m²	280.000		
20.16	C110505216	成品双扇全玻地弹门	m²	280.000		
20.17	C110505217	成品塑钢门（单层玻璃）	m²	240.000		
20.18	C110505218	成品塑钢门（双层玻璃）	m²	265.000		
20.19	C110505219	成品不锈钢双扇全玻地弹门	m²	580.000		
20.20	C110505220	成品门电子感应门	m²	465.000		
20.21	C11050601	卷闸镀锌薄钢板门	m²	150.000		

序号	材机编号	材机名称	单位	定额单价（元）	实际单价（元）	价差（元）
20.22	C11050602	卷闸铝合金门	m²	210.000		
20.23	C01021903	钢管框铁丝网大门	m²	80.000		
20.24	C11051501	屏蔽门	m²	420.000		
20.25	C11060121	门锁单向	把	24.000		
20.26	C11060122	门锁双向	把	32.000		
20.27	C11060401	普通拉手	个	5.000		
20.28	C11060411	拉手 30 以内	对	16.000		
20.29	C11060412	拉手 30 以外	对	24.000		
20.30	C11060501	地弹簧	个	205.000		
20.31	C25030121	门铃	台	30.000		
21		窗				
21.1	C11051108	成品铝合金固定窗	m²	220.000		
21.2	C11051109	成品铝合金推拉窗	m²	240.000		
21.3	C11051110	成品铝合金平开窗	m²	240.000		
21.4	C11051111	成品铝合金纱窗	m²	100.000		
21.5	C11051112	成品固定铝合金百叶窗	m²	315.000		
21.6	C11051113	成品塑钢窗（单层玻璃）	m²	220.000		
21.7	C11051114	成品塑钢窗（双层玻璃）	m²	245.000		
21.8	C11051115	成品不锈钢固定玻璃窗	m²	510.000		
21.9	C11051502	屏蔽窗	m²	360.000		
21.10	C11051101	成品木窗	m²	320.000		
21.11	C11051102	成品无框木窗	m²	285.000		
21.12	C11051103	成品纱窗	m²	110.000		
21.13	C11051104	成品单层钢窗	m²	180.000		
21.14	C11051105	成品钢纱窗	m²	105.000		
21.15	C11051106	成品窗防护格栅（钢）	m²	100.000		

序号	材机编号	材机名称	单位	定额单价（元）	实际单价（元）	价差（元）
21.16	C11051107	成品窗防护格栅（不锈钢）	m²	315.000		
22	涂料					
22.1	C11090102	涂料 MC	kg	10.300		
22.2	C11090105	防腐防渗涂料	kg	12.100		
22.3	C11090107	丙烯酸彩砂涂料	kg	5.300		
22.4	C11090201	黏结剂 107 胶	kg	1.800		
22.5	C11090202	黏结剂 XY401 胶	kg	8.500		
22.6	C11090203	黏结剂乳胶	kg	5.000		
22.7	C11090204	黏结剂骨胶	kg	8.000		
22.8	C11090206	干粉型黏合剂	kg	1.780		
22.9	C11090207	903 胶	kg	7.100		
22.10	C11090400	水泥自流坪混合料	kg	1.300		
22.11	C17040101	防火涂料	kg	12.500		
22.12	C20050404	钢结构厚型防火涂料	kg	12.000		
22.13	C20050403	钢结构薄型防火涂料	kg	25.000		
23	电焊条					
23.1	C12010100	电焊条　J422　综合	kg	5.400		
23.2	C12010200	电焊条　J507　综合	kg	6.000		
23.3	C12011800	不锈钢电焊条　综合	kg	42.000		
24	橡胶卷材					
24.1	C18010401	橡胶卷材三元乙丙橡胶 1mm	m²	23.000		
24.2	C18010402	橡胶卷材氯化聚乙烯橡胶 1mm	m²	18.000		
24.3	C18010403	橡胶卷材氯丁橡胶　1mm	m²	16.000		
24.4	C18010404	橡胶卷材再生橡胶　1mm	m²	16.000		
25	石油沥青					
25.1	C10080101	石油沥青 10 号	kg	3.000		

序号	材机编号	材机名称	单位	定额单价（元）	实际单价（元）	价差（元）
25.2	C10080102	石油沥青 30 号	kg	3.200		
25.3	C10080201	石油沥青玛蹄脂	m³	3663.110		
26		油漆				
26.1	C20010101	防锈漆	kg	10.000		
26.2	C20010201	醇酸防锈漆	kg	14.000		
26.3	C20010202	酚醛耐酸漆	kg	13.900		
26.4	C20010301	酚醛防锈漆 F53 各色	kg	9.350		
26.5	C20010501	环氧底漆	kg	15.900		
26.6	C20010601	水性无机富锌底漆	kg	16.000		
26.7	C20010701	玻化砖底漆	kg	55.000		
26.8	C20020201	醇酸磁漆	kg	14.400		
26.9	C20030101	普通调和漆	kg	12.000		
26.10	C20030301	酚醛调和漆	kg	12.000		
26.11	C20030402	无光调和漆脂胶漆	kg	11.000		
26.12	C20030501	厚漆	kg	10.000		
26.13	C20030701	银粉漆	kg	30.500		
26.14	C20040101	普通清漆	kg	9.800		
26.15	C20040201	酚醛清漆	kg	12.100		
26.16	C20040401	树脂清漆地板漆	kg	8.280		
26.17	C20050101	耐酸漆	kg	17.000		
26.18	C20050301	航标漆	kg	20.000		
26.19	C20050401	防火漆	kg	17.200		
26.20	C20050402	耐高温防腐漆	kg	80.000		
26.21	C20050601	漆片 甲级	kg	12.100		
26.22	C20050701	氟碳漆	kg	108.200		
26.23	C20060301	环氧树脂自流平底漆	kg	13.600		

序号	材机编号	材机名称	单位	定额单价（元）	实际单价（元）	价差（元）
26.24	C20060302	环氧树脂自流平面漆	kg	20.500		
26.25	C20060303	环氧树脂自流平中漆	kg	16.500		
26.26	C20060801	聚氨酯漆	kg	16.900		
26.27	C20070101	沥青清漆	kg	7.500		
26.28	C20070201	环氧沥青漆	kg	13.800		
26.29	C20070301	煤焦油沥青漆	kg	7.150		
26.30	C20070401	环氧煤沥青漆	kg	14.600		
26.31	C20070501	氯丁橡胶沥青漆	kg	7.060		
26.32	C20070621	绝缘清漆	kg	10.000		
26.33	C20070701	过氯乙烯漆（综合）	kg	12.800		
26.34	C20070901	环氧富锌漆	kg	25.300		
26.35	C20070902	环氧云铁漆	kg	21.200		
26.36	C20071201	耐酸防腐漆	kg	50.000		
26.37	C22010501	模板漆 BT-20	kg	19.000		
26.38	C11090106	乳胶漆	kg	4.500		
27		环氧树脂				
27.1	C20060201	环氧树脂 E44	kg	30.000		
27.2	C20060202	环氧树脂 6101 号	kg	21.000		
28		花岗岩				
28.1	C10030201	花岗岩板 20	m²	240.000		
28.2	C10030202	化岗岩板 30	m²	250.000		
28.3	C10030101	大理石板 500×500×20	m²	230.000		
29		灯				
29.1	C16060108	成套灯具 投光灯	套	510.000		
29.2	C16060104	成套灯具 防潮灯	套	80.000		
29.3	C16060105	成套灯具 腰形船顶灯	套	90.000		

序号	材机编号	材机名称	单位	定额单价（元）	实际单价（元）	价差（元）
29.4	C16060106	成套灯具 碘钨灯	套	110.000		
29.5	C16060107	成套灯具 管形氙气灯	套	110.000		
29.6	C16060161	普通灯具 半圆球吸顶灯 DN250	套	80.000		
29.7	C16060162	普通灯具 半圆球吸顶灯 DN300	套	85.000		
29.8	C16060163	普通灯具 半圆球吸顶灯 DN350	套	98.000		
29.9	C16060165	普通灯具 软线吊灯	套	15.000		
29.10	C16060166	普通灯具 吊链灯	套	25.000		
29.11	C16060167	普通灯具 防水吊灯	套	45.000		
29.12	C16060168	普通灯具 一般壁灯	套	40.000		
29.13	C16060169	普通灯具 座灯头	套	10.000		
29.14	C16060171	荧光灯具 吸顶式 单管	套	60.000		
29.15	C16060172	荧光灯具 吸顶式 双管	套	80.000		
29.16	C16060173	荧光灯具 吸顶式 三管	套	100.000		
29.17	C16060174	荧光灯具 嵌入式 单管	套	85.000		
29.18	C16060175	荧光灯具 嵌入式 双管	套	95.000		
29.19	C16060176	荧光灯具 嵌入式 三管	套	120.000		
29.20	C16060177	荧光灯具 嵌入式 四管	套	160.000		
29.21	C16060181	混光灯 吊杆式	套	50.000		
29.22	C16060182	混光灯 吊链式	套	40.000		
29.23	C16060183	混光灯 嵌入式	套	50.000		
29.24	C16060184	密闭灯具 安全灯	套	200.000		
29.25	C16060185	密闭灯具 防爆灯	套	180.000		
29.26	C16060186	密闭灯具 高压水银防爆灯	套	310.000		
29.27	C16060187	密闭灯具 防爆荧光灯	套	130.000		
29.28	C16060188	诱导灯 吸顶式	套	230.000		

序号	材机编号	材机名称	单位	定额单价（元）	实际单价（元）	价差（元）
29.29	C16060189	诱导灯 吊杆式	套	250.000		
29.30	C16060190	诱导灯 墙壁式	套	220.000		
29.31	C16060191	诱导灯 嵌入式	套	220.000		
29.32	C16060192	隧道灯 吸顶敞开型	套	210.000		
29.33	C16060193	隧道灯 吸顶密封型	套	215.000		
29.34	C16060194	隧道灯 嵌入敞开型	套	220.000		
29.35	C16060195	隧道灯 嵌入密封型	套	225.000		
29.36	C16060265	烟塔标志灯	套	4800.000		
30		吊顶面层				
30.1	C11010906	PVC 条形天花板宽 180	m²	16.700		
30.2	C11011031	矿棉板	m²	31.600		
30.3	C08030101	胶合板三层（3mm）	m²	12.600		
30.4	C08030102	胶合板五层（5mm）	m²	19.700		
30.5	C11010801	铝塑板双面 1220×2440×3	m²	74.800		
30.6	C11010501	铝合金扣板	m²	68.800		
30.7	C11011002	轻质墙板 GRC90mm	m²	51.800		
30.8	C11011003	轻质墙板 GRC120mm	m²	71.300		
30.9	C11010903	石膏板 12mm	m²	23.000		
30.10	C08030110	胶合饰面板（泰柚）	m²	38.000		
30.11	C08030204	中密度板 18mm	m²	33.600		
31	C07030201	球节点钢网架	t	6880.000		
32	C01031801	复合钛板	t	18 500.000		
33	C16010501	钢绞线 12mm	kg	7.050		
34	C16110101	镀锌钢管构架	t	7700.000		
35	C09050372	混凝土离心杆	m³	1510.000		
36	C10040103	石灰膏	m³	120.000		

序号	材机编号	材机名称	单位	定额单价（元）	实际单价（元）	价差（元）
37	C10070101	标准砖 240×115×53	千块	290.000		
38	C10070201	黏土空心砖 240×115×115	千块	555.000		
39	C10070501	耐酸砖 230×113×65	块	1.200		
40	C10070521	泡沫玻化砖（烟囱）	m²	700.000		
41	C17010101	轻质耐火砖 标准	块	1.700		
42	C09050541	单侧釉面轻质耐酸砖	块	2.380		
43	C18030200	橡胶密封圈 ϕ300 以下	个	5.000		
44	C18040722	挤塑聚苯乙烯板（XPS）20～100mm	m³	385.000		
45	C18080701	塑料填料 PVC	kg	9.350		
46	C25060201	除水器	m²	120.000		
47	C18090701	挡风抑尘板	m²	135.000		
48	C19110101	氧气	m³	5.890		
49	C19110201	乙炔气	m³	10.500		
50	C10080311	沥青玻璃布油毡	m²	5.750		
51	C10080321	玻纤胎改性沥青卷材（页岩片）4mm	m²	27.900		
52	C22040452	土工膜	m²	9.900		
53	C22010102	支撑钢管及扣件	kg	4.960		
54	C18090221	玻璃钢托架	m²	147.000		
55	C11050611	卷闸电动装置	套	2400.000		
56	C17020203	矿棉毡	kg	2.500		
57	C17020302	岩棉板 120～160kg/m³	m³	420.000		
58	C17020503	玻璃鳞片	m²	205.000		
59	C09041201	隔离剂	kg	1.960		
60	C10010101	中砂	m³	56.500		
61	C10010401	粗砂	m³	56.500		

序号	材机编号	材机名称	单位	定额单价（元）	实际单价（元）	价差（元）
62	C21010101	水	t	2.000		
63	C21020101	电	kWh	0.650		

注：2013 年版电力建设工程定额建筑工程材料价差调整的品种以该文件为准。

附表 5　建筑工程施工机械价差调整表

单位：元

序号	机　械	规　格	单位	定额单价	实际单价	价差
1	履带式推土机	75kW	台班	609.40		
2	履带式推土机	105kW	台班	771.69		
3	履带式推土机	135kW	台班	955.31		
4	拖式铲运机	3m³	台班	393.25		
5	轮胎式装载机	2m³	台班	673.40		
6	履带式拖拉机	75kW	台班	565.50		
7	履带式单斗挖掘机（液压）	1m³	台班	968.20		
8	光轮压路机（内燃）	12t	台班	379.11		
9	光轮压路机（内燃）	15t	台班	448.66		
10	振动压路机（机械式）	15t	台班	801.98		
11	振动压路机（液压式）	15t	台班	765.09		
12	轮胎压路机	9t	台班	367.00		
13	夯实机		台班	24.60		
14	液压锻钎机	11.25kW	台班	199.17		
15	磨钎机		台班	226.13		
16	履带式柴油打桩机	锤重　3.5t	台班	1146.87		
17	履带式柴油打桩机	锤重　7t	台班	2448.09		

序号	机　械	规　格	单位	定额单价	实际单价	价差
18	履带式柴油打桩机	锤重　8t	台班	2542.41		
19	轨道式柴油打桩机	锤重　2.5t	台班	950.75		
20	轨道式柴油打桩机	锤重　3.5t	台班	1305.96		
21	振动打拔桩机	40t	台班	901.42		
22	冲击成孔机		台班	334.47		
23	履带式钻孔机	φ700	台班	552.43		
24	履带式长螺旋钻孔机		台班	481.65		
25	液压钻机	XU-100	台班	131.10		
26	单重管旋喷机		台班	1124.08		
27	履带式起重机	25t	台班	708.01		
28	履带式起重机	40t	台班	1288.86		
29	履带式起重机	50t	台班	1780.48		
30	履带式起重机	60t	台班	2214.64		
31	履带式起重机	80t	台班	2860.30		
32	履带式起重机	100t	台班	4370.25		
33	履带式起重机	150t	台班	7376.20		
34	汽车式起重机	5t	台班	365.82		
35	汽车式起重机	8t	台班	532.59		
36	汽车式起重机	12t	台班	676.26		
37	汽车式起重机	16t	台班	838.83		
38	汽车式起重机	20t	台班	950.67		
39	汽车式起重机	25t	台班	1061.24		
40	汽车式起重机	30t	台班	1303.75		
41	汽车式起重机	50t	台班	3177.34		
42	龙门式起重机	10t	台班	348.34		
43	龙门式起重机	20t	台班	560.96		
44	龙门式起重机	40t	台班	913.32		

序号	机 械	规 格	单位	定额单价	实际单价	价差
45	塔式起重机	1500kN·m	台班	4600.00		
46	塔式起重机	2500kN·m	台班	5400.00		
47	自升式塔式起重机	3000t·m	台班	7942.26		
48	炉顶式起重机	300t·m	台班	1255.68		
49	载重汽车	5t	台班	288.62		
50	载重汽车	6t	台班	309.41		
51	载重汽车	8t	台班	363.01		
52	自卸汽车	8t	台班	470.06		
53	自卸汽车	12t	台班	640.17		
54	平板拖车组	10t	台班	517.87		
55	平板拖车组	20t	台班	791.70		
56	平板拖车组	30t	台班	946.95		
57	平板拖车组	40t	台班	1157.43		
58	机动翻斗车	1t	台班	117.48		
59	管子拖车	24t	台班	1430.23		
60	管子拖车	35t	台班	1812.39		
61	洒水车	4000L	台班	357.77		
62	电动卷扬机（单筒快速）	10kN	台班	98.95		
63	电动卷扬机（单筒慢速）	30kN	台班	107.78		
64	电动卷扬机（单筒慢速）	50kN	台班	116.18		
65	电动卷扬机（单筒慢速）	100kN	台班	184.07		
66	电动卷扬机（单筒慢速）	200kN	台班	350.31		
67	电动卷扬机（双筒慢速）	50kN	台班	137.82		
68	双笼施工电梯	200m	台班	535.36		

序号	机 械	规 格	单位	定额单价	实际单价	价差
69	灰浆搅拌机	400L	台班	79.75		
70	混凝土振捣器（平台式）		台班	19.92		
71	混凝土振捣器（插入式）		台班	13.96		
72	木工圆锯机	500mm	台班	25.27		
73	木工压刨床	刨削宽度单面600mm	台班	36.98		
74	木工压刨床	刨削宽度三面400mm	台班	83.42		
75	摇臂钻床	钻孔直径50mm	台班	119.95		
76	剪板机	厚度×宽度20mm×2000mm	台班	232.32		
77	剪板机	厚度×宽度20mm×2500mm	台班	256.39		
78	剪板机	厚度×宽度40mm×3100mm	台班	601.77		
79	钢筋弯曲机	40mm	台班	24.38		
80	型钢剪断机	500mm	台班	185.10		
81	弯管机	WC27～108	台班	79.40		
82	型钢调直机		台班	55.68		
83	卷板机	板厚×宽度20mm×2000mm	台班	177.41		
84	卷板机	板厚×宽度20mm×2500mm	台班	232.66		
85	联合冲剪机	板厚 16mm	台班	263.27		
86	管子切断机	150mm	台班	42.74		
87	管子切断机	250mm	台班	52.71		
88	管子切断套丝机	159mm	台班	20.34		

序号	机械	规格	单位	定额单价	实际单价	价差
89	电动煨弯机	100mm	台班	136.40		
90	钢板校平机	30×2600	台班	281.32		
91	刨边机	加工长度 12000mm	台班	607.95		
92	坡口机	630mm	台班	381.94		
93	电动单级离心清水泵	出口直径 150mm	台班	148.10		
94	电动单级离心清水泵	出口直径 200mm	台班	178.20		
95	电动多级离心清水泵	出口直径 100mm 扬程 120m 以下	台班	252.60		
96	电动多级离心清水泵	出口直径 150mm 扬程 180m 以下	台班	580.30		
97	电动多级离心清水泵	出口直径 200mm 扬程 280m 以下	台班	1446.40		
98	泥浆泵	出口直径 100mm	台班	265.60		
99	真空泵	抽气速度 204m³/h	台班	113.72		
100	试压泵	25MPa	台班	72.26		
101	试压泵	30MPa	台班	73.03		
102	试压泵	80MPa	台班	85.80		
103	液压注浆泵	HYB50-50-Ⅰ型	台班	196.75		
104	井点喷射泵	喷射速度 40m³/h	台班	158.37		
105	交流电焊机	21kVA	台班	52.89		
106	交流电焊机	30kVA	台班	72.94		
107	对焊机	75kVA	台班	108.30		
108	等离子切割机	电流 400A	台班	191.30		
109	氩弧焊机	电流 500A	台班	101.13		
110	半自动切割机	厚度 100mm	台班	78.49		

序号	机　械	规　格	单位	定额单价	实际单价	价差
111	点焊机（短臂）	50kVA	台班	85.80		
112	热熔焊接机	SHD-160C	台班	268.83		
113	逆变多功能焊机	D7-500	台班	145.30		
114	电动空气压缩机	排气量 0.6m³/min	台班	91.61		
115	电动空气压缩机	排气量 3m³/min	台班	175.09		
116	电动空气压缩机	排气量 10m³/min	台班	408.05		
117	爬模机		台班	2000.00		
118	冷却塔曲线电梯	QWT60	台班	301.93		
119	冷却塔折臂塔式起重机	240t·m 以内	台班	1670.46		
120	轴流通风机	7.5kW	台班	38.50		
121	抓斗	0.5m³	台班	120.10		
122	拖轮	125kW	台班	1014.39		
123	锚艇	88kW	台班	892.68		
124	超声波探伤机	CTS-22	台班	135.25		
125	悬挂提升装置	LXD-200	台班	209.50		
126	鼓风机	30m³/min	台班	315.60		
127	挖泥船	120m³/h	台班	2299.97		

4. 关于颁布 20kV 及以下配电网工程预算定额价格水平调整办法的通知

电定总造〔2009〕34 号

国家电网公司电力建设定额站、中国南方电网有限责任公司电力建设定额站，各有关单位：

《20kV 及以下配电网工程建设预算编制与计算标准》和《20kV 及以下配电网工程预算定额》已经颁布实施，为便于定额价格水平的调整和计算，如实反映不同年度、不同地区市场价格水平，我站制定了《20kV 及以下配电网工程预算定额价格水平调整办法》（见附件），现予颁布实施。

请国家电网公司电力建设定额站和中国南方电网有限责任公司电力建设定额站组织所属各电力建设定额站，按照本办法要求认真做好各地价格收集与测算工作。

本办法自颁布之日起执行。

附件：20kV 及以下配电网工程预算定额价格水平调整办法

电力工程造价与定额管理总站（印）
2009 年 10 月 26 日

20kV 及以下配电网工程预算定额
价格水平调整办法

第一章 总 则

一、为规范 20kV 及以下配电网工程预算定额价格水平测算和发布工作，科学反映各地区价格水平差异，合理确定工程投资，特制定本办法。

二、本办法适用于以《20kV 及以下配电网工程建设预算编制与计算标准》（以下简称"配电网预规"）和《20kV 及以下配电网工程预算定额》（以下简称"配电网定额"）为计价依据，编制的 20kV 及以下配电网工程建设预算中对定额价格水平的调整。

三、定额价格水平的调整包括人工工日单价的调整、消耗性材料价格的调整和施工机械台班价格水平的调整。调整的内容包括：工程所在地价格水平与预算定额所规定的电力行业基准价格之间的地域价格水平调整，以及预算编制年与定额编制基准年之间的年度价格水平调整。

四、本办法所给定的定额价格水平调整方式分为定额人工费的调整（以下简称"人工费调整"）和定额内消耗性材料与机械台班费用调整（以下简称"材机调整"）两部分，各地在编制工程建设预算时，应分别计算人工费调整和材机调整金额。

五、人工费调整是指对定额基价中所包括的人工费进行各地区编制年与定额基准年之间价格水平差值的调整。

六、材机调整是针对定额基价中除人工费之外的消耗性材料、机械台班费用进行各地区编制年与定额基准年之间价格水平差值的调整。

七、在编制工程建设预算时，根据本办法规定调整的人工费和材机费用差值只计取税金，并将其汇总计入"当地编制年价差"，列入"20kV 及以下配电网工程总预算表（表一）"的其他费用之前。该价差应作为建筑、安装工程费的一部分，计入其他费用中各项目的取费基数。

第二章　人工费调整

一、各地区人工工日单价应依据当地的工资水平，结合配电网工程施工实际情况综合取定。在取定当地人工工日单价时，其内容应与配电网预规和配电网定额所规定的人工费内容相一致。

二、若参照当地建设行政主管部门发布的工资单价水平测定配电网工程人工工日单价标准时，应按照以下规则执行：

（一）若当地建设行政主管部门发布的工资标准为分工种、分等级的工资标准时，应按照配电网定额所定义的普通工、建筑技工、安装技工分别取定人工工日单价标准。

（二）若当地建设行政主管部门发布的工资标准为综合工日单价标准时，可按照与配电网预规和配电网定额所规定的人工费内容相一致的原则，取定为综合工日单价。

三、人工费的调整方式。

根据人工工日单价表现形式的不同，可选择使用以下调整方式：

（一）调整系数法。

1. 人工费调整系数的计算公式

$$\text{建筑工程人工费调整系数} = \frac{\text{当地建筑人工综合工日工资单价}}{\text{定额普通工日工资单价}} \times 0.89 - 100\%$$

$$\frac{安装工程人工}{费调整系数}=\frac{当地安装人工综合工日工资单价}{定额普通工日工资单价}\times0.74-100\%$$

2．人工费调整金额

人工费调整金额=定额人工费小计×人工费调整系数

（二）绝对值法。

1．差价计算公式

普通工人工费差价=当地普通工人日工资单价

−定额普通工工日单价

建筑技工人工费差价=当地建筑技工工日单价

−定额技工工日单价

安装技工人工费差价=当地安装技工工日单价

−定额技工工日单价

2．人工费调整金额

普通工人工费调整金额=普通工人工费差价×普通工工日

建筑技工人工费调整金额=建筑技工人工费差价×建筑技工工日

安装技工人工费调整金额=安装技工人工费差价×安装技工工日

3．人工费调整金额合计

人工费调整金额合计=普通工人工费调整金额

+建筑技工人工费调整金额

+安装技工人工费调整金额

四、各地区应根据本地人工工日单价的具体测算情况，在以上两种方式中选择其中的一种方法进行计算，并在一定时期内维持不变，保持计算方式的延续性。

第三章　材　机　调　整

一、定额内消耗性材料和机械台班费用的调整统一采用材机调整系数法计算。

二、材机调整系数的计算公式

$$材机调整系数 = \cfrac{\begin{array}{c}\sum(材料市场价格×消耗量)+\\ \sum(机械台班单价×消耗量)\end{array}}{\begin{array}{c}\sum(定额内材料价格×消耗量)+\\ \sum(定额内机械台班单价×消耗量)\end{array}} -100\%$$

三、材机调整金额的计算

材机调整金额=(定额基价–定额基价中的人工费)

×材机调整系数

四、各地消耗性材料价格和机械台班单价的取定原则：

（一）消耗性材料单价按照当年第二季度和第四季度的消耗性材料平均价格为依据取定。

（二）机械台班单价按照《电力建设工程施工机械台班费用定额》取定，不足部分按照《全国统一安装工程机械台班费用定额》取定，其中，施工机械用油、电的市场价格与定额取定价格之差，按材机系数测算权数库中机械部分所规定的消耗量计入机械台班费用单价中一并调整。

五、20kV及以下配电网工程材机调整系数应按照配电站（开关站）、架空线路工程、电缆线路工程和通信工程，分建筑工程和安装工程分别测定。

六、20kV及以下配电网工程材机调整系数测算软件由电力工程造价与定额管理总站统一提供。

第四章　调整系数（或调整差价）的测算和发布

一、各地区的人工工日单价、消耗性材料价格和机械台班费单价由各省（自治区、直辖市）电力建设定额站根据当地市场实际情况确定，并按照本办法规定测算相应的调整系数（或调整差价）。

二、各省（自治区、直辖市）电力建设定额站在测算和发布调整系数（或调整差价）时，应按照本区域内的地区划分分别测定，对于本区域内价格差异较小的，可测算和发布统一的调整系数（或调整差价）。

三、由各省（自治区、直辖市）电力建设定额站应于每年第二季度末和第四季度末完成测算工作，经上级电力建设定额站平衡、审核并报电力工程造价与定额管理总站批准后，于每年的 1 月 15 日前和 7 月 15 日前颁布实施。

第五章 其 他

一、本办法由电力工程造价与定额管理总站负责解释。

二、本办法自颁布之日起执行。

5. 关于颁布电网技术改造工程和检修工程预算定额价格水平调整办法的通知

定额〔2011〕19号

国家电网公司电力建设定额站、中国南方电网有限责任公司电力建设定额站，各有关单位：

电网技术改造工程预算定额和费用计算标准、电网检修工程预算定额和费用计算标准已由国家能源局颁布试行。为如实反映不同年度和不同地区市场价格变化，科学指导电网技术改造工程及检修工程预算编制，合理确定工程造价，根据电力工程造价与定额管理相关规定，我站制定了《电网技术改造工程和检修工程预算定额价格水平调整办法》（见附件），现予颁布实施。

请各定额站按照本办法要求认真做好相关工作。

附件：电网技术改造工程和检修工程预算定额价格水平调整办法

电力工程造价与定额管理总站（印）

2011 年 6 月 14 日

附件：

电网技术改造工程和检修工程
预算定额价格水平调整办法

第一章　总　则

第一条　为规范电网技术改造工程和检修工程预算编制工作，如实反映不同年度和不同地区市场价格变化，科学合理地确定工程造价，根据电力工程造价与定额管理相关规定，制订本办法。

第二条　本办法适用于以《电网技术改造工程预算定额》《电网技术改造工程建设预算编制与计算标准》《电网检修工程预算定额》和《电网检修工程建设预算编制与计算标准》（以下简称"定额及预规"）为基础，编制的电网技术改造工程和检修工程预算的价格水平调整。

第三条　定额价格水平调整包括定额内人工工日单价的调整、消耗性材料价格的调整和施工机械台班价格水平的调整。调整的内容包括：工程所在地价格水平与定额基准价格之间的地域价格水平调整，以及预算编制年与定额编制基准年之间的年度价格水平调整。

第四条　本办法所给定的定额价格水平调整方式分为定额人工费的调整（以下简称"人工费调整"）和定额内消耗性材料与机械台班费用调整（以下简称"材机调整"）两部分，在编制工程预算时，应分别计算人工调整金额和材机调整金额。

第五条　人工费调整是指对定额基价中所包括的人工费进行各地区编制年与定额基准年之间价格水平差值的调整。

第六条　定额材机调整是针对定额基价中的消耗性材料、机械台班费用进行工程所在地编制年与定额基准年价格水平之间差值的调整。

第七条　在编制工程预算时，根据本办法规定计算的人工费调整金额和材机调整金额只计取税金，作为"编制年价差"计入安装工程费、拆除工程费或检修工程费。

第二章　人工费调整

第八条　各地区人工工日单价应依据当地的工资水平，结合电网技改检修工程施工实际情况综合取定。人工工日单价的取定范围应与电网技术改造与电网检修定额的人工单价内容相一致。

第九条　人工费的调整方式

根据当地建设行政主管部门发布人工工日单价表现形式的不同，可选择使用以下调整方式：

（一）调整系数法。

1. 人工费调整系数的计算公式

$$人工费调整系数 = \frac{当地安装人工综合工日工资单价}{定额普通工日工资单价} \times 0.74 - 100\%$$

2. 人工费调整金额

$$人工费调整金额 = 定额人工费小计 \times 人工费调整系数$$

（二）绝对值法。

1. 差价计算公式

普通工人工费差价 = 当地普通工工日单价 - 定额普通工工日单价

技工人工费差价 = 当地安装技工工日单价 - 定额技工工日单价

2. 人工费调整金额

普通工人工费调整金额 = 普通工人工费差价 × 普通工工日

技工人工费调整金额 = 技工人工费差价 × 技工工日

3．人工费调整金额合计

人工费调整金额合计=普通工人工费调整金额+技工人工费调整金额

第十条 当地人工工日单价标准的取定原则：

（一）当地建设行政主管部门发布的工资标准为分工种、分等级的工资标准时，应按照电网技术改造工程定额和检修工程定额所定义的普通工、技工分别取定人工工日单价标准。

（二）当地建设行政主管部门发布的工资标准为综合工日单价标准时，应按照与电网技术改造工程定额和检修工程定额及相应预规所规定的人工费内容一致的原则，取定为综合工日单价。

第十一条 各地区应根据本地人工工日单价的具体测算情况，在以上两种方式中选择其中的一种方法进行计算，并在一定时期内维持不变，以保持计算方式的稳定性。

第三章 定 额 材 机 调 整

第十二条 电网技术改造工程和检修工程的定额内消耗性材料和机械台班费用均采用系数法调整。

第十三条 材机调整系数的计算公式

$$材机调整系数=\frac{\sum（材料市场价格×消耗量）+\sum（机械台班单价×消耗量）}{\sum（定额内材料价格×消耗量）+\sum（定额内机械台班单价×消耗量）}-100\%$$

第十四条 材机调整金额的计算

材机调整金额=（定额基价-定额基价中的人工费）×材机调整系数

第十五条 各地消耗性材料价格和机械台班单价的取定原则。

（一）消耗性材料单价分别按照当年第二季度和第四季度平均价格为依据取定。

（二）机械台班单价按照《电力工程机械台班费用定额》

取定，不足部分按照《全国统一安装工程机械台班费用定额》取定，其中，施工机械用油、电的市场价格以及车船使用税与定额取定价格之差，按材机系数测算软件中规定的消耗量计入机械台班费用单价中一并调整。

第十六条　电网技术改造工程定额材机调整系数按照不同电压等级分变电工程、架空线路工程、电缆线路工程、通信工程和拆除工程列出；电网检修工程定额材机调整系数按照不同电压等级分变电工程、架空线路工程、电缆线路工程、通信工程列出。

第十七条　电网技术改造工程和检修工程的材机调整系数测算软件由定额总站统一提供。

第四章　调整系数（或差价）的测算和发布

第十八条　各省（自治区、直辖市）电力建设定额站负责收集当地的人工工日单价、消耗性材料（见附表 1）价格和机械台班（见附表 2）费单价，按照本办法规定测算相应的调整系数。

第十九条　各省（自治区、直辖市）电力建设定额站应于每年第二季度末和第四季度末完成收集、测算工作，经上级电力建设定额站审核并报定额总站批准后，由定额总站于每年的 1 月 15 日前和第 7 月 15 日前颁布实施。

第五章　其　　他

第二十条　本办法出定额总站负责解释。

第二十一条　本办法自颁布之日起执行。

附表 1：电网技术改造工程和检修工程典型材料表

附表 2：电网技术改造工程和检修工程典型机械台班车船使用税表

附表 1　电网技术改造工程和检修工程典型材料表

序号	名称及规格	单位	序号	名称及规格	单位
1	型钢 综合	kg	27	防锈剂 10kg/瓶	瓶
2	角钢 综合	kg	28	松锈剂	瓶
3	镀锌角钢 综合	kg	29	黏结剂 通用	kg
4	镀锌扁钢 综合	kg	30	玻璃胶	kg
5	圆钢 $\phi11\sim\phi20$	kg	31	厌氧胶 325 号 200g	瓶
6	钢丝绳 $\phi15$ 以下	kg	32	密封胶	kg
7	紫铜皮 0.5 以下	kg	33	氧气	m³
8	黄铜丝 综合	kg	34	乙炔气	m³
9	镀锡铜丝 $\phi1.22$	kg	35	石油液化气	m³
10	平垫铁 综合	kg	36	氢气（高纯）20 升	瓶
11	电焊条 J507 综合	kg	37	氩气（高纯）20 升	瓶
12	铜焊丝	kg	38	色谱用标准混合气体 8 升	瓶
13	银焊丝	kg	39	压缩空气（干燥）20 升	瓶
14	焊锡	kg	40	普通调和漆	kg
15	铜焊粉	kg	41	聚酰胺树脂 650、651	kg
16	铝焊粉	kg	42	沥青清漆	kg
17	焊锡膏	kg	43	铜编织带 16	m
18	镀锌六角螺栓 综合	kg	44	镀锌钢绞线 GJ-100	kg
19	镀锌铁丝 综合	kg	45	铜芯橡皮绝缘线 500V BX-2.5	m
20	裸铜绞线 TJ 25	m	46	铜芯聚氯乙烯绝缘电线 25	m
21	软铜绞线 35	m	47	铜芯聚氯乙烯绝缘软线 BVR-2.5	m
22	硬脂酸 一级	kg	48	导线接续管 JYB-500	个
23	乙醇（酒精）99%	kg	49	铜接线端子 120	个
24	四氯化碳 95%	kg	50	矩形母线间隔垫 JG 型（综合）	套
25	硝基漆稀释剂	kg	51	电缆卡子 40	个
26	石油醚（分析纯）	kg	52	光纤热缩管	只

序号	名称及规格	单位	序号	名称及规格	单位
53	热收缩封头 1～4 号	只	71	木脚手板 50×250×4000	块
54	光纤测量用匹配油	瓶	72	枕木 160×220×2500	根
55	光纤用除油剂	瓶	73	通用钢模板	kg
56	铝包带 1×10mm	kg	74	木模板	m³
57	标签色带（12～36）×8m	卷	75	钢模板附件	kg
58	乙丙橡胶带 0.5×20×5000	卷	76	钢锯条 各种规格	根
59	自黏性橡胶带 25×20m	卷	77	压缩空气 标准瓶装	瓶
60	泡沫塑料板 聚酯乙烯	kg	78	板材 红白松 二等	m³
61	聚氯乙烯塑料薄膜 0.5mm	kg	79	玻纤胎改性沥青卷材（页岩片）4mm	m²
62	塑料软管 16	m	80	涂料 丙烯酸彩砂	kg
63	热塑管	m	81	铜螺栓 M4mm 以下	个
64	塑料带 防辐照聚乙烯 20×40m	卷	82	热缩帽	只
65	聚氯乙烯橡胶带 80×50m	kg	83	铝绑扎线 3.2mm 以下	m
66	聚四氟乙烯生料带	kg	84	尼龙扎带 $L=120$mm	根
67	电力复合脂	kg	85	木脚手杆 杉原木 ϕ80×6000	根
68	冷涂锌漆	kg	86	汽油	kg
69	水	t	87	柴油	kg
70	钢管脚手架 包括扣件	kg	88	电	kWh

附表 2　电网技术改造工程和检修工程典型机械台班车船使用税表

序号	名称及规格	单位	车船使用税（元）
1	轮胎式拖拉机 10kW	月或年	
2	高空作业车 20m 以内	月或年	
3	高空作业车 60m 以内	月或年	

序号	名称及规格	单位	车船使用税（元）
4	送电专用汽车式起重机 8t	月或年	
5	送电专用汽车式起重机 20t	月或年	
6	送电专用汽车式起重机 25t	月或年	
7	送电专用载重汽车 4t	月或年	
8	送电专用载重汽车 5t	月或年	
9	电力工程车	月或年	
10	汽车式起重机 5t	月或年	
11	汽车式起重机 8t	月或年	
12	汽车式起重机 12t	月或年	
13	汽车式起重机 16t	月或年	
14	汽车式起重机 20t	月或年	
15	汽车式起重机 30t	月或年	
16	汽车式起重机 40t	月或年	
17	汽车式起重机 50t	月或年	
18	载重汽车 4t	月或年	
19	载重汽车 5t	月或年	
20	载重汽车 6t	月或年	
21	载重汽车 8t	月或年	
22	载重汽车 10t	月或年	
23	载重汽车 12t	月或年	
24	机动翻斗车 1t	月或年	
25	平板拖车组 40t	月或年	
26	自卸汽车 12t	月或年	

注：填写车船使用税时应注明是按月或年填写。

6. 关于颁布电网技术改造及检修工程概预算定额价格水平调整办法的通知

定额〔2015〕34号

国家电网公司、中国南方电网有限责任公司、中国能源建设集团有限公司、中国电力建设集团有限公司及各有关单位：

2015年版《电网技术改造工程预算编制与计算规定》、《电网检修工程预算编制与计算规定》及与之配套的《电网技术改造工程概算定额》、《电网技术改造工程预算定额》、《电网拆除工程预算定额》、《电网检修工程预算定额》已由国家能源局以国能电力〔2015〕270号文件颁布实施。为便于定额价格水平的动态调整和计算，如实反映不同时间、不同地区市场价格水平，电力工程造价与定额管理总站制定了《电网技术改造及检修工程概预算定额价格水平调整办法》（以下简称"本办法"，详细内容见附件），现予颁布实施。

本办法自颁布之日起执行。

附件：2015年版电网技术改造及检修工程概预算定额价格水平调整办法

电力工程造价与定额管理总站（印）
2015年9月22日

附件：

2015 年版电网技术改造及检修工程
概预算定额价格水平调整办法

第一章 总 则

第一条 为规范电网技术改造及检修工程概预算定额价格
水平的测算、发布和实施工作，科学反映不同时间和不同地区
价格水平差异，合理确定工程投资，特制定本办法。

第二条 本办法适用于以《电网技术改造工程预算编制与
计算规定（2015 年版）》、《电网检修工程预算编制与计算规定
（2015 年版）》（以下简称"预规"）和《电网技术改造工程概算
定额(2015 年版)》、《电网技术改造工程预算定额(2015 年版)》、
《电网拆除工程预算定额（2015 年版）》、《电网检修工程预算定
额（2015 年版）》（以下简称"定额"）为计价依据，编制电网
技术改造及检修工程概预算时，对定额内人工费、材料费和施
工机械费价格水平的调整。

第三条 本办法调整的主要内容包括：工程所在地编制
基准期价格与概预算定额价格之间的时间差及地区差水平
调整。

第四条 电网技术改造及检修工程概预算编制基准期价格
水平与定额编制价格水平之间的价差计算：建筑（修缮）工程
和安装（设备检修）工程的人工费、材料及机械费均以系数的
形式进行调整。

第二章　人 工 费 调 整

第五条　定额人工费每半年调整一次，分别按照建筑（修缮）工程和安装（设备检修）工程，采用综合系数法进行调整（见附表 1）。人工调整不分工种：普通工和技术工均执行统一调整系数；不分工程类别：技术改造建筑工程、建筑拆除工程、建筑修缮工程执行统一的调整系数，技术改造安装工程、安装拆除工程、设备检修工程执行统一的调整系数。计算时按照对应定额基价中人工费总额乘相应的调整系数。

第六条　各地区定额人工费调整系数是参照住房与城乡建设部发布的各地区人工信息价格，或当地定额与造价管理部门公布的本地区定额人工价格，但其组成内容要与预规和定额所规定的组成内容相一致，进行转化后综合取定。

第七条　定额人工费综合调整系数计算公式

建筑（修缮）工程定额人工费调整系数＝［（转化后当地建筑（修缮）工程定额人工工日单价/定额普通人工工日单价）×0.80］×100％－1

安装（设备检修）工程定额人工费调整系数＝［（转化后当地安装（设备检修）工程定额人工工日单价/定额普通人工工日单价）×0.74］×100％－1

第八条　定额人工费调整金额计算公式

定额人工费调整金额合计＝建筑（修缮）工程定额人工费调整合计＋安装（设备检修）工程定额人工费调整合计

建筑（修缮）工程定额人工费调整合计＝建筑（修缮）工程定额基价人工费总额×建筑（修缮）工程定额人工费调整系数

安装（设备检修）工程定额人工费调整合计＝安装（设备检修）工程定额基价人工费总额×安装（设备检修）工程定额人工费调整系数

第九条　在编制电力工程建设预算时，人工费调整金额汇入

"编制基准期价差"，只计取税金，作为建筑安装工程费（建筑修缮费、设备检修费）的组成内容。

第三章　定额材料、机械费用调整

第十条　定额内材料、机械费用调整是指对定额中的材料和机械按照不同时间和不同地区，就建设预算编制基准期价格与定额编制价格之间进行水平差调整。

第十一条　定额内材料与机械费用调整合并称为"材机调整"，主要包括电网技术改造工程材机调整、电网拆除工程材机调整和电网检修工程材机调整。

第十二条　材机调整均采用系数法调整。

（一）材机调整系数的计算公式

$$\frac{材机}{调整系数} = \frac{\sum(材料市场价格 \times 消耗量) + \sum(机械台班单价 \times 消耗量)}{\sum(定额内材料价格 \times 消耗量) + \sum(定额内机械台班单价 \times 消耗量)} - 100\%$$

（二）材机调整金额

材机调整金额＝（定额基价－定额基价中的人工费）×材机调整系数

第十三条　电网技术改造及检修建筑（修缮）工程材机调整不分电压等级，不分专业均执行统一材机调整系数（见附表2）。

第十四条　电网技术改造及检修安装（设备检修）工程材机调整按照电压等级分为 1000kV、750kV、500kV/330kV、220kV、110kV/35kV、20kV 及以下六个级别，并对变电、架空线路、电缆线路、通信站、通信线路工程分别测定材机调整系数，±400kV、±500kV 输变电工程按照交流 500kV/330kV 电压等级调整系数执行，±660kV 输变电工程按照交流 750kV 电压等级调整系数执行，±800kV 输变电工程按照交流 1000kV

电压等级调整系数执行；拆除工程材机调整不分电压等级，按照变电、架空线路、电缆线路工程分别测定材机调整系数（见附表3）。

第十五条 相关价格取定原则及方法：材料的市场价格按照各省（自治区、直辖市）当年第一季度与第三季度材料平均价格水平为依据取定。机械台班费单价以2015年电力行业机械台班库价格为基础，并按照各地规定将车船使用税、年检费、保险费、过路过桥费一并计入机械台班单价中予以调整，对于施工机械的燃料动力费（主要指油、电）的市场价格与定额取定价格之差，按机械台班单价表中规定的消耗量计入机械台班费用中一并调整。

第十六条 在编制电力工程建设预算时，材机调整金额汇入"编制基准期价差"，只计取税金，作为建筑安装工程费（建筑修缮费、设备检修费）的组成内容。

第四章 其 他

第十七条 2015年版电网技术改造及检修工程概预算定额价格水平调整测算工作由电力工程造价与定额管理总站统一组织，各级电力建设定额站负责收集、整理和上报相关数据，经总站测算和平衡后，于每年的7月15日和1月15日前发布实施。

第十八条 本办法由电力工程造价与定额管理总站负责解释。

第十九条 本办法自颁布之日起执行。

附表1：电网技术改造及检修工程定额人工费调整系数表

附表2：电网技术改造及检修建筑（修缮）工程定额材机调整系数表

附表3：电网技术改造及检修安装（设备检修）工程定额材机调整系数表

附表 1 电网技术改造及检修工程定额人工费调整系数汇总表

单位：%

省份或地区	建筑（修缮）工程调整系数	安装（设备检修）工程调整系数	备注
北京			
天津			
河北南部			
河北北部			
山西			
山东			
内蒙古东部			
内蒙古西部			
辽宁			
吉林			
黑龙江			
上海			
江苏			
浙江			
安徽			
福建			
河南			
湖北			
湖南			
江西			
四川			
重庆			
陕西			
甘肃			
宁夏			

省份或地区	建筑（修缮）工程调整系数	安装（设备检修）工程调整系数	备注
青海			
新疆			
西藏			
广东			广州、深圳
			佛山、珠海、江门、东莞、中山、惠州、汕头
			其他地区
广西			
云南			
贵州			
海南			

附表2 电网技术改造及检修建筑（修缮）工程定额材机调整系数汇总表

单位：%

省份或地区	技术改造工程	拆除工程	检修工程
北京			
天津			
河北南部			
河北北部			
山西			
山东			
内蒙古东部			
内蒙古西部			
辽宁			
吉林			

省份或地区	技术改造工程	拆除工程	检修工程
黑龙江			
上海			
江苏			
浙江			
安徽			
福建			
河南			
湖北			
湖南			
江西			
四川			
重庆			
陕西			
甘肃			
宁夏			
青海			
新疆			
西藏			
广东			
广西			
云南			
贵州			
海南			

附表3 电网技术改造及检修安装（设备检修）工程定额材机调整系数汇总表

单位：%

省份或地区	工程类别		20kV及以下	110kV/35kV	220kV	500kV/330kV	750kV	1000kV
北京	技术改造工程	变电						
		架空线路						
		电缆线路						
		通信站						
		通信线路						
	拆除工程	变电						
		架空线路						
		电缆线路						
	检修工程	变电						
		架空线路						
		电缆线路						
		通信站						
		通信线路						
天津	技术改造工程	变电						
		架空线路						
		电缆线路						
		通信站						
		通信线路						
	拆除工程	变电						
		架空线路						
		电缆线路						
	检修工程	变电						
		架空线路						
		电缆线路						

省份或地区	工程类别		20kV 及以下	110kV/35kV	220kV	500kV/330kV	750kV	1000kV
天津	检修工程	通信站						
		通信线路						
河北南部	技术改造工程	变电						
		架空线路						
		电缆线路						
		通信站						
		通信线路						
	拆除工程	变电						
		架空线路						
		电缆线路						
	检修工程	变电						
		架空线路						
		电缆线路						
		通信站						
		通信线路						
河北北部	技术改造工程	变电						
		架空线路						
		电缆线路						
		通信站						
		通信线路						
	拆除工程	变电						
		架空线路						
		电缆线路						

省份或地区	工程类别		20kV 及以下	110kV/ 35kV	220kV	500kV/ 330kV	750kV	1000kV
河北北部	检修工程	变电						
		架空线路						
		电缆线路						
		通信站						
		通信线路						
山西	技术改造工程	变电						
		架空线路						
		电缆线路						
		通信站						
		通信线路						
	拆除工程	变电						
		架空线路						
		电缆线路						
	检修工程	变电						
		架空线路						
		电缆线路						
		通信站						
		通信线路						
山东	技术改造工程	变电						
		架空线路						
		电缆线路						
		通信站						
		通信线路						
	拆除工程	变电						
		架空线路						
		电缆线路						

省份或地区	工程类别		20kV及以下	110kV/35kV	220kV	500kV/330kV	750kV	1000kV
山东	检修工程	变电						
		架空线路						
		电缆线路						
		通信站						
		通信线路						
内蒙古东部	技术改造工程	变电						
		架空线路						
		电缆线路						
		通信站						
		通信线路						
	拆除工程	变电						
		架空线路						
		电缆线路						
	检修工程	变电						
		架空线路						
		电缆线路						
		通信站						
		通信线路						
内蒙古西部	技术改造工程	变电						
		架空线路						
		电缆线路						
		通信站						
		通信线路						
	拆除工程	变电						
		架空线路						
		电缆线路						

省份或地区		工程类别	20kV 及以下	110kV/35kV	220kV	500kV/330kV	750kV	1000kV
内蒙古西部	检修工程	变电						
		架空线路						
		电缆线路						
		通信站						
		通信线路						
辽宁	技术改造工程	变电						
		架空线路						
		电缆线路						
		通信站						
		通信线路						
	拆除工程	变电						
		架空线路						
		电缆线路						
	检修工程	变电						
		架空线路						
		电缆线路						
		通信站						
		通信线路						
吉林	技术改造工程	变电						
		架空线路						
		电缆线路						
		通信站						
		通信线路						
	拆除工程	变电						
		架空线路						
		电缆线路						

省份或地区	工程类别		20kV 及以下	110kV/35kV	220kV	500kV/330kV	750kV	1000kV
吉林	检修工程	变电						
		架空线路						
		电缆线路						
		通信站						
		通信线路						
黑龙江	技术改造工程	变电						
		架空线路						
		电缆线路						
		通信站						
		通信线路						
	拆除工程	变电						
		架空线路						
		电缆线路						
	检修工程	变电						
		架空线路						
		电缆线路						
		通信站						
		通信线路						
上海	技术改造工程	变电						
		架空线路						
		电缆线路						
		通信站						
		通信线路						
	拆除工程	变电						
		架空线路						
		电缆线路						

省份或地区	工程类别		20kV 及以下	110kV/35kV	220kV	500kV/330kV	750kV	1000kV
上海	检修工程	变电						
		架空线路						
		电缆线路						
		通信站						
		通信线路						
江苏	技术改造工程	变电						
		架空线路						
		电缆线路						
		通信站						
		通信线路						
	拆除工程	变电						
		架空线路						
		电缆线路						
	检修工程	变电						
		架空线路						
		电缆线路						
		通信站						
		通信线路						
浙江	技术改造工程	变电						
		架空线路						
		电缆线路						
		通信站						
		通信线路						
	拆除工程	变电						
		架空线路						
		电缆线路						

省份或地区	工程类别		20kV 及以下	110kV/35kV	220kV	500kV/330kV	750kV	1000kV
浙江	检修工程	变电						
		架空线路						
		电缆线路						
		通信站						
		通信线路						
安徽	技术改造工程	变电						
		架空线路						
		电缆线路						
		通信站						
		通信线路						
	拆除工程	变电						
		架空线路						
		电缆线路						
	检修工程	变电						
		架空线路						
		电缆线路						
		通信站						
		通信线路						
福建	技术改造工程	变电						
		架空线路						
		电缆线路						
		通信站						
		通信线路						
	拆除工程	变电						
		架空线路						
		电缆线路						

省份或地区		工程类别	20kV 及以下	110kV/35kV	220kV	500kV/330kV	750kV	1000kV
福建	检修工程	变电						
		架空线路						
		电缆线路						
		通信站						
		通信线路						
河南	技术改造工程	变电						
		架空线路						
		电缆线路						
		通信站						
		通信线路						
	拆除工程	变电						
		架空线路						
		电缆线路						
	检修工程	变电						
		架空线路						
		电缆线路						
		通信站						
		通信线路						
湖北	技术改造工程	变电						
		架空线路						
		电缆线路						
		通信站						
		通信线路						
	拆除工程	变电						
		架空线路						
		电缆线路						

省份或地区	工程类别		20kV 及以下	110kV/35kV	220kV	500kV/330kV	750kV	1000kV
湖北	检修工程	变电						
		架空线路						
		电缆线路						
		通信站						
		通信线路						
湖南	技术改造工程	变电						
		架空线路						
		电缆线路						
		通信站						
		通信线路						
	拆除工程	变电						
		架空线路						
		电缆线路						
	检修工程	变电						
		架空线路						
		电缆线路						
		通信站						
		通信线路						
江西	技术改造工程	变电						
		架空线路						
		电缆线路						
		通信站						
		通信线路						
	拆除工程	变电						
		架空线路						
		电缆线路						

省份或地区		工程类别	20kV 及以下	110kV/35kV	220kV	500kV/330kV	750kV	1000kV
江西	检修工程	变电						
		架空线路						
		电缆线路						
		通信站						
		通信线路						
四川	技术改造工程	变电						
		架空线路						
		电缆线路						
		通信站						
		通信线路						
	拆除工程	变电						
		架空线路						
		电缆线路						
	检修工程	变电						
		架空线路						
		电缆线路						
		通信站						
		通信线路						
重庆	技术改造工程	变电						
		架空线路						
		电缆线路						
		通信站						
		通信线路						
	拆除工程	变电						
		架空线路						
		电缆线路						

省份或地区	工程类别		20kV 及以下	110kV/35kV	220kV	500kV/330kV	750kV	1000kV
重庆	检修工程	变电						
		架空线路						
		电缆线路						
		通信站						
		通信线路						
陕西	技术改造工程	变电						
		架空线路						
		电缆线路						
		通信站						
		通信线路						
	拆除工程	变电						
		架空线路						
		电缆线路						
	检修工程	变电						
		架空线路						
		电缆线路						
		通信站						
		通信线路						
甘肃	技术改造工程	变电						
		架空线路						
		电缆线路						
		通信站						
		通信线路						
	拆除工程	变电						
		架空线路						
		电缆线路						

省份或地区		工程类别	20kV 及以下	110kV/35kV	220kV	500kV/330kV	750kV	1000kV
甘肃	检修工程	变电						
		架空线路						
		电缆线路						
		通信站						
		通信线路						
宁夏	技术改造工程	变电						
		架空线路						
		电缆线路						
		通信站						
		通信线路						
	拆除工程	变电						
		架空线路						
		电缆线路						
	检修工程	变电						
		架空线路						
		电缆线路						
		通信站						
		通信线路						
青海	技术改造工程	变电						
		架空线路						
		电缆线路						
		通信站						
		通信线路						
	拆除工程	变电						
		架空线路						
		电缆线路						

110

省份或地区	工程类别		20kV 及以下	110kV/ 35kV	220kV	500kV/ 330kV	750kV	1000kV
青海	检修 工程	变电						
		架空线路						
		电缆线路						
		通信站						
		通信线路						
新疆	技术 改造 工程	变电						
		架空线路						
		电缆线路						
		通信站						
		通信线路						
	拆除 工程	变电						
		架空线路						
		电缆线路						
	检修 工程	变电						
		架空线路						
		电缆线路						
		通信站						
		通信线路						
西藏	技术 改造 工程	变电						
		架空线路						
		电缆线路						
		通信站						
		通信线路						
	拆除 工程	变电						
		架空线路						
		电缆线路						

省份或地区		工程类别	20kV 及以下	110kV/35kV	220kV	500kV/330kV	750kV	1000kV
西藏	检修工程	变电						
		架空线路						
		电缆线路						
		通信站						
		通信线路						
广东	技术改造工程	变电						
		架空线路						
		电缆线路						
		通信站						
		通信线路						
	拆除工程	变电						
		架空线路						
		电缆线路						
	检修工程	变电						
		架空线路						
		电缆线路						
		通信站						
		通信线路						
广西	技术改造工程	变电						
		架空线路						
		电缆线路						
		通信站						
		通信线路						
	拆除工程	变电						
		架空线路						
		电缆线路						

省份或地区	工程类别		20kV 及以下	110kV/35kV	220kV	500kV/330kV	750kV	1000kV
广西	检修工程	变电						
		架空线路						
		电缆线路						
		通信站						
		通信线路						
云南	技术改造工程	变电						
		架空线路						
		电缆线路						
		通信站						
		通信线路						
	拆除工程	变电						
		架空线路						
		电缆线路						
	检修工程	变电						
		架空线路						
		电缆线路						
		通信站						
		通信线路						
贵州	技术改造工程	变电						
		架空线路						
		电缆线路						
		通信站						
		通信线路						
	拆除工程	变电						
		架空线路						
		电缆线路						

省份或地区		工程类别	20kV 及以下	110kV/35kV	220kV	500kV/330kV	750kV	1000kV
贵州	检修工程	变电						
		架空线路						
		电缆线路						
		通信站						
		通信线路						
海南	技术改造工程	变电						
		架空线路						
		电缆线路						
		通信站						
		通信线路						
	拆除工程	变电						
		架空线路						
		电缆线路						
	检修工程	变电						
		架空线路						
		电缆线路						
		通信站						
		通信线路						

7. 关于调整电力建设工程人工工日单价标准的通知

定额〔2011〕39 号

各电力建设定额站：

随着全国各地用工问题日益突出，人工工资水平逐年上涨，为合理确定电力工程造价，准确反映人工成本变化，经广泛调研和分析测算，现决定对 2006 版电力建设工程定额人工工日单价标准予以调整，请各单位遵照执行。如在执行过程中遇有问题，请及时反馈我站。

一、调整标准

（一）除北京市、上海市、广东省、云南省迪庆藏族自治州、西藏自治区、青海省和新疆维吾尔自治区外，全国各地电力建设工程执行统一的人工工日单价调整标准，调增标准为：建筑工程 14.23 元/工日，安装工程 15.20 元/工日。

（二）北京市、上海市、广东省、青海省和新疆维吾尔自治区的人工费调整标准见下表。

序号	省、市、地区	人工工日单价调增标准（单位：元/工日）	
		建筑工程	安装工程
1	北京市	21.87	22.97
2	上海市	20.28	21.37
3	广东省	24.09	24.85
4	青海省	17.29	18.05
5	新疆维吾尔自治区	19.10	20.72

二、调增费用的计算方法

（一）本次调整仅适用于以 2006 版电力建设工程定额和预规为基础编制工程概预算的工程。

（二）人工费调整金额的计算：分建筑工程和安装工程分别计算和汇总定额工日耗量，分别乘以对应工程的调增标准，合计后即为人工费调整总金额。

（三）人工费调整金额只计取税金，直接汇总计入"编制年价差"，不作为措施费、间接费、利润中各项取费的计费基数。

（四）输电线路工程人工费调整统一执行安装工程标准。

（五）原电定总造〔2007〕14 号文规定的人工费调整规则和各电力建设定额站颁布的年度人工费调整系数仍继续执行。

三、其他说明

（一）本规定自颁布之日起施行，此前已经审定的概算、已经完成竣工结算的工程和已经完成结算的工程量均不作调整。

（二）本规定颁布实施之日前已经核准开工，但尚未结算的工程或尚未结算完成的工程量，由合同双方根据合同约定，按照本规定的要求，协商调整和确定人工费结算金额。

（三）西藏自治区、云南迪庆藏族自治州的相关调整规则另行通知。

电力工程造价与定额管理总站（印）

2011 年 12 月 27 日

8. 关于发布 20kV 及以下配电网工程预算定额 2015 年上半年价格水平调整系数的通知

定额〔2015〕25 号

各有关单位：

根据《20kV 及以下配电网工程预算定额价格水平调整办法》（电定总造〔2009〕34 号），电力工程造价与定额管理总站根据各地区的实际情况，完成了 20kV 及以下配电网工程预算定额 2015 年上半年价格水平调整系数的测算工作，现予发布实施。

在编制工程建设预算时，根据本次调整系数计算的人工、材机价差只计取税金，汇总计入"编制年价差"。该价差应作为建筑、安装工程费的一部分，作为其他费用中相关项目的取费基数。

附件：1. 20kV 及以下配电网工程定额人工费调整系数汇总表

2. 20kV 及以下配电网工程定额材机调整系数汇总表

电力工程造价与定额管理总站（印）

2015 年 6 月 23 日

附件 1：

20kV 及以下配电网工程定额人工费
调整系数汇总表

单位：%

省份或地区	调整系数		备注
	建筑工程调整系数	安装工程调整系数	
北京	19.38	17.42	
天津	13.46	12.61	
河北南部	11.75	10.45	
河北北部	13.27	11.81	
山西	11.25	10.19	
山东	12.23	11.04	
内蒙古东部	11.13	10.16	
内蒙古西部	10.81	9.44	
辽宁	12.87	11.67	
吉林	12.26	11.10	
黑龙江	10.71	9.31	
上海	16.79	15.13	
江苏	14.90	13.49	
浙江	15.70	14.21	
安徽	11.90	10.61	
福建	14.23	13.24	
河南	10.52	9.32	
湖北	12.11	10.97	

省份或地区	调整系数		备注
	建筑工程调整系数	安装工程调整系数	
湖南	13.42	12.11	
江西	12.32	11.35	
四川	11.91	10.94	
重庆	11.91	10.67	
陕西	14.55	13.61	
甘肃	13.35	12.20	
宁夏	13.34	12.07	
青海	15.15	13.74	
新疆	19.76	17.98	
广东	20.75	18.62	广州、深圳
	17.59	15.94	佛山、珠海、江门、东莞、中山、惠州、汕头
	14.22	13.28	其他地区
广西	10.40	9.30	
云南	11.02	9.87	
贵州	12.48	11.35	
海南	9.69	9.07	

附件2:

20kV 及以下配电网工程定额材机 调整系数汇总表

单位：%

省份或地区	工程类别	配电站（开关站）工程	架空线路工程	电缆线路工程	通信与调度自动化
北京	建筑	17.75	15.05	23.37	
	安装	29.42	18.84	30.23	15.48
天津	建筑	16.83	13.64	20.91	
	安装	24.36	18.41	20.98	11.41
河北南部	建筑	14.62	13.06	19.31	
	安装	21.08	18.72	22.97	9.82
河北北部	建筑	15.25	13.62	20.14	
	安装	22.00	19.55	24.01	10.27
山西	建筑	15.28	12.46	16.96	
	安装	18.39	17.83	29.36	9.72
山东	建筑	14.80	13.43	20.67	
	安装	22.89	16.10	19.33	14.74
内蒙古东部	建筑	16.10	15.38	18.84	
	安装	19.35	22.17	23.30	11.37
内蒙古西部	建筑	15.68	14.60	18.78	
	安装	18.40	17.12	18.41	11.10
辽宁	建筑	16.36	14.13	20.48	
	安装	20.84	24.53	24.76	14.57

省份或地区	工程类别	配电站（开关站）工程	架空线路工程	电缆线路工程	通信与调度自动化
吉林	建筑	14.81	12.10	19.63	
	安装	22.54	17.45	24.65	12.41
黑龙江	建筑	15.12	11.78	20.76	
	安装	23.40	14.60	28.38	12.45
上海	建筑	16.96	14.55	22.20	
	安装	27.45	24.80	28.57	13.75
江苏	建筑	11.22	12.57	18.44	
	安装	15.90	21.05	21.95	11.34
浙江	建筑	10.33	11.76	14.00	
	安装	14.98	19.26	19.22	10.70
安徽	建筑	14.12	15.65	12.55	
	安装	18.06	16.26	23.56	12.27
福建	建筑	14.88	15.23	17.23	
	安装	24.54	19.50	19.50	10.69
河南	建筑	12.33	14.28	21.17	
	安装	19.19	20.90	19.29	9.93
湖北	建筑	17.24	16.75	15.10	
	安装	22.08	18.53	21.61	12.00
湖南	建筑	17.70	16.02	19.18	
	安装	22.15	19.63	22.73	7.72
江西	建筑	12.82	13.93	17.17	
	安装	16.85	16.42	12.32	9.98
四川	建筑	17.59	14.76	19.31	
	安装	25.35	20.37	25.34	11.02
重庆	建筑	17.47	14.09	19.12	
	安装	25.26	21.84	24.22	11.46

省份或地区	工程类别	配电站（开关站）工程	架空线路工程	电缆线路工程	通信与调度自动化
陕西	建筑	11.73	12.97	23.13	
	安装	25.75	16.05	29.69	12.50
甘肃	建筑	11.57	12.66	17.92	
	安装	21.41	14.73	27.45	7.83
宁夏	建筑	14.80	13.61	19.70	
	安装	23.42	17.94	27.93	10.19
青海	建筑	18.29	13.96	23.05	
	安装	28.46	20.23	29.65	11.22
新疆	建筑	18.32	14.45	21.09	
	安装	28.92	19.71	31.07	13.53
广东	建筑	16.73	17.17	20.25	
	安装	28.34	23.44	26.11	16.25
广西	建筑	11.06	11.73	17.25	
	安装	20.29	17.89	23.33	10.58
云南	建筑	14.82	13.17	15.41	
	安装	16.23	15.11	17.68	11.91
贵州	建筑	15.82	13.56	16.52	
	安装	16.25	16.42	21.02	9.80
海南	建筑	14.81	10.61	14.91	
	安装	16.14	19.36	14.58	12.37

9. 关于发布电网技术改造和检修工程预算定额 2015 年上半年价格水平调整系数的通知

定额〔2015〕26 号

各有关单位：

根据《电网技术改造和检修工程预算定额价格水平调整办法》（电定总造〔2011〕19 号），电力工程造价与定额管理总站根据各地区的实际情况，完成了电网技术改造和检修工程预算定额 2015 年上半年价格水平调整系数的测算工作，现予发布实施。

在编制工程预算时，根据本次调整系数计算的人工、材机价差只计取税金，汇总计入"编制年价差"。该价差应作为建筑、安装工程费的一部分，作为其他费用中相关项目的取费基数。

附件：1. 电网技术改造和检修工程定额人工费调整系数汇总表
2. 电网技术改造和检修工程定额材机调整系数汇总表

电力工程造价与定额管理总站（印）
2015 年 6 月 23 日

电网技术改造和检修工程定额
人工费调整系数汇总表

单位：%

省份或地区	安装工程调整系数	备注
北京	17.42	
天津	12.61	
河北南部	10.45	
河北北部	11.81	
山西	10.19	
山东	11.04	
内蒙古东部	10.16	
内蒙古西部	9.44	
辽宁	11.67	
吉林	11.10	
黑龙江	9.31	
上海	15.13	
江苏	13.49	
浙江	14.21	
安徽	10.61	
福建	13.24	
河南	9.32	
湖北	10.97	
湖南	12.11	

省份或地区	安装工程调整系数	备注
江西	11.35	
四川	10.94	
重庆	10.67	
陕西	13.61	
甘肃	12.20	
宁夏	12.07	
青海	13.74	
新疆	17.98	
西藏	22.11	
广东	18.62	广州、深圳
	15.94	佛山、珠海、江门、东莞、中山、惠州、汕头
	13.28	其他地区
广西	9.30	
云南	9.87	
贵州	11.35	
海南	9.07	

附件 2：

电网技术改造和检修工程定额
材机调整系数汇总表

单位：%

省份或地区		工程类别	110kV 及以下	220kV	330kV/500kV	750kV
北京	技术改造工程	变电	18.21	17.49	18.12	16.75
		架空线路	22.72	21.39	16.37	16.44
		电缆线路	18.75	19.62		
		通信站	22.05			
		通信线路	9.26			
	拆除工程	变电	27.52			
		架空线路	9.24			
		电缆线路	24.19			
	检修工程	变电	22.37	27.12	11.99	11.22
		架空线路	27.77	26.39	21.14	19.76
		电缆线路	24.62	22.31		
		通信站	13.85			
		通信线路	11.43			
天津	技术改造工程	变电	16.16	15.46	13.68	12.53
		架空线路	17.94	18.24	14.09	12.80
		电缆线路	20.17	19.81		
		通信站	17.55			
		通信线路	8.85			
	拆除工程	变电	17.09			
		架空线路	8.80			
		电缆线路	20.37			

省份或地区		工程类别	110kV 及以下	220kV	330kV/500kV	750kV
天津	检修工程	变电	17.71	20.93	9.29	10.63
		架空线路	25.94	25.79	19.97	16.97
		电缆线路	22.03	20.81		
		通信站	12.82			
		通信线路	12.42			
河北南部	技术改造工程	变电	19.32	18.28	14.99	9.04
		架空线路	21.67	19.89	17.58	14.58
		电缆线路	19.87	19.35		
		通信站	10.81			
		通信线路	9.56			
	拆除工程	变电	23.17			
		架空线路	9.70			
		电缆线路	21.26			
	检修工程	变电	18.42	18.85	14.36	5.03
		架空线路	26.97	23.33	18.82	17.58
		电缆线路	17.10	16.59		
		通信站	9.46			
		通信线路	11.50			
河北北部	技术改造工程	变电	20.27	19.18	15.72	11.93
		架空线路	22.74	20.86	18.45	14.98
		电缆线路	20.85	20.31		
		通信站	11.35			
		通信线路	10.02			
	拆除工程	变电	24.29			
		架空线路	10.18			
		电缆线路	22.31			

省份或地区		工程类别	110kV 及以下	220kV	330kV/500kV	750kV
河北北部	检修工程	变电	19.33	19.78	15.08	5.91
		架空线路	28.29	24.47	19.74	15.68
		电缆线路	17.94	17.41		
		通信站	9.92			
		通信线路	12.07			
山西	技术改造工程	变电	17.84	17.39	12.91	8.74
		架空线路	20.13	17.58	16.69	15.24
		电缆线路	18.09	16.86		
		通信站	17.64			
		通信线路	7.10			
	拆除工程	变电	16.61			
		架空线路	8.60			
		电缆线路	20.21			
	检修工程	变电	12.03	13.53	9.04	6.34
		架空线路	19.87	19.90	18.38	17.52
		电缆线路	16.53	15.75		
		通信站	12.35			
		通信线路	9.44			
山东	技术改造工程	变电	21.41	20.48	10.67	13.36
		架空线路	24.63	20.92	17.89	14.60
		电缆线路	18.49	19.12		
		通信站	24.45			
		通信线路	8.89			
	拆除工程	变电	26.25			
		架空线路	10.89			
		电缆线路	20.22			

省份或地区		工程类别	110kV 及以下	220kV	330kV/500kV	750kV
山东	检修工程	变电	9.32	9.88	8.44	8.14
		架空线路	32.10	28.66	22.78	16.43
		电缆线路	18.29	15.83		
		通信站	22.37			
		通信线路	12.97			
内蒙古东部	技术改造工程	变电	18.02	17.05	13.23	18.53
		架空线路	21.09	15.18	11.33	13.89
		电缆线路	17.49	17.27		
		通信站	17.31			
		通信线路	16.01			
	拆除工程	变电	18.56			
		架空线路	16.16			
		电缆线路	19.00			
	检修工程	变电	16.14	15.00	12.13	7.01
		架空线路	24.24	28.10	26.54	22.25
		电缆线路	13.92	20.67		
		通信站	19.20			
		通信线路	20.13			
内蒙古西部	技术改造工程	变电	15.76	15.08	12.04	9.67
		架空线路	18.84	17.79	14.22	11.46
		电缆线路	17.04	16.56		
		通信站	15.59			
		通信线路	14.05			
	拆除工程	变电	15.33			
		架空线路	15.37			
		电缆线路	17.07			

省份或地区	工程类别		110kV 及以下	220kV	330kV/500kV	750kV
内蒙古西部	检修工程	变电	13.19	13.28	8.91	5.98
		架空线路	19.73	18.16	14.35	9.79
		电缆线路	11.67	11.40		
		通信站	13.35			
		通信线路	20.10			
辽宁	技术改造工程	变电	25.46	24.70	15.24	9.50
		架空线路	24.63	21.40	18.78	11.73
		电缆线路	22.26	22.83		
		通信站	20.59			
		通信线路	12.45			
	拆除工程	变电	17.92			
		架空线路	12.96			
		电缆线路	14.38			
	检修工程	变电	23.08	24.14	19.61	10.20
		架空线路	29.18	26.03	25.64	19.23
		电缆线路	27.27	26.82		
		通信站	26.07			
		通信线路	15.91			
吉林	技术改造工程	变电	22.79	25.40	14.87	8.84
		架空线路	24.89	21.30	18.00	10.70
		电缆线路	20.74	22.35		
		通信站	21.38			
		通信线路	13.09			
	拆除工程	变电	19.38			
		架空线路	11.34			
		电缆线路	14.67			

省份或地区	工程类别		110kV 及以下	220kV	330kV/500kV	750kV
吉林	检修工程	变电	23.45	21.70	20.78	19.82
		架空线路	22.33	25.08	24.95	23.87
		电缆线路	26.54	25.89		
		通信站	21.61			
		通信线路	16.08			
黑龙江	技术改造工程	变电	20.77	28.09	15.79	9.00
		架空线路	25.25	23.41	18.98	10.86
		电缆线路	22.42	21.91		
		通信站	19.02			
		通信线路	15.54			
	拆除工程	变电	20.38			
		架空线路	14.63			
		电缆线路	25.12			
	检修工程	变电	23.69	21.09	20.64	6.13
		架空线路	24.23	26.84	25.85	19.01
		电缆线路	27.24	26.63		
		通信站	22.51			
		通信线路	17.75			
上海	技术改造工程	变电	27.53	27.40	18.01	11.98
		架空线路	26.91	20.32	16.42	10.91
		电缆线路	17.53	19.16		
		通信站	13.30			
		通信线路	8.55			
	拆除工程	变电	26.18			
		架空线路	10.03			
		电缆线路	27.09			

省份或地区		工程类别	110kV及以下	220kV	330kV/500kV	750kV
上海	检修工程	变电	20.80	21.10	12.99	13.00
		架空线路	27.69	28.44	23.82	17.27
		电缆线路	27.82	27.46		
		通信站	14.49			
		通信线路	15.88			
江苏	技术改造工程	变电	20.99	21.12	15.71	11.74
		架空线路	23.16	19.44	16.77	12.55
		电缆线路	12.41	13.30		
		通信站	18.93			
		通信线路	26.31			
	拆除工程	变电	17.72			
		架空线路	16.46			
		电缆线路	22.93			
	检修工程	变电	17.35	16.91	11.80	8.24
		架空线路	28.22	26.12	23.76	16.59
		电缆线路	22.91	20.52		
		通信站	12.54			
		通信线路	26.07			
浙江	技术改造工程	变电	19.44	18.67	12.32	8.18
		架空线路	19.25	16.91	14.28	9.49
		电缆线路	18.57	18.47		
		通信站	11.18			
		通信线路	12.47			
	拆除工程	变电	20.02			
		架空线路	11.35			
		电缆线路	20.32			

省份或地区		工程类别	110kV 及以下	220kV	330kV/500kV	750kV
浙江	检修工程	变电	19.21	13.66	9.83	7.10
		架空线路	24.38	21.70	20.95	15.17
		电缆线路	19.85	18.68		
		通信站	11.93			
		通信线路	16.03			
安徽	技术改造工程	变电	24.77	27.18	16.38	9.91
		架空线路	24.09	23.77	20.60	12.53
		电缆线路	22.25	22.15		
		通信站	21.20			
		通信线路	8.82			
	拆除工程	变电	26.77			
		架空线路	11.88			
		电缆线路	28.65			
	检修工程	变电	18.26	19.59	12.12	7.53
		架空线路	30.37	31.67	26.79	16.59
		电缆线路	21.46	20.80		
		通信站	13.29			
		通信线路	10.10			
福建	技术改造工程	变电	23.70	26.80	17.32	11.15
		架空线路	25.45	18.61	18.42	11.98
		电缆线路	20.80	22.41		
		通信站	13.98			
		通信线路	27.27			
	拆除工程	变电	26.88			
		架空线路	26.42			
		电缆线路	22.74			

省份或地区		工程类别	110kV 及以下	220kV	330kV/500kV	750kV
福建	检修工程	变电	18.35	15.80	12.21	9.43
		架空线路	23.59	24.10	21.73	16.85
		电缆线路	27.21	24.53		
		通信站	12.45			
		通信线路	27.52			
河南	技术改造工程	变电	20.01	17.82	12.90	9.36
		架空线路	22.04	15.90	17.55	12.78
		电缆线路	21.40	22.90		
		通信站	11.25			
		通信线路	17.34			
	拆除工程	变电	15.19			
		架空线路	17.26			
		电缆线路	17.23			
	检修工程	变电	15.11	13.70	11.57	9.76
		架空线路	23.96	28.89	22.43	18.98
		电缆线路	17.75	21.18		
		通信站	20.20			
		通信线路	22.47			
湖北	技术改造工程	变电	27.23	27.35	11.51	4.93
		架空线路	11.97	13.21	11.15	4.78
		电缆线路	9.05	11.05		
		通信站	23.64			
		通信线路	11.25			
	拆除工程	变电	15.59			
		架空线路	10.50			
		电缆线路	24.43			

省份或地区		工程类别	110kV 及以下	220kV	330kV/500kV	750kV
湖北	检修工程	变电	13.75	12.14	8.21	5.58
		架空线路	17.71	15.05	13.06	8.96
		电缆线路	11.75	11.68		
		通信站	12.54			
		通信线路	10.90			
湖南	技术改造工程	变电	26.52	28.33	10.64	4.12
		架空线路	14.08	13.22	14.11	5.40
		电缆线路	13.41	12.45		
		通信站	20.43			
		通信线路	12.89			
	拆除工程	变电	13.89			
		架空线路	11.63			
		电缆线路	26.05			
	检修工程	变电	13.78	12.97	11.83	10.77
		架空线路	16.96	15.74	12.85	11.75
		电缆线路	12.62	13.35		
		通信站	10.99			
		通信线路	11.35			
江西	技术改造工程	变电	18.90	17.70	11.17	7.12
		架空线路	21.65	17.39	16.32	10.39
		电缆线路	20.83	21.83		
		通信站	14.07			
		通信线路	16.89			
	拆除工程	变电	16.82			
		架空线路	15.86			
		电缆线路	18.48			

省份或地区		工程类别	110kV 及以下	220kV	330kV/500kV	750kV
江西	检修工程	变电	12.80	13.20	11.32	9.71
		架空线路	21.96	28.29	22.89	19.62
		电缆线路	15.86	20.99		
		通信站	18.77			
		通信线路	21.45			
四川	技术改造工程	变电	22.88	21.57	14.99	10.44
		架空线路	22.78	20.77	18.73	13.10
		电缆线路	20.02	21.31		
		通信站	18.03			
		通信线路	13.03			
	拆除工程	变电	18.78			
		架空线路	13.22			
		电缆线路	22.11			
	检修工程	变电	12.22	11.78	9.03	6.93
		架空线路	23.46	20.58	18.95	14.64
		电缆线路	30.64	27.32		
		通信站	14.13			
		通信线路	15.14			
重庆	技术改造工程	变电	22.01	21.82	12.29	6.96
		架空线路	23.34	21.41	12.68	7.24
		电缆线路	19.14	21.57		
		通信站	19.04			
		通信线路	11.95			
	拆除工程	变电	17.02			
		架空线路	13.65			
		电缆线路	17.98			

省份或地区		工程类别	110kV 及以下	220kV	330kV/500kV	750kV
重庆	检修工程	变电	11.46	12.95	9.17	6.51
		架空线路	21.14	22.06	20.47	14.54
		电缆线路	30.79	27.69		
		通信站	11.51			
		通信线路	12.92			
陕西	技术改造工程	变电	21.70	20.98	18.27	15.79
		架空线路	24.23	21.95	17.37	15.14
		电缆线路	26.44	25.87		
		通信站	25.42			
		通信线路	11.94			
	拆除工程	变电	17.01			
		架空线路	16.42			
		电缆线路	18.98			
	检修工程	变电	13.61	12.58	12.77	12.85
		架空线路	26.15	21.26	15.88	16.08
		电缆线路	16.71	15.36		
		通信站	15.39			
		通信线路	11.50			
甘肃	技术改造工程	变电	20.25	20.29	10.15	5.14
		架空线路	19.15	16.55	13.68	6.94
		电缆线路	22.12	20.63		
		通信站	18.03			
		通信线路	18.26			
	拆除工程	变电	17.64			
		架空线路	16.36			
		电缆线路	24.30			

省份或地区	工程类别		110kV 及以下	220kV	330kV/500kV	750kV
甘肃	检修工程	变电	13.38	14.14	10.20	7.33
		架空线路	20.98	18.46	18.05	13.04
		电缆线路	13.58	14.08		
		通信站	11.94			
		通信线路	21.65			
宁夏	技术改造工程	变电	23.30	23.05	13.12	7.54
		架空线路	19.69	15.97	13.06	7.51
		电缆线路	17.08	16.61		
		通信站	17.41			
		通信线路	13.89			
	拆除工程	变电	19.05			
		架空线路	15.58			
		电缆线路	21.14			
	检修工程	变电	14.12	17.10	11.55	7.82
		架空线路	21.98	19.39	18.91	12.81
		电缆线路	15.09	15.10		
		通信站	12.36			
		通信线路	15.63			
青海	技术改造工程	变电	25.33	26.21	15.68	9.46
		架空线路	26.81	27.54	16.87	10.14
		电缆线路	28.27	27.52		
		通信站	11.63			
		通信线路	11.95			
	拆除工程	变电	26.27			
		架空线路	15.57			
		电缆线路	22.97			

省份或地区		工程类别	110kV 及以下	220kV	330kV/500kV	750kV
青海	检修工程	变电	26.63	25.38	22.83	20.36
		架空线路	25.88	25.72	18.16	16.29
		电缆线路	14.71	16.42		
		通信站	14.88			
		通信线路	21.15			
新疆	技术改造工程	变电	26.99	26.86	16.58	10.30
		架空线路	27.29	28.75	27.15	16.77
		电缆线路	20.47	20.47		
		通信站	28.41			
		通信线路	13.83			
	拆除工程	变电	19.86			
		架空线路	15.51			
		电缆线路	22.85			
	检修工程	变电	27.35	26.85	21.71	17.36
		架空线路	35.22	37.51	16.45	13.33
		电缆线路	22.93	18.04		
		通信站	15.63			
		通信线路	21.65			
西藏	技术改造工程	变电	36.02	37.53	36.64	36.04
		架空线路	44.88	50.07	39.56	38.65
		电缆线路	42.98	42.46		
		通信站	31.61			
		通信线路	33.88			
	拆除工程	变电	34.68			
		架空线路	44.72			
		电缆线路	46.40			

省份或地区	工程类别		110kV 及以下	220kV	330kV/500kV	750kV
西藏	检修工程	变电	32.05	36.03	32.67	12.32
		架空线路	50.94	51.69	36.70	27.24
		电缆线路	43.01	41.65		
		通信站	31.21			
		通信线路	37.46			
广东	技术改造工程	变电	25.54	25.01	27.63	10.58
		架空线路	25.86	24.89	21.43	14.00
		电缆线路	21.98	22.45		
		通信站	21.25			
		通信线路	15.92			
	拆除工程	变电	17.89			
		架空线路	20.20			
		电缆线路	24.08			
	检修工程	变电	19.61	19.22	16.55	10.01
		架空线路	24.77	22.43	16.47	18.93
		电缆线路	21.33	18.85		
		通信站	15.64			
		通信线路	17.85			
广西	技术改造工程	变电	15.53	15.76	18.51	12.42
		架空线路	15.42	17.36	15.16	15.01
		电缆线路	22.06	18.76		
		通信站	15.01			
		通信线路	11.81			
	拆除工程	变电	14.95			
		架空线路	18.43			
		电缆线路	21.88			

省份或地区		工程类别	110kV 及以下	220kV	330kV/500kV	750kV
广西	检修工程	变电	14.01	15.18	12.76	6.99
		架空线路	16.51	16.09	17.75	18.22
		电缆线路	18.45	15.55		
		通信站	16.86			
		通信线路	17.16			
云南	技术改造工程	变电	12.99	14.76	16.23	17.62
		架空线路	16.39	14.39	19.16	20.95
		电缆线路	19.00	20.64		
		通信站	15.31			
		通信线路	12.10			
	拆除工程	变电	15.57			
		架空线路	15.22			
		电缆线路	18.98			
	检修工程	变电	14.30	15.46	13.16	11.20
		架空线路	17.36	18.14	17.81	15.18
		电缆线路	15.77	17.45		
		通信站	16.14			
		通信线路	17.21			
贵州	技术改造工程	变电	10.96	11.42	12.92	8.67
		架空线路	26.68	23.46	20.41	20.17
		电缆线路	20.22	20.92		
		通信站	6.91			
		通信线路	10.56			
	拆除工程	变电	17.85			
		架空线路	12.59			
		电缆线路	20.92			

省份或地区		工程类别	110kV 及以下	220kV	330kV/500kV	750kV
贵州	检修工程	变电	12.91	13.32	11.96	10.74
		架空线路	25.91	23.95	25.27	22.56
		电缆线路	15.49	13.77		
		通信站	10.37			
		通信线路	14.25			
海南	技术改造工程	变电	15.52	15.11	18.58	10.74
		架空线路	15.77	15.43	16.92	16.54
		电缆线路	21.55	21.59		
		通信站	13.12			
		通信线路	15.39			
	拆除工程	变电	14.97			
		架空线路	17.02			
		电缆线路	18.84			
	检修工程	变电	14.50	15.91	12.28	9.46
		架空线路	16.28	16.70	16.72	12.90
		电缆线路	17.17	15.72		
		通信站	17.22			
		通信线路	18.66			

10. 关于发布 2013 版电力建设工程概预算定额 2015 年度价格水平调整的通知

定额〔2015〕44 号

各有关单位：

依据《2013 年版电力建设工程概预算定额价格水平调整办法》（定额〔2014〕13 号）的有关规定，电力工程造价与定额管理总站根据各地区收集并上报的电力建设工程各种要素价格变化情况，完成了 2015 年度电力建设工程概预算定额人工费、材料和施工机械费价差调整测算工作，现予发布，请遵照执行。

在编制建设预算时，根据本次调整系数计算的人工费、材料和施工机械费价差只计取税金，汇总计入"编制基准期价差"。该价差应作为建筑、安装工程费的组成部分。

附件：1. 电力建设工程概预算定额人工费调整系数汇总表
2. 电网安装工程概预算定额材机调整系数汇总表
3. 发电安装工程概预算定额材机调整系数汇总表
4. 电力建设建筑工程概预算定额施工机械台班价差调整汇总表

电力工程造价与定额管理总站（印）
2015 年 12 月 14 日

附件 1：

电力建设工程概预算定额
人工费调整系数汇总表

单位：%

省份或地区	建筑工程	安装工程
北京	20.55	18.61
天津	14.66	13.74
河北南部	12.79	11.39
河北北部	14.45	12.86
山西	12.25	11.10
山东	13.32	12.07
内蒙古东部	12.14	11.01
内蒙古西部	11.86	10.36
辽宁	14.01	12.71
吉林	13.35	12.09
黑龙江	11.66	10.14
上海	17.82	16.15
江苏	16.23	14.70
浙江	16.81	15.21
安徽	12.80	11.48
福建	15.65	14.34
河南	11.44	10.14
湖北	13.27	12.01
湖南	14.48	13.10

省份或地区		建筑工程	安装工程
江西		13.48	12.30
四川		12.90	11.92
重庆		12.83	11.64
陕西		15.85	14.39
甘肃		14.61	13.27
宁夏		14.53	13.15
青海		16.50	14.96
新疆		21.08	19.11
广东	广州、深圳	21.97	19.89
	佛山、珠海、江门、东莞、中山、惠州、汕头	18.53	16.79
	广东其他地区	15.14	14.14
广西		11.17	9.99
云南		11.96	10.71
贵州		13.34	12.18
海南		10.62	9.94

电网安装工程概预算定额
材机调整系数汇总表

单位：%

省份和地区	工程类别	110kV 及以下	220kV	330kV	500kV	750kV	1000kV
北京	变电工程	0.94	1.05		0.92		
	送电工程	4.73	4.33		3.46		
天津	变电工程	1.04	1.12		0.96		0.80
	送电工程	4.42	4.05		3.21		2.28
河北南部	变电工程	0.97	1.02		0.91		0.79
	送电工程	4.56	4.08		3.23		2.38
河北北部	变电工程	1.04	1.08		0.96		0.84
	送电工程	4.76	4.35		3.38		2.42
山西	变电工程	0.89	0.99		0.87		0.76
	送电工程	4.30	3.75		3.09		2.26
山东	变电工程	0.96	1.00		0.90		0.80
	送电工程	4.05	3.92		3.09		2.27
内蒙古东部	变电工程	0.92	1.00		0.92		0.77
	送电工程	4.14	3.76		2.95		2.21
内蒙古西部	变电工程	0.85	0.96		0.93		0.80
	送电工程	4.22	3.74		3.05		2.25
辽宁	变电工程	1.10	1.21		0.99		
	送电工程	4.10	3.63		2.85		
吉林	变电工程	1.08	1.15		0.98		
	送电工程	4.04	3.74		2.91		

省份和地区	工程类别	110kV 及以下	220kV	330kV	500kV	750kV	1000kV
黑龙江	变电工程	1.08	1.22		0.95		
	送电工程	4.18	3.62		2.76		
上海	变电工程	1.00	1.06		0.94		0.83
	送电工程	4.82	4.32		3.38		2.43
江苏	变电工程	1.00	1.06		0.94		0.83
	送电工程	4.22	3.98		3.19		2.15
浙江	变电工程	1.00	1.06		0.93		0.81
	送电工程	4.45	3.97		3.11		2.25
安徽	变电工程	1.09	1.20		1.01		0.83
	送电工程	4.35	3.81		3.03		2.26
福建	变电工程	0.99	1.03		0.90		0.77
	送电工程	4.01	3.81		3.14		2.47
河南	变电工程	0.94	1.01		0.92		0.82
	送电工程	4.38	3.91		3.11		2.31
湖北	变电工程	1.01	1.06		0.95		0.85
	送电工程	4.53	4.12		3.20		2.29
湖南	变电工程	1.07	1.13		1.04		0.94
	送电工程	4.39	3.92		3.02		2.12
江西	变电工程	0.99	1.09		0.95		0.82
	送电工程	4.23	3.77		3.30		2.35
四川	变电工程	1.05	1.10		0.99		0.87
	送电工程	4.53	4.23		3.32		2.42
重庆	变电工程	1.08	1.13		1.03		0.92
	送电工程	4.60	4.27		3.33		2.38
陕西	变电工程	1.22	1.00	0.91		0.84	0.82
	送电工程	4.63	3.79	3.36		2.51	2.11
甘肃	变电工程	0.41	0.96	0.85		0.82	0.79
	送电工程	4.12	3.88	3.27		2.62	2.21

省份和地区	工程类别	110kV 及以下	220kV	330kV	500kV	750kV	1000kV
宁夏	变电工程	0.63	1.02	0.93		0.84	0.82
	送电工程	4.22	4.00	3.54		2.67	2.25
青海	变电工程	0.93	1.24	1.12		0.98	
	送电工程	4.74	4.55	4.06		3.24	
新疆	变电工程	3.06	1.66	1.53		1.24	1.20
	送电工程	4.82	4.53	4.28		3.56	3.00
广东	变电工程	1.12	1.31		1.18		1.06
	送电工程	4.51	4.12		3.44		2.30
广西	变电工程	0.93	1.03		0.95		0.84
	送电工程	4.19	3.83		3.29		2.13
云南	变电工程	0.87	0.91		0.81		0.74
	送电工程	4.30	3.78		2.99		2.11
贵州	变电工程	0.98	1.05		0.89		
	送电工程	4.37	4.04		3.57		
海南	变电工程	0.77	0.89		0.79		
	送电工程	3.77	3.52		2.73		

发电安装工程概预算定额
材机调整系数汇总表

单位：%

地区	项目名称	机组容量						
		135MW	200MW	300MW 空冷	300MW 湿冷	600MW 空冷	600MW 湿冷	1000MW
北京	热力系统	4.32	2.89	2.47	2.47	2.33	2.33	2.32
	燃料供应系统	1.37	1.34	1.26	1.26	1.20	1.20	1.19
	除灰系统	1.27	1.25	1.25	1.25	1.05	1.05	1.04
	水处理系统	1.99	1.84	1.80	1.80	1.72	1.72	1.71
	供水系统	2.24	2.07	1.89	2.00	1.87	1.90	1.79
	电气系统	0.83	0.78	0.75	0.75	0.67	0.67	0.67
	热工控制系统	0.75	0.71	0.68	0.68	0.57	0.57	0.57
	脱硫工程	1.94	1.84	1.83	1.83	1.46	1.46	1.46
	脱硝工程	1.83	1.75	1.70	1.70	1.40	1.40	1.37
	附属生产工程	2.95	2.87	2.77	2.77	2.60	2.60	2.43
天津	热力系统	3.63	3.42	3.01	3.01	2.27	2.27	2.26
	燃料供应系统	1.29	1.23	1.22	1.22	1.00	1.00	0.99
	除灰系统	1.38	1.37	1.30	1.30	1.17	1.17	1.15
	水处理系统	2.02	1.88	1.72	1.72	1.60	1.60	1.59
	供水系统	2.32	2.13	2.01	2.12	1.70	2.10	1.59
	电气系统	0.82	0.79	0.73	0.73	0.72	0.72	0.72
	热工控制系统	0.66	0.65	0.50	0.50	0.47	0.47	0.47

续表

地区	项目名称	机组容量						
		135MW	200MW	300MW空冷	300MW湿冷	600MW空冷	600MW湿冷	1000MW
天津	脱硫工程	1.62	1.61	1.88		1.42		1.41
	脱硝工程	1.79	1.56	1.56		1.37		1.31
	附属生产工程	2.95	2.81	2.68		2.46		2.45
河北南部	热力系统	4.10	3.90	3.76		2.59		2.58
	燃料供应系统	1.56	1.31	1.22		1.17		1.08
	除灰系统	1.55	1.55	1.33		1.12		1.12
	水处理系统	2.55	1.83	1.82		1.72		1.63
	供水系统	2.59	2.58	2.50	2.46	2.32	2.17	2.04
	电气系统	0.91	0.73	0.69		0.59		0.59
	热工控制系统	0.76	0.75	0.74		0.58		0.58
	脱硫工程	2.20	2.18	2.16		2.01		2.00
	脱硝工程	2.05	2.04	2.02		1.86		1.82
	附属生产工程	3.47	3.16	3.12		2.78		2.77
河北北部	热力系统	2.91	2.78	2.73		2.62		2.61
	燃料供应系统	1.38	1.33	1.32		1.22		1.21
	除灰系统	1.28	1.26	1.25		1.16		1.14
	水处理系统	2.01	1.81	1.73		1.72		1.71
	供水系统	2.27	2.19	2.03	2.10	1.86	2.16	1.84
	电气系统	0.82	0.82	0.77		0.58		0.58
	热工控制系统	0.80	0.74	0.71		0.61		0.61
	脱硫工程	2.14	2.03	1.91		1.82		1.78
	脱硝工程	2.00	1.91	1.70		1.70		1.69
	附属生产工程	3.22	2.89	2.77		2.70		2.69
山西	热力系统	3.36	3.05	2.96		2.67		2.66
	燃料供应系统	1.29	1.26	1.19		1.09		1.08

150

地区	项目名称	机 组 容 量						
		135MW	200MW	300MW		600MW		1000MW
				空冷	湿冷	空冷	湿冷	
山西	除灰系统	1.40	1.40	1.39		1.16		1.16
	水处理系统	1.96	1.82	1.68		1.58		1.57
	供水系统	2.15	2.13	1.89	2.01	2.07	2.11	1.96
	电气系统	0.83	0.75	0.69		0.68		0.68
	热工控制系统	0.69	0.67	0.60		0.46		0.46
	脱硫工程	1.96	1.84	1.62		1.53		1.52
	脱硝工程	1.92	1.85	1.75		1.45		1.41
	附属生产工程	3.27	3.04	2.92		2.40		2.39
山东	热力系统	3.33	3.26	3.15		2.67		2.62
	燃料供应系统	1.24	1.22	1.23		1.04		1.04
	除灰系统	1.43	1.39	1.33		1.14		1.13
	水处理系统	1.97	1.85	1.71		1.60		1.60
	供水系统	2.32	2.39	2.21	2.24	2.27	2.31	2.06
	电气系统	0.72	0.69	0.67		0.65		0.65
	热工控制系统	0.76	0.71	0.70		0.61		0.61
	脱硫工程	2.36	2.23	2.23		2.23		2.21
	脱硝工程	2.18	2.10	2.09		2.04		1.99
	附属生产工程	2.88	2.79	2.48		2.36		2.35
内蒙古东部	热力系统	3.43	3.43	3.26		3.19		2.76
	燃料供应系统	1.34	1.33	1.32		1.22		1.21
	除灰系统	1.43	1.37	1.35		1.21		1.21
	水处理系统	2.00	1.83	1.83		1.63		1.61
	供水系统	2.85	2.53	2.25	2.36	2.23	2.34	2.17
	电气系统	0.85	0.80	0.77		0.71		0.70
	热工控制系统	0.80	0.74	0.71		0.38		0.38

地区	项目名称	机 组 容 量						
		135MW	200MW	300MW		600MW		1000MW
				空冷	湿冷	空冷	湿冷	
内蒙古东部	脱硫工程	1.96	1.72	1.71		1.70		1.70
	脱硝工程	1.86	1.65	1.64		1.61		1.57
	附属生产工程	3.37	3.05	2.95		2.81		2.80
内蒙古西部	热力系统	3.85	3.60	3.50		3.30		2.63
	燃料供应系统	1.40	1.36	1.34		1.32		1.31
	除灰系统	1.61	1.44	1.38		1.20		1.20
	水处理系统	2.13	1.94	1.94		1.75		1.74
	供水系统	2.63	2.24	2.35	2.06	1.95	2.12	2.06
	电气系统	0.97	0.89	0.87		0.76		0.75
	热工控制系统	0.70	0.67	0.66		0.47		0.47
	脱硫工程	2.08	1.97	1.96		1.85		1.83
	脱硝工程	1.95	1.83	1.81		1.76		1.75
	附属生产工程	3.61	3.20	3.07		2.87		2.86
辽宁	热力系统	3.17	3.12	2.79		2.30		2.29
	燃料供应系统	1.41	1.39	1.39		1.03		1.02
	除灰系统	1.64	1.56	1.51		1.30		1.29
	水处理系统	2.04	1.81	1.75		1.52		1.52
	供水系统	2.42	2.23	2.23	2.22	2.20	2.22	2.19
	电气系统	0.83	0.72	0.70		0.69		0.68
	热工控制系统	0.74	0.71	0.66		0.50		0.49
	脱硫工程	2.18	2.17	2.14		1.74		1.73
	脱硝工程	2.04	2.03	2.00		1.64		1.61
	附属生产工程	3.74	3.08	3.01		2.82		2.80
吉林	热力系统	3.30	3.07	3.03		2.29		2.15
	燃料供应系统	1.35	1.35	1.31		1.25		1.25

地区	项目名称	机组容量						
		135MW	200MW	300MW		600MW		1000MW
				空冷	湿冷	空冷	湿冷	
吉林	除灰系统	1.41	1.40	1.36		1.15		1.15
	水处理系统	1.85	1.57	1.50		1.38		1.37
	供水系统	2.43	2.35	2.31	2.35	2.25	2.32	2.18
	电气系统	0.78	0.73	0.68		0.62		0.62
	热工控制系统	0.85	0.77	0.73		0.67		0.66
	脱硫工程	2.16	2.15	2.36		2.16		2.14
	脱硝工程	2.18	2.02	2.01		1.99		1.96
	附属生产工程	2.88	2.81	2.66		2.46		2.45
黑龙江	热力系统	3.42	3.10	2.71		2.45		2.44
	燃料供应系统	1.35	1.31	1.27		1.16		1.15
	除灰系统	1.31	1.30	1.29		1.24		1.22
	水处理系统	2.15	2.05	1.86		1.54		1.54
	供水系统	2.32	2.24	2.07	2.19	1.98	2.18	2.07
	电气系统	0.85	0.85	0.75		0.71		0.70
	热工控制系统	0.78	0.76	0.69		0.58		0.57
	脱硫工程	2.28	2.18	2.01		2.00		1.98
	脱硝工程	2.12	2.03	1.87		1.86		1.81
	附属生产工程	3.36	3.31	2.80		2.32		2.31
上海	热力系统	3.85	3.19	3.16		2.49		2.48
	燃料供应系统	1.43	1.36	1.27		1.21		1.20
	除灰系统	1.34	1.27	1.17		1.04		1.04
	水处理系统	2.33	1.84	1.74		1.71		1.67
	供水系统	2.69	2.53	2.05	2.51	1.92	2.31	1.84
	电气系统	0.88	0.77	0.69		0.67		0.66
	热工控制系统	0.78	0.63	0.74		0.61		0.61

地区	项目名称	机 组 容 量						
		135MW	200MW	300MW		600MW		1000MW
				空冷	湿冷	空冷	湿冷	
上海	脱硫工程	2.27	2.26	2.12		1.75		1.74
	脱硝工程	2.12	2.11	1.98		1.64		1.60
	附属生产工程	3.12	2.98	2.78		2.45		2.26
江苏	热力系统	3.66	3.48	3.41		2.59		2.57
	燃料供应系统	1.35	1.35	1.33		1.24		1.23
	除灰系统	1.56	1.55	1.38		1.33		0.84
	水处理系统	2.09	2.01	1.76		1.75		1.66
	供水系统	2.26	2.19	1.79	1.78	1.89	1.93	1.86
	电气系统	0.82	0.80	0.80		0.68		0.67
	热工控制系统	0.82	0.79	0.74		0.69		0.68
	脱硫工程	2.36	2.10	1.96		1.80		1.79
	脱硝工程	2.19	2.57	2.05		2.02		1.97
	附属生产工程	3.55	3.40	3.31		3.05		3.03
浙江	热力系统	3.81	3.79	3.52		2.57		2.56
	燃料供应系统	1.49	1.42	1.40		1.36		1.35
	除灰系统	1.80	1.60	1.53		1.49		1.47
	水处理系统	2.12	2.09	2.00		1.82		1.71
	供水系统	2.63	2.28	2.26	2.21	2.22	2.10	2.09
	电气系统	0.91	0.84	0.82		0.74		0.74
	热工控制系统	0.86	0.78	0.76		0.63		0.63
	脱硫工程	1.80	1.79	1.77		1.40		1.40
	脱硝工程	1.72	1.72	1.69		1.35		1.29
	附属生产工程	3.15	3.05	2.85		2.66		2.63
安徽	热力系统	3.89	3.77	3.53		2.66		2.65
	燃料供应系统	1.35	1.34	1.23		1.13		1.13

地区	项目名称	机 组 容 量						
		135MW	200MW	300MW		600MW		1000MW
				空冷	湿冷	空冷	湿冷	
安徽	除灰系统	1.62	1.50	1.43		1.22		1.21
	水处理系统	2.51	1.71	1.70		1.66		1.59
	供水系统	2.50	2.42	2.33	2.42	2.23	2.39	2.22
	电气系统	0.84	0.70	0.68		0.67		0.67
	热工控制系统	0.72	0.68	0.64		0.52		0.51
	脱硫工程	2.27	2.26	2.07		2.02		2.01
	脱硝工程	2.12	2.11	1.95		1.87		1.86
	附属生产工程	3.36	3.18	3.12		2.74		2.73
福建	热力系统	2.88	2.77	2.48		2.00		1.99
	燃料供应系统	1.08	1.00	0.96		0.89		0.89
	除灰系统	1.69	1.67	1.45		1.22		1.21
	水处理系统	1.71	1.60	1.54		1.48		1.47
	供水系统	2.32	2.21	2.37	2.29	2.29	2.47	2.06
	电气系统	0.68	0.62	0.61		0.61		0.61
	热工控制系统	0.66	0.61	0.52		0.51		0.50
	脱硫工程	2.10	2.09	1.76		1.60		1.59
	脱硝工程	1.97	1.96	1.86		1.52		1.50
	附属生产工程	2.91	2.84	2.68		2.48		2.47
河南	热力系统	3.43	3.40	3.29		2.50		2.48
	燃料供应系统	1.44	1.05	1.11		0.97		0.97
	除灰系统	1.47	1.32	1.29		1.22		1.21
	水处理系统	1.93	1.83	1.76		1.46		1.46
	供水系统	2.77	2.62	2.60	2.61	2.59	2.60	2.46
	电气系统	0.86	0.84	0.83		0.77		0.76
	热工控制系统	0.82	0.77	0.77		0.54		0.54

地区	项目名称	机 组 容 量						
		135MW	200MW	300MW		600MW		1000MW
				空冷	湿冷	空冷	湿冷	
河南	脱硫工程	2.33	2.29	2.25		1.96		1.95
	脱硝工程	2.16	2.13	2.10		1.82		1.75
	附属生产工程	3.47	3.41	2.90		2.32		2.31
湖北	热力系统	3.46	3.35	3.11		2.45		2.44
	燃料供应系统	1.33	1.28	1.16		1.11		1.11
	除灰系统	1.72	1.58	1.54		1.39		1.38
	水处理系统	2.06	2.03	2.01		1.78		1.77
	供水系统	2.31	2.25	2.08	2.06	2.16	2.18	2.08
	电气系统	0.82	0.82	0.81		0.72		0.71
	热工控制系统	0.78	0.74	0.72		0.64		0.64
	脱硫工程	2.78	2.31	2.26		2.25		2.18
	脱硝工程	2.53	2.14	2.07		2.04		2.04
	附属生产工程	3.56	3.35	3.48		3.07		3.06
湖南	热力系统	3.23	3.01	2.95		2.23		2.21
	燃料供应系统	1.37	1.34	1.29		1.12		1.11
	除灰系统	1.33	1.32	1.27		1.14		1.13
	水处理系统	2.03	1.95	1.95		1.70		1.70
	供水系统	2.27	2.20	1.99	2.10	2.09	2.15	2.08
	电气系统	0.87	0.85	0.82		0.69		0.69
	热工控制系统	0.86	0.84	0.81		0.57		0.57
	脱硫工程	2.06	2.05	2.03		1.69		1.68
	脱硝工程	1.94	1.93	1.91		1.59		1.58
	附属生产工程	3.52	3.44	3.33		3.32		3.18
江西	热力系统	2.70	2.66	2.58		1.93		1.92
	燃料供应系统	1.18	1.17	1.14		1.01		1.01

地区	项目名称	机组容量						
		135MW	200MW	300MW		600MW		1000MW
				空冷	湿冷	空冷	湿冷	
江西	除灰系统	1.57	1.49	1.44		1.23		1.23
	水处理系统	1.64	1.36	1.29		1.20		1.19
	供水系统	2.03	2.03	1.89	1.74	1.86	1.63	1.57
	电气系统	0.67	0.60	0.58		0.57		0.57
	热工控制系统	0.63	0.62	0.58		0.58		0.55
	脱硫工程	2.02	1.68	1.61		1.56		1.55
	脱硝工程	1.88	1.68	1.67		1.54		1.45
	附属生产工程	3.12	2.74	2.65		2.45		2.32
四川	热力系统	3.41	3.17	2.76		2.41		2.37
	燃料供应系统	1.45	1.31	1.24		1.20		1.18
	除灰系统	1.43	1.40	1.35		1.34		1.32
	水处理系统	2.14	2.06	1.89		1.58		1.57
	供水系统	2.12	2.06	1.96	1.75	1.71	1.91	1.74
	电气系统	0.86	0.82	0.75		0.70		0.70
	热工控制系统	0.77	0.76	0.76		0.57		0.56
	脱硫工程	2.36	2.27	2.03		2.01		2.00
	脱硝工程	2.19	2.12	1.91		1.86		1.82
	附属生产工程	3.33	3.19	2.77		2.16		2.15
重庆	热力系统	3.22	3.18	3.10		2.37		2.36
	燃料供应系统	1.19	1.15	1.14		0.99		0.99
	除灰系统	1.34	1.20	1.28		1.09		1.09
	水处理系统	1.70	1.47	1.67		1.56		1.56
	供水系统	1.99	1.94	1.95	1.88	1.89	1.92	1.87
	电气系统	0.72	0.66	0.61		0.61		0.61
	热工控制系统	0.57	0.55	0.49		0.41		0.41

地区	项目名称	机 组 容 量						
		135MW	200MW	300MW		600MW		1000MW
				空冷	湿冷	空冷	湿冷	
重庆	脱硫工程	1.89	1.88	1.86		1.47		1.46
	脱硝工程	1.76	1.75	1.73		1.38		1.35
	附属生产工程	2.76	2.56	2.49		2.30		2.29
陕西	热力系统	2.70	2.55	2.41		2.38		2.19
	燃料供应系统	0.99	0.99	0.96		0.89		0.88
	除灰系统	1.13	1.04	1.01		1.01		0.96
	水处理系统	1.71	1.48	1.47		1.39		1.34
	供水系统	2.08	1.84	1.73	1.83	1.81	1.84	1.71
	电气系统	0.71	0.64	0.63		0.52		0.52
	热工控制系统	0.60	0.53	0.50		0.43		0.43
	脱硫工程	1.88	1.88	1.85		1.31		1.31
	脱硝工程	1.76	1.76	1.73		1.25		1.21
	附属生产工程	2.49	2.25	1.64		1.59		1.55
甘肃	热力系统	3.13	2.67	2.50		2.15		2.14
	燃料供应系统	1.16	1.13	1.11		0.98		0.98
	除灰系统	1.35	1.28	1.17		1.10		1.09
	水处理系统	1.68	1.65	1.61		1.55		1.54
	供水系统	1.75	1.65	1.44	1.40	1.49	1.54	1.40
	电气系统	0.65	0.63	0.61		0.52		0.52
	热工控制系统	0.64	0.63	0.61		0.51		0.51
	脱硫工程	1.85	1.84	1.82		1.48		1.47
	脱硝工程	1.72	1.72	1.69		1.39		1.36
	附属生产工程	2.69	2.59	2.66		2.32		2.31
宁夏	热力系统	3.23	3.18	3.02		2.40		2.39
	燃料供应系统	1.36	1.36	1.32		1.19		1.18

地区	项目名称	机 组 容 量						
		135MW	200MW	300MW		600MW		1000MW
				空冷	湿冷	空冷	湿冷	
宁夏	除灰系统	1.63	1.62	1.52		1.33		1.32
	水处理系统	1.89	1.75	1.73		1.60		1.60
	供水系统	2.04	1.92	1.79	1.75	1.79	1.72	1.63
	电气系统	0.76	0.65	0.64		0.62		0.62
	热工控制系统	0.66	0.64	0.63		0.55		0.54
	脱硫工程	2.19	2.07	1.98		1.73		1.72
	脱硝工程	2.05	1.95	1.91		1.64		1.60
	附属生产工程	3.31	3.12	3.17		2.99		2.97
青海	热力系统	3.02	3.02	2.59		2.00		1.99
	燃料供应系统	1.19	1.03	0.96		0.88		0.87
	除灰系统	1.62	1.62	1.41		1.34		1.33
	水处理系统	1.66	1.61	1.69		1.33		1.32
	供水系统	1.98	1.95	1.91	1.90	1.89	1.95	1.83
	电气系统	0.69	0.65	0.59		0.55		0.54
	热工控制系统	0.70	0.59	0.59		0.45		0.45
	脱硫工程	2.42	2.21	2.11		1.77		1.76
	脱硝工程	2.23	2.06	1.87		1.66		1.63
	附属生产工程	3.22	2.66	2.58		2.34		2.25
新疆	热力系统	3.85	3.60	3.50		3.30		2.63
	燃料供应系统	1.40	1.38	1.36		1.32		1.31
	除灰系统	1.61	1.44	1.38		1.20		1.20
	水处理系统	2.13	1.94	1.94		1.75		1.74
	供水系统	2.63	2.35	2.12	2.24	2.06	2.12	1.95
	电气系统	0.97	0.89	0.87		0.76		0.75
	热工控制系统	0.77	0.73	0.72		0.51		0.51

地区	项目名称	机组容量						
		135MW	200MW	300MW		600MW		1000MW
				空冷	湿冷	空冷	湿冷	
新疆	脱硫工程	1.85	1.83	1.78		1.75		1.66
	脱硝工程	1.95	1.83	1.81		1.76		1.75
	附属生产工程	3.61	3.30	3.20		2.87		2.86
广东	热力系统	3.12	2.95	2.74		2.53		2.52
	燃料供应系统	1.41	1.34	1.22		0.94		0.94
	除灰系统	1.51	1.43	1.31		1.16		1.16
	水处理系统	2.11	1.79	1.78		1.69		1.68
	供水系统	2.33	2.28	2.25	2.28	2.18	2.22	2.17
	电气系统	0.77	0.75	0.73		0.69		0.69
	热工控制系统	0.78	0.76	0.70		0.51		0.51
	脱硫工程	2.10	2.09	1.98		1.81		1.80
	脱硝工程	1.97	1.96	1.91		1.69		1.68
	附属生产工程	3.63	3.43	3.01		3.00		2.97
广西	热力系统	4.05	2.80	2.19		1.96		1.95
	燃料供应系统	1.35	1.32	1.31		1.15		1.14
	除灰系统	1.44	1.31	1.20		0.93		0.92
	水处理系统	1.92	1.86	1.78		1.65		1.64
	供水系统	2.28	2.23	2.08	2.15	2.08	2.08	2.06
	电气系统	0.75	0.74	0.71		0.56		0.55
	热工控制系统	0.79	0.72	0.71		0.58		0.54
	脱硫工程	2.30	2.24	2.12		1.54		1.53
	脱硝工程	2.15	2.10	1.98		1.47		1.44
	附属生产工程	3.20	2.69	2.65		2.30		2.84
云南	热力系统	3.75	2.96	2.21		1.91		1.91
	燃料供应系统	1.35	1.29	1.20		1.19		1.18

地区	项目名称	机 组 容 量						
		135MW	200MW	300MW		600MW		1000MW
				空冷	湿冷	空冷	湿冷	
云南	除灰系统	1.46	1.24	1.22		1.05		1.05
	水处理系统	1.97	1.89	1.68		1.65		1.64
	供水系统	2.41	2.40	2.35	2.29	2.12	2.10	2.01
	电气系统	0.81	0.79	0.73		0.57		0.56
	热工控制系统	0.78	0.74	0.67		0.51		0.51
	脱硫工程	1.92	1.91	1.89		1.44		1.44
	脱硝工程	1.82	1.82	1.79		1.38		1.32
	附属生产工程	3.47	3.42	2.99		2.76		2.75
贵州	热力系统	3.47	3.22	3.17		2.79		2.78
	燃料供应系统	1.36	1.27	1.16		0.99		0.98
	除灰系统	1.40	1.29	1.22		1.21		1.20
	水处理系统	1.96	1.78	1.77		1.66		1.65
	供水系统	2.57	2.29	2.09	2.25	2.02	2.19	2.00
	电气系统	0.83	0.80	0.75		0.55		0.55
	热工控制系统	0.80	0.71	0.65		0.59		0.58
	脱硫工程	2.11	2.01	1.86		1.67		1.66
	脱硝工程	1.98	1.90	1.77		1.58		1.53
	附属生产工程	3.10	2.68	2.64		2.50		2.49
海南	热力系统	3.30	2.90	2.84		1.88		1.87
	燃料供应系统	1.16	1.12	1.12		1.11		1.11
	除灰系统	1.66	1.46	1.43		1.38		1.37
	水处理系统	2.08	1.96	1.88		1.69		1.66
	供水系统	2.21	2.17	2.12	2.03	2.09	1.96	1.86
	电气系统	0.80	0.71	0.70		0.60		0.60
	热工控制系统	0.70	0.63	0.63		0.50		0.48

地区	项目名称	机 组 容 量						
		135MW	200MW	300MW		600MW		1000MW
				空冷	湿冷	空冷	湿冷	
海南	脱硫工程	2.16	2.14	2.14		1.91		1.90
	脱硝工程	1.81	1.81	1.54		1.52		1.51
	附属生产工程	3.39	3.06	3.04		2.22		2.21

附件 4：

电力建设建筑工程概预算定额
施工机械台班价差调整汇总表

附表 1　北京市电力建设建筑工程施工机械台班价差调整表

单位：元

序号	机　　械	规格	单位	定额单价	实际单价	价差
1	履带式推土机	75kW	台班	609.40	622.00	12.60
2	履带式推土机	105kW	台班	771.69	785.53	13.84
3	履带式推土机	135kW	台班	955.31	970.52	15.21
4	拖式铲运机	3m³	台班	393.25	401.44	8.19
5	轮胎式装载机	2m³	台班	673.40	688.62	15.22
6	履带式拖拉机	75kW	台班	565.50	578.18	12.68
7	履带式单斗挖掘机（液压）	1m³	台班	968.20	982.90	14.70
8	光轮压路机（内燃）	12t	台班	379.11	386.60	7.49
9	光轮压路机（内燃）	15t	台班	448.66	458.68	10.02
10	振动压路机（机械式）	15t	台班	801.98	822.12	20.14
11	振动压路机（液压式）	15t	台班	765.09	783.49	18.40
12	轮胎压路机	9t	台班	367.00	377.50	10.50
13	夯实机		台班	24.60	27.61	3.01
14	液压锻钎机	11.25kW	台班	199.17	213.94	14.77
15	磨钎机		台班	226.13	244.38	18.25
16	履带式柴油打桩机	锤重 3.5t	台班	1146.87	1158.06	11.19
17	履带式柴油打桩机	锤重 7t	台班	2448.09	2461.48	13.39
18	履带式柴油打桩机	锤重 8t	台班	2542.41	2556.27	13.86

序号	机　械	规格	单位	定额单价	实际单价	价差
19	轨道式柴油打桩机	锤重 2.5t	台班	950.75	978.60	27.85
20	轨道式柴油打桩机	锤重 3.5t	台班	1305.96	1344.61	38.65
21	振动打拔桩机	40t	台班	901.42	941.19	39.77
22	冲击成孔机		台班	334.47	341.71	7.24
23	履带式钻孔机	ϕ700	台班	552.43	599.96	47.53
24	履带式长螺旋钻孔机		台班	481.65	521.48	39.83
25	液压钻机	XU-100	台班	131.10	150.92	19.82
26	单重管旋喷机		台班	1124.08	1141.99	17.91
27	履带式起重机	25t	台班	708.01	717.99	9.98
28	履带式起重机	40t	台班	1288.86	1303.69	14.83
29	履带式起重机	50t	台班	1780.48	1801.04	20.56
30	履带式起重机	60t	台班	2214.64	2235.20	20.56
31	履带式起重机	80t	台班	2860.30	2885.57	25.27
32	履带式起重机	100t	台班	4370.25	4397.13	26.88
33	履带式起重机	150t	台班	7376.20	7405.52	29.32
34	汽车式起重机	5t	台班	365.82	391.56	25.74
35	汽车式起重机	8t	台班	532.59	543.06	10.47
36	汽车式起重机	12t	台班	676.26	689.15	12.89
37	汽车式起重机	16t	台班	838.83	854.88	16.05
38	汽车式起重机	20t	台班	950.67	969.23	18.56
39	汽车式起重机	25t	台班	1061.24	1082.74	21.50
40	汽车式起重机	30t	台班	1303.75	1328.42	24.67
41	汽车式起重机	50t	台班	3177.34	3213.45	36.11
42	龙门式起重机	10t	台班	348.34	364.32	15.98
43	龙门式起重机	20t	台班	560.96	598.45	37.49
44	龙门式起重机	40t	台班	913.32	970.44	57.12
45	塔式起重机	1500kN·m	台班	4600.00	4742.11	142.11

序号	机　　械	规格	单位	定额单价	实际单价	价差
46	塔式起重机	2500kN·m	台班	5400.00	5567.64	167.64
47	自升式塔式起重机	3000t·m	台班	7942.26	8224.67	282.41
48	炉顶式起重机	300t·m	台班	1255.68	1321.59	65.91
49	载重汽车	5t	台班	288.62	298.13	9.51
50	载重汽车	6t	台班	309.41	319.57	10.16
51	载重汽车	8t	台班	363.01	374.49	11.48
52	自卸汽车	8t	台班	470.06	483.10	13.04
53	自卸汽车	12t	台班	640.17	656.28	16.11
54	平板拖车组	10t	台班	517.87	558.92	41.05
55	平板拖车组	20t	台班	791.70	813.26	21.56
56	平板拖车组	30t	台班	946.95	975.63	28.68
57	平板拖车组	40t	台班	1157.43	1192.76	35.33
58	机动翻斗车	1t	台班	117.48	119.27	1.79
59	管子拖车	24t	台班	1430.23	1469.29	39.06
60	管子拖车	35t	台班	1812.39	1856.25	43.86
61	洒水车	4000L	台班	357.77	408.02	50.25
62	电动卷扬机（单筒快速）	10kN	台班	98.95	104.91	5.96
63	电动卷扬机（单筒慢速）	30kN	台班	107.78	113.48	5.70
64	电动卷扬机（单筒慢速）	50kN	台班	116.18	122.26	6.08
65	电动卷扬机（单筒慢速）	100kN	台班	184.07	197.29	13.22
66	电动卷扬机（单筒慢速）	200kN	台班	350.31	384.07	33.76
67	电动卷扬机（双筒慢速）	50kN	台班	137.82	147.09	9.27
68	双笼施工电梯	200m	台班	535.36	564.31	28.95
69	灰浆搅拌机	400L	台班	79.75	82.50	2.75
70	混凝土振捣器（平台式）		台班	19.92	20.64	0.72
71	混凝土振捣器（插入式）		台班	13.96	14.68	0.72
72	木工圆锯机	500mm	台班	25.27	29.61	4.34

序号	机 械	规格	单位	定额单价	实际单价	价差
73	木工压刨床	刨削宽度 单面 600mm	台班	36.98	42.16	5.18
74	木工压刨床	刨削宽度 三面 400mm	台班	83.42	92.91	9.49
75	摇臂钻床	钻孔直径 50mm	台班	119.95	121.74	1.79
76	剪板机	厚度×宽度 20mm×2000mm	台班	232.32	240.15	7.83
77	剪板机	厚度×宽度 20mm×2500mm	台班	256.39	266.78	10.39
78	剪板机	厚度×宽度 40mm×3100mm	台班	601.77	627.15	25.38
79	钢筋弯曲机	40mm	台班	24.38	26.70	2.32
80	型钢剪断机	500mm	台班	185.10	194.73	9.63
81	弯管机	WC27～108	台班	79.40	85.21	5.81
82	型钢调直机		台班	55.68	59.66	3.98
83	卷板机	板厚×宽度 20mm×2000mm	台班	177.41	189.01	11.60
84	卷板机	板厚×宽度 20mm×2500mm	台班	232.66	244.26	11.60
85	联合冲剪机	板厚 16mm	台班	263.27	265.62	2.35
86	管子切断机	150mm	台班	42.74	45.08	2.34
87	管子切断机	250mm	台班	52.71	56.78	4.07
88	管子切断套丝机	159mm	台班	20.34	20.95	0.61
89	电动煨弯机	100mm	台班	136.40	140.42	4.02
90	钢板校平机	30×2600	台班	281.32	293.99	12.67
91	刨边机	加工长度 12000mm	台班	607.95	621.69	13.74
92	坡口机	630mm	台班	381.94	390.09	8.15
93	电动单级离心清水泵	出口直径 150mm	台班	148.10	163.96	15.86

序号	机械	规格	单位	定额单价	实际单价	价差
94	电动单级离心清水泵	出口直径200mm	台班	178.20	197.03	18.83
95	电动多级离心清水泵	出口直径100mm，扬程120m 以下	台班	252.60	285.26	32.66
96	电动多级离心清水泵	出口直径150mm，扬程180m 以下	台班	580.30	690.60	110.30
97	电动多级离心清水泵	出口直径200mm，扬程280m 以下	台班	1446.40	1752.35	305.95
98	泥浆泵	出口直径100mm	台班	265.60	308.07	42.47
99	真空泵	抽气速度204m³/h	台班	113.72	123.46	9.74
100	试压泵	25MPa	台班	72.26	75.03	2.77
101	试压泵	30MPa	台班	73.03	75.86	2.83
102	试压泵	80MPa	台班	85.80	89.12	3.32
103	液压注浆泵	HYB50-50-Ⅰ型	台班	196.75	199.58	2.83
104	井点喷射泵	喷射速度40m³/h	台班	158.37	183.71	25.34
105	交流电焊机	21kVA	台班	52.89	63.80	10.91
106	交流电焊机	30kVA	台班	72.94	88.73	15.79
107	对焊机	75kVA	台班	108.30	130.55	22.25
108	等离子切割机	电流 400A	台班	191.30	226.35	35.05
109	氩弧焊机	电流 500A	台班	101.13	113.93	12.80
110	半自动切割机	厚度 100mm	台班	78.49	82.11	3.62
111	点焊机（短臂）	50kVA	台班	85.80	104.49	18.69
112	热熔焊接机	SHD-160C	台班	268.83	280.05	11.22
113	逆变多功能焊机	D7-500	台班	145.30	159.78	14.48
114	电动空气压缩机	排气量0.6m³/min	台班	91.61	95.99	4.38

序号	机　械	规格	单位	定额单价	实际单价	价差
115	电动空气压缩机	排气量 3m³/min	台班	175.09	194.55	19.46
116	电动空气压缩机	排气量 10m³/min	台班	408.05	481.04	72.99
117	爬模机		台班	2000.00	2059.02	59.02
118	冷却塔曲线电梯	QWT60	台班	301.93	323.65	21.72
119	冷却塔折臂塔式起重机	240t·m 以内	台班	1670.46	1711.46	41.00
120	轴流通风机	7.5kW	台班	38.50	45.74	7.24
121	抓斗	0.5m³	台班	120.10	127.70	7.60
122	拖轮	125kW	台班	1014.39	1031.31	16.92
123	锚艇	88kW	台班	892.68	907.99	15.31
124	超声波探伤机	CTS-22	台班	135.25	141.31	6.06
125	悬挂提升装置	LXD-200	台班	209.50	215.84	6.34
126	鼓风机	30m³/min	台班	315.60	366.29	50.69
127	挖泥船	120m³/h	台班	2299.97	2340.24	40.27

附表 2　天津市电力建设建筑工程施工机械台班价差调整表

单位：元

序号	机　械	规格	单位	定额单价	实际单价	价差
1	履带式推土机	75kW	台班	609.40	597.57	−11.83
2	履带式推土机	105kW	台班	771.69	758.70	−12.99
3	履带式推土机	135kW	台班	955.31	941.03	−14.28
4	拖式铲运机	3m³	台班	393.25	385.57	−7.68
5	轮胎式装载机	2m³	台班	673.40	659.11	−14.29
6	履带式拖拉机	75kW	台班	565.50	553.60	−11.90
7	履带式单斗挖掘机（液压）	1m³	台班	968.20	954.40	−13.80
8	光轮压路机（内燃）	12t	台班	379.11	372.08	−7.03

序号	机 械	规格	单位	定额单价	实际单价	价差
9	光轮压路机（内燃）	15t	台班	448.66	439.25	-9.41
10	振动压路机（机械式）	15t	台班	801.98	783.08	-18.90
11	振动压路机（液压式）	15t	台班	765.09	747.82	-17.27
12	轮胎压路机	9t	台班	367.00	365.52	-1.48
13	夯实机		台班	24.60	25.70	1.10
14	液压锻钎机	11.25kW	台班	199.17	204.59	5.42
15	磨钎机		台班	226.13	232.83	6.70
16	履带式柴油打桩机	锤重 3.5t	台班	1146.87	1136.37	-10.50
17	履带式柴油打桩机	锤重 7t	台班	2448.09	2435.52	-12.57
18	履带式柴油打桩机	锤重 8t	台班	2542.41	2529.40	-13.01
19	轨道式柴油打桩机	锤重 2.5t	台班	950.75	948.72	-2.03
20	轨道式柴油打桩机	锤重 3.5t	台班	1305.96	1304.66	-1.30
21	振动打拔桩机	40t	台班	901.42	908.41	6.99
22	冲击成孔机		台班	334.47	337.13	2.66
23	履带式钻孔机	ϕ700	台班	552.43	559.82	7.39
24	履带式长螺旋钻孔机		台班	481.65	496.27	14.62
25	液压钻机	XU-100	台班	131.10	112.49	-18.61
26	单重管旋喷机		台班	1124.08	1107.27	-16.81
27	履带式起重机	25t	台班	708.01	698.64	-9.37
28	履带式起重机	40t	台班	1288.86	1274.94	-13.92
29	履带式起重机	50t	台班	1780.48	1761.18	-19.30
30	履带式起重机	60t	台班	2214.64	2195.34	-19.30
31	履带式起重机	80t	台班	2860.30	2836.58	-23.72
32	履带式起重机	100t	台班	4370.25	4345.02	-25.23
33	履带式起重机	150t	台班	7376.20	7348.67	-27.53
34	汽车起重机	5t	台班	365.82	390.17	24.35
35	汽车式起重机	8t	台班	532.59	530.20	-2.39

序号	机　械	规格	单位	定额单价	实际单价	价差
36	汽车式起重机	12t	台班	676.26	675.33	−0.93
37	汽车式起重机	16t	台班	838.83	838.66	−0.17
38	汽车式起重机	20t	台班	950.67	951.86	1.19
39	汽车式起重机	25t	台班	1061.24	1064.32	3.08
40	汽车式起重机	30t	台班	1303.75	1308.51	4.76
41	汽车式起重机	50t	台班	3177.34	3189.97	12.63
42	龙门式起重机	10t	台班	348.34	354.21	5.87
43	龙门式起重机	20t	台班	560.96	574.72	13.76
44	龙门式起重机	40t	台班	913.32	934.28	20.96
45	塔式起重机	1500kN・m	台班	4600.00	4652.15	52.15
46	塔式起重机	2500kN・m	台班	5400.00	5461.52	61.52
47	自升式塔式起重机	3000t・m	台班	7942.26	8045.90	103.64
48	炉顶式起重机	300t・m	台班	1255.68	1279.87	24.19
49	载重汽车	5t	台班	288.62	283.57	−5.05
50	载重汽车	6t	台班	309.41	304.53	−4.88
51	载重汽车	8t	台班	363.01	358.44	−4.57
52	自卸汽车	8t	台班	470.06	464.59	−5.47
53	自卸汽车	12t	台班	640.17	635.20	−4.97
54	平板拖车组	10t	台班	517.87	556.80	38.93
55	平板拖车组	20t	台班	791.70	792.73	1.03
56	平板拖车组	30t	台班	946.95	951.94	4.99
57	平板拖车组	40t	台班	1157.43	1166.81	9.38
58	机动翻斗车	1t	台班	117.48	116.54	−0.94
59	管子拖车	24t	台班	1430.23	1413.87	−16.36
60	管子拖车	35t	台班	1812.39	1800.83	−11.56
61	洒水车	4000L	台班	357.77	406.41	48.64
62	电动卷扬机（单筒快速）	10kN	台班	98.95	101.14	2.19

序号	机 械	规格	单位	定额单价	实际单价	价差
63	电动卷扬机（单筒慢速）	30kN	台班	107.78	109.87	2.09
64	电动卷扬机（单筒慢速）	50kN	台班	116.18	118.41	2.23
65	电动卷扬机（单筒慢速）	100kN	台班	184.07	188.92	4.85
66	电动卷扬机（单筒慢速）	200kN	台班	350.31	362.70	12.39
67	电动卷扬机（双筒慢速）	50kN	台班	137.82	141.22	3.40
68	双笼施工电梯	200m	台班	535.36	545.99	10.63
69	灰浆搅拌机	400L	台班	79.75	80.76	1.01
70	混凝土振捣器（平台式）		台班	19.92	20.19	0.27
71	混凝土振捣器（插入式）		台班	13.96	14.23	0.27
72	木工圆锯机	500mm	台班	25.27	26.86	1.59
73	木工压刨床	刨削宽度 单面 600mm	台班	36.98	38.88	1.90
74	木工压刨床	刨削宽度 三面 400mm	台班	83.42	86.90	3.48
75	摇臂钻床	钻孔直径 50mm	台班	119.95	120.61	0.66
76	剪板机	厚度×宽度 20mm×2000mm	台班	232.32	235.19	2.87
77	剪板机	厚度×宽度 20mm×2500mm	台班	256.39	260.20	3.81
78	剪板机	厚度×宽度 40mm×3100mm	台班	601.77	611.08	9.31
79	钢筋弯曲机	40mm	台班	24.38	25.23	0.85
80	型钢剪断机	500mm	台班	185.10	188.63	3.53
81	弯管机	WC27～108	台班	79.40	81.53	2.13
82	型钢调直机		台班	55.68	57.14	1.46
83	卷板机	板厚×宽度 20mm×2000mm	台班	177.41	181.67	4.26
84	卷板机	板厚×宽度 20mm×2500mm	台班	232.66	236.92	4.26
85	联合冲剪机	板厚 16mm	台班	263.27	264.13	0.86

序号	机械	规格	单位	定额单价	实际单价	价差
86	管子切断机	150mm	台班	42.74	43.60	0.86
87	管子切断机	250mm	台班	52.71	54.20	1.49
88	管子切断套丝机	159mm	台班	20.34	20.56	0.22
89	电动煨弯机	100mm	台班	136.40	137.87	1.47
90	钢板校平机	30×2600	台班	281.32	285.97	4.65
91	刨边机	加工长度12000mm	台班	607.95	612.99	5.04
92	坡口机	630mm	台班	381.94	384.93	2.99
93	电动单级离心清水泵	出口直径150mm	台班	148.10	153.92	5.82
94	电动单级离心清水泵	出口直径200mm	台班	178.20	185.11	6.91
95	电动多级离心清水泵	出口直径100mm，扬程120m 以下	台班	252.60	264.58	11.98
96	电动多级离心清水泵	出口直径150mm，扬程180m 以下	台班	580.30	620.78	40.48
97	电动多级离心清水泵	出口直径200mm，扬程280m 以下	台班	1446.40	1558.67	112.27
98	泥浆泵	出口直径100mm	台班	265.60	281.19	15.59
99	真空泵	抽气速度204m^3/h	台班	113.72	117.29	3.57
100	试压泵	25MPa	台班	72.26	73.28	1.02
101	试压泵	30MPa	台班	73.03	74.07	1.04
102	试压泵	80MPa	台班	85.80	87.02	1.22
103	液压注浆泵	HYB50-50-Ⅰ型	台班	196.75	197.79	1.04
104	井点喷射泵	喷射速度40m^3/h	台班	158.37	167.67	9.30
105	交流电焊机	21kVA	台班	52.89	56.89	4.00

序号	机 械	规格	单位	定额单价	实际单价	价差
106	交流电焊机	30kVA	台班	72.94	78.73	5.79
107	对焊机	75kVA	台班	108.30	116.46	8.16
108	等离子切割机	电流 400A	台班	191.30	204.16	12.86
109	氩弧焊机	电流 500A	台班	101.13	105.83	4.70
110	半自动切割机	厚度 100mm	台班	78.49	79.82	1.33
111	点焊机（短臂）	50kVA	台班	85.80	92.66	6.86
112	热熔焊接机	SHD-160C	台班	268.83	272.95	4.12
113	逆变多功能焊机	D7-500	台班	145.30	150.61	5.31
114	电动空气压缩机	排气量 0.6m³/min	台班	91.61	93.22	1.61
115	电动空气压缩机	排气量 3m³/min	台班	175.09	182.23	7.14
116	电动空气压缩机	排气量 10m³/min	台班	408.05	434.84	26.79
117	爬模机		台班	2000.00	2021.66	21.66
118	冷却塔曲线电梯	QWT60	台班	301.93	309.90	7.97
119	冷却塔折臂塔式起重机	240t·m 以内	台班	1670.46	1685.51	15.05
120	轴流通风机	7.5kW	台班	38.50	41.16	2.66
121	抓斗	0.5m³	台班	120.10	122.89	2.79
122	拖轮	125kW	台班	1014.39	998.51	-15.88
123	锚艇	88kW	台班	892.68	878.31	-14.37
124	超声波探伤机	CTS-22	台班	135.25	137.48	2.23
125	悬挂提升装置	LXD-200	台班	209.50	211.83	2.33
126	鼓风机	30m³/min	台班	315.60	334.20	18.60
127	挖泥船	120m³/h	台班	2299.97	2262.16	-37.81

附表3 河北南部电力建设建筑工程施工机械台班价差调整表

单位：元

序号	机　械	规格	单位	定额单价	实际单价	价差
1	履带式推土机	75kW	台班	609.40	610.43	1.03
2	履带式推土机	105kW	台班	771.69	772.82	1.13
3	履带式推土机	135kW	台班	955.31	956.55	1.24
4	拖式铲运机	3m³	台班	393.25	393.92	0.67
5	轮胎式装载机	2m³	台班	673.40	674.64	1.24
6	履带式拖拉机	75kW	台班	565.50	566.54	1.04
7	履带式单斗挖掘机（液压）	1m³	台班	968.20	969.40	1.20
8	光轮压路机（内燃）	12t	台班	379.11	379.72	0.61
9	光轮压路机（内燃）	15t	台班	448.66	449.48	0.82
10	振动压路机（机械式）	15t	台班	801.98	803.62	1.64
11	振动压路机（液压式）	15t	台班	765.09	766.59	1.50
12	轮胎压路机	9t	台班	367.00	370.20	3.20
13	夯实机		台班	24.60	27.26	2.66
14	液压锻钎机	11.25kW	台班	199.17	212.23	13.06
15	磨钎机		台班	226.13	242.27	16.14
16	履带式柴油打桩机	锤重3.5t	台班	1146.87	1147.78	0.91
17	履带式柴油打桩机	锤重7t	台班	2448.09	2449.18	1.09
18	履带式柴油打桩机	锤重8t	台班	2542.41	2543.54	1.13
19	轨道式柴油打桩机	锤重2.5t	台班	950.75	967.85	17.10
20	轨道式柴油打桩机	锤重3.5t	台班	1305.96	1330.62	24.66
21	振动打拔桩机	40t	台班	901.42	931.92	30.50
22	冲击成孔机		台班	334.47	340.87	6.40
23	履带式钻孔机	φ700	台班	552.43	588.28	35.85
24	履带式长螺旋钻孔机		台班	481.65	516.87	35.22
25	液压钻机	XU-100	台班	131.10	132.72	1.62

序号	机　　械	规格	单位	定额单价	实际单价	价差
26	单重管旋喷机		台班	1124.08	1125.54	1.46
27	履带式起重机	25t	台班	708.01	708.82	0.81
28	履带式起重机	40t	台班	1288.86	1290.07	1.21
29	履带式起重机	50t	台班	1780.48	1782.16	1.68
30	履带式起重机	60t	台班	2214.64	2216.32	1.68
31	履带式起重机	80t	台班	2860.30	2862.36	2.06
32	履带式起重机	100t	台班	4370.25	4372.44	2.19
33	履带式起重机	150t	台班	7376.20	7378.59	2.39
34	汽车式起重机	5t	台班	365.82	384.90	19.08
35	汽车式起重机	8t	台班	532.59	535.53	2.94
36	汽车式起重机	12t	台班	676.26	680.44	4.18
37	汽车式起重机	16t	台班	838.83	844.31	5.48
38	汽车式起重机	20t	台班	950.67	957.40	6.73
39	汽车式起重机	25t	台班	1061.24	1069.52	8.28
40	汽车式起重机	30t	台班	1303.75	1313.59	9.84
41	汽车式起重机	50t	台班	3177.34	3193.33	15.99
42	龙门式起重机	10t	台班	348.34	362.48	14.14
43	龙门式起重机	20t	台班	560.96	594.12	33.16
44	龙门式起重机	40t	台班	913.32	963.83	50.51
45	塔式起重机	1500kN·m	台班	4600.00	4725.69	125.69
46	塔式起重机	2500kN·m	台班	5400.00	5548.26	148.26
47	自升式塔式起重机	3000t·m	台班	7942.26	8192.03	249.77
48	炉顶式起重机	300t·m	台班	1255.68	1313.98	58.30
49	载重汽车	5t	台班	288.62	290.48	1.86
50	载重汽车	6t	台班	309.41	311.54	2.13
51	载重汽车	8t	台班	363.01	365.69	2.68
52	自卸汽车	8t	台班	470.06	473.02	2.96

序号	机　械	规格	单位	定额单价	实际单价	价差
53	自卸汽车	12t	台班	640.17	644.33	4.16
54	平板拖车组	10t	台班	517.87	548.08	30.21
55	平板拖车组	20t	台班	791.70	799.42	7.72
56	平板拖车组	30t	台班	946.95	958.23	11.28
57	平板拖车组	40t	台班	1157.43	1172.24	14.81
58	机动翻斗车	1t	台班	117.48	117.83	0.35
59	管子拖车	24t	台班	1430.23	1439.11	8.88
60	管子拖车	35t	台班	1812.39	1824.27	11.88
61	洒水车	4000L	台班	357.77	400.74	42.97
62	电动卷扬机（单筒快速）	10kN	台班	98.95	104.22	5.27
63	电动卷扬机（单筒慢速）	30kN	台班	107.78	112.82	5.04
64	电动卷扬机（单筒慢速）	50kN	台班	116.18	121.56	5.38
65	电动卷扬机（单筒慢速）	100kN	台班	184.07	195.76	11.69
66	电动卷扬机（单筒慢速）	200kN	台班	350.31	380.17	29.86
67	电动卷扬机（双筒慢速）	50kN	台班	137.82	146.02	8.20
68	双笼施工电梯	200m	台班	535.36	560.97	25.61
69	灰浆搅拌机	400L	台班	79.75	82.18	2.43
70	混凝土振捣器（平台式）		台班	19.92	20.56	0.64
71	混凝土振捣器（插入式）		台班	13.96	14.60	0.64
72	木工圆锯机	500mm	台班	25.27	29.11	3.84
73	木工压刨床	刨削宽度　单面 600mm	台班	36.98	41.56	4.58
74	木工压刨床	刨削宽度　三面 400mm	台班	83.42	91.81	8.39
75	摇臂钻床	钻孔直径 50mm	台班	119.95	121.53	1.58
76	剪板机	厚度×宽度 20mm×2000mm	台班	232.32	239.25	6.93
77	剪板机	厚度×宽度 20mm×2500mm	台班	256.39	265.58	9.19

序号	机　械	规格	单位	定额单价	实际单价	价差
78	剪板机	厚度×宽度 40mm×3100mm	台班	601.77	624.22	22.45
79	钢筋弯曲机	40mm	台班	24.38	26.43	2.05
80	型钢剪断机	500mm	台班	185.10	193.62	8.52
81	弯管机	WC27～108	台班	79.40	84.54	5.14
82	型钢调直机		台班	55.68	59.20	3.52
83	卷板机	板厚×宽度 20mm×2000mm	台班	177.41	187.67	10.26
84	卷板机	板厚×宽度 20mm×2500mm	台班	232.66	242.92	10.26
85	联合冲剪机	板厚　16mm	台班	263.27	265.35	2.08
86	管子切断机	150mm	台班	42.74	44.81	2.07
87	管子切断机	250mm	台班	52.71	56.31	3.60
88	管子切断套丝机	159mm	台班	20.34	20.88	0.54
89	电动煨弯机	100mm	台班	136.40	139.95	3.55
90	钢板校平机	30×2600	台班	281.32	292.53	11.21
91	刨边机	加工长度 12000mm	台班	607.95	620.10	12.15
92	坡口机	630mm	台班	381.94	389.14	7.20
93	电动单级离心清水泵	出口直径 150mm	台班	148.10	162.13	14.03
94	电动单级离心清水泵	出口直径 200mm	台班	178.20	194.85	16.65
95	电动多级离心清水泵	出口直径 100mm,扬程 120m 以下	台班	252.60	281.48	28.88
96	电动多级离心清水泵	出口直径 150mm,扬程 180m 以下	台班	580.30	677.86	97.56
97	电动多级离心清水泵	出口直径 200mm,扬程 280m 以下	台班	1446.40	1716.99	270.59

序号	机 械	规格	单位	定额单价	实际单价	价差
98	泥浆泵	出口直径 100mm	台班	265.60	303.16	37.56
99	真空泵	抽气速度 204m³/h	台班	113.72	122.33	8.61
100	试压泵	25MPa	台班	72.26	74.71	2.45
101	试压泵	30MPa	台班	73.03	75.54	2.51
102	试压泵	80MPa	台班	85.80	88.74	2.94
103	液压注浆泵	HYB50-50-Ⅰ型	台班	196.75	199.25	2.50
104	井点喷射泵	喷射速度 40m³/h	台班	158.37	180.79	22.42
105	交流电焊机	21kVA	台班	52.89	62.54	9.65
106	交流电焊机	30kVA	台班	72.94	86.90	13.96
107	对焊机	75kVA	台班	108.30	127.98	19.68
108	等离子切割机	电流 400A	台班	191.30	222.30	31.00
109	氩弧焊机	电流 500A	台班	101.13	112.45	11.32
110	半自动切割机	厚度 100mm	台班	78.49	81.69	3.20
111	点焊机（短臂）	50kVA	台班	85.80	102.33	16.53
112	热熔焊接机	SHD-160C	台班	268.83	278.76	9.93
113	逆变多功能焊机	D7-500	台班	145.30	158.11	12.81
114	电动空气压缩机	排气量 0.6m³/min	台班	91.61	95.48	3.87
115	电动空气压缩机	排气量 3m³/min	台班	175.09	192.30	17.21
116	电动空气压缩机	排气量 10m³/min	台班	408.05	472.61	64.56
117	爬模机		台班	2000.00	2052.20	52.20
118	冷却塔曲线电梯	QWT60	台班	301.93	321.14	19.21
119	冷却塔折臂塔式起重机	240t·m 以内	台班	1670.46	1706.72	36.26
120	轴流通风机	7.5kW	台班	38.50	44.90	6.40

序号	机　　械	规格	单位	定额单价	实际单价	价差
121	抓斗	0.5m³	台班	120.10	126.82	6.72
122	拖轮	125kW	台班	1014.39	1015.77	1.38
123	锚艇	88kW	台班	892.68	893.93	1.25
124	超声波探伤机	CTS-22	台班	135.25	140.61	5.36
125	悬挂提升装置	LXD-200	台班	209.50	215.10	5.60
126	鼓风机	30m³/min	台班	315.60	360.43	44.83
127	挖泥船	120m³/h	台班	2299.97	2303.26	3.29

附表4　河北北部电力建设建筑工程施工机械台班价差调整表

单位：元

序号	机　　械	规格	单位	定额单价	实际单价	价差
1	履带式推土机	75kW	台班	609.40	610.43	1.03
2	履带式推土机	105kW	台班	771.69	772.82	1.13
3	履带式推土机	135kW	台班	955.31	956.55	1.24
4	拖式铲运机	3m³	台班	393.25	393.92	0.67
5	轮胎式装载机	2m³	台班	673.40	674.64	1.24
6	履带式拖拉机	75kW	台班	565.50	566.54	1.04
7	履带式单斗挖掘机（液压）	1m³	台班	968.20	969.40	1.20
8	光轮压路机（内燃）	12t	台班	379.11	379.72	0.61
9	光轮压路机（内燃）	15t	台班	448.66	449.48	0.82
10	振动压路机（机械式）	15t	台班	801.98	803.62	1.64
11	振动压路机（液压式）	15t	台班	765.09	766.59	1.50
12	轮胎压路机	9t	台班	367.00	370.20	3.20
13	夯实机		台班	24.60	25.70	1.10
14	液压锻钎机	11.25kW	台班	199.17	204.58	5.41

序号	机　械	规格	单位	定额单价	实际单价	价差
15	磨钎机		台班	226.13	232.82	6.69
16	履带式柴油打桩机	锤重 3.5t	台班	1146.87	1147.78	0.91
17	履带式柴油打桩机	锤重 7t	台班	2448.09	2449.18	1.09
18	履带式柴油打桩机	锤重 8t	台班	2542.41	2543.54	1.13
19	轨道式柴油打桩机	锤重 2.5t	台班	950.75	958.28	7.53
20	轨道式柴油打桩机	锤重 3.5t	台班	1305.96	1316.75	10.79
21	振动打拔桩机	40t	台班	901.42	914.34	12.92
22	冲击成孔机		台班	334.47	337.12	2.65
23	履带式钻孔机	ϕ700	台班	552.43	567.66	15.23
24	履带式长螺旋钻孔机		台班	481.65	496.25	14.60
25	液压钻机	XU-100	台班	131.10	132.72	1.62
26	单重管旋喷机		台班	1124.08	1125.54	1.46
27	履带式起重机	25t	台班	708.01	708.82	0.81
28	履带式起重机	40t	台班	1288.86	1290.07	1.21
29	履带式起重机	50t	台班	1780.48	1782.16	1.68
30	履带式起重机	60t	台班	2214.64	2216.32	1.68
31	履带式起重机	80t	台班	2860.30	2862.36	2.06
32	履带式起重机	100t	台班	4370.25	4372.44	2.19
33	履带式起重机	150t	台班	7376.20	7378.59	2.39
34	汽车式起重机	5t	台班	365.82	384.90	19.08
35	汽车式起重机	8t	台班	532.59	535.53	2.94
36	汽车式起重机	12t	台班	676.26	680.44	4.18
37	汽车式起重机	16t	台班	838.83	844.31	5.48
38	汽车式起重机	20t	台班	950.67	957.40	6.73
39	汽车式起重机	25t	台班	1061.24	1069.52	8.28
40	汽车式起重机	30t	台班	1303.75	1313.59	9.84
41	汽车式起重机	50t	台班	3177.34	3193.33	15.99

序号	机械	规格	单位	定额单价	实际单价	价差
42	龙门式起重机	10t	台班	348.34	354.20	5.86
43	龙门式起重机	20t	台班	560.96	574.70	13.74
44	龙门式起重机	40t	台班	913.32	934.25	20.93
45	塔式起重机	1500kN·m	台班	4600.00	4652.08	52.08
46	塔式起重机	2500kN·m	台班	5400.00	5461.44	61.44
47	自升式塔式起重机	3000t·m	台班	7942.26	8045.77	103.51
48	炉顶式起重机	300t·m	台班	1255.68	1279.84	24.16
49	载重汽车	5t	台班	288.62	290.48	1.86
50	载重汽车	6t	台班	309.41	311.54	2.13
51	载重汽车	8t	台班	363.01	365.69	2.68
52	自卸汽车	8t	台班	470.06	473.02	2.96
53	自卸汽车	12t	台班	640.17	644.33	4.16
54	平板拖车组	10t	台班	517.87	548.08	30.21
55	平板拖车组	20t	台班	791.70	799.42	7.72
56	平板拖车组	30t	台班	946.95	958.23	11.28
57	平板拖车组	40t	台班	1157.43	1172.24	14.81
58	机动翻斗车	1t	台班	117.48	117.83	0.35
59	管子拖车	24t	台班	1430.23	1439.11	8.88
60	管子拖车	35t	台班	1812.39	1824.27	11.88
61	洒水车	4000L	台班	357.77	400.74	42.97
62	电动卷扬机（单筒快速）	10kN	台班	98.95	101.13	2.18
63	电动卷扬机（单筒慢速）	30kN	台班	107.78	109.87	2.09
64	电动卷扬机（单筒慢速）	50kN	台班	116.18	118.41	2.23
65	电动卷扬机（单筒慢速）	100kN	台班	184.07	188.91	4.84
66	电动卷扬机（单筒慢速）	200kN	台班	350.31	362.68	12.37
67	电动卷扬机（双筒慢速）	50kN	台班	137.82	141.22	3.40
68	双笼施工电梯	200m	台班	535.36	545.97	10.61

序号	机 械	规格	单位	定额单价	实际单价	价差
69	灰浆搅拌机	400L	台班	79.75	80.76	1.01
70	混凝土振捣器（平台式）		台班	19.92	20.19	0.27
71	混凝土振捣器（插入式）		台班	13.96	14.23	0.27
72	木工圆锯机	500mm	台班	25.27	26.86	1.59
73	木工压刨床	刨削宽度　单面600mm	台班	36.98	38.88	1.90
74	木工压刨床	刨削宽度　三面400mm	台班	83.42	86.90	3.48
75	摇臂钻床	钻孔直径50mm	台班	119.95	120.60	0.65
76	剪板机	厚度×宽度20mm×2000mm	台班	232.32	235.19	2.87
77	剪板机	厚度×宽度20mm×2500mm	台班	256.39	260.20	3.81
78	剪板机	厚度×宽度40mm×3100mm	台班	601.77	611.07	9.30
79	钢筋弯曲机	40mm	台班	24.38	25.23	0.85
80	型钢剪断机	500mm	台班	185.10	188.63	3.53
81	弯管机	WC27～108	台班	79.40	81.53	2.13
82	型钢调直机		台班	55.68	57.14	1.46
83	卷板机	板厚×宽度20mm×2000mm	台班	177.41	181.66	4.25
84	卷板机	板厚×宽度20mm×2500mm	台班	232.66	236.91	4.25
85	联合冲剪机	板厚16mm	台班	263.27	264.13	0.86
86	管子切断机	150mm	台班	42.74	43.60	0.86
87	管子切断机	250mm	台班	52.71	54.20	1.49
88	管子切断套丝机	159mm	台班	20.34	20.56	0.22
89	电动煨弯机	100mm	台班	136.40	137.87	1.47
90	钢板校平机	30×2600	台班	281.32	285.96	4.64

序号	机 械	规格	单位	定额单价	实际单价	价差
91	刨边机	加工长度 12000mm	台班	607.95	612.99	5.04
92	坡口机	630mm	台班	381.94	384.93	2.99
93	电动单级离心清水泵	出口直径 150mm	台班	148.10	153.91	5.81
94	电动单级离心清水泵	出口直径 200mm	台班	178.20	185.10	6.90
95	电动多级离心清水泵	出口直径 100mm，扬程 120m 以下	台班	252.60	264.57	11.97
96	电动多级离心清水泵	出口直径 150mm，扬程 180m 以下	台班	580.30	620.73	40.43
97	电动多级离心清水泵	出口直径 200mm，扬程 280m 以下	台班	1446.40	1558.53	112.13
98	泥浆泵	出口直径 100mm	台班	265.60	281.17	15.57
99	真空泵	抽气速度 204m³/h	台班	113.72	117.29	3.57
100	试压泵	25MPa	台班	72.26	73.28	1.02
101	试压泵	30MPa	台班	73.03	74.07	1.04
102	试压泵	80MPa	台班	85.80	87.02	1.22
103	液压注浆泵	HYB50-50-Ⅰ型	台班	196.75	197.79	1.04
104	井点喷射泵	喷射速度 40m³/h	台班	158.37	167.66	9.29
105	交流电焊机	21kVA	台班	52.89	56.89	4.00
106	交流电焊机	30kVA	台班	72.94	78.73	5.79
107	对焊机	75kVA	台班	108.30	116.45	8.15
108	等离子切割机	电流 400A	台班	191.30	204.15	12.85
109	氩弧焊机	电流 500A	台班	101.13	105.82	4.69
110	半自动切割机	厚度 100mm	台班	78.49	79.82	1.33

序号	机 械	规格	单位	定额单价	实际单价	价差
111	点焊机（短臂）	50kVA	台班	85.80	92.65	6.85
112	热熔焊接机	SHD-160C	台班	268.83	272.94	4.11
113	逆变多功能焊机	D7-500	台班	145.30	150.61	5.31
114	电动空气压缩机	排气量 0.6m³/min	台班	91.61	93.22	1.61
115	电动空气压缩机	排气量 3m³/min	台班	175.09	182.22	7.13
116	电动空气压缩机	排气量 10m³/min	台班	408.05	434.80	26.75
117	爬模机		台班	2000.00	2021.63	21.63
118	冷却塔曲线电梯	QWT60	台班	301.93	309.89	7.96
119	冷却塔折臂塔式起重机	240t·m 以内	台班	1670.46	1685.49	15.03
120	轴流通风机	7.5kW	台班	38.50	41.15	2.65
121	抓斗	0.5m³	台班	120.10	122.89	2.79
122	拖轮	125kW	台班	1014.39	1015.77	1.38
123	锚艇	88kW	台班	892.68	893.93	1.25
124	超声波探伤机	CTS-22	台班	135.25	137.47	2.22
125	悬挂提升装置	LXD-200	台班	209.50	211.82	2.32
126	鼓风机	30m³/min	台班	315.60	334.18	18.58
127	挖泥船	120m³/h	台班	2299.97	2303.26	3.29

附表5　山西省电力建设建筑工程施工机械台班价差调整表

单位：元

序号	机 械	规格	单位	定额单价	实际单价	价差
1	履带式推土机	75kW	台班	609.40	603.36	−6.04
2	履带式推土机	105kW	台班	771.69	765.05	−6.64
3	履带式推土机	135kW	台班	955.31	948.01	−7.30

序号	机械	规格	单位	定额单价	实际单价	价差
4	拖式铲运机	3m³	台班	393.25	389.32	−3.93
5	轮胎式装载机	2m³	台班	673.40	666.10	−7.30
6	履带式拖拉机	75kW	台班	565.50	559.42	−6.08
7	履带式单斗挖掘机（液压）	1m³	台班	968.20	961.15	−7.05
8	光轮压路机（内燃）	12t	台班	379.11	375.52	−3.59
9	光轮压路机（内燃）	15t	台班	448.66	443.85	−4.81
10	振动压路机（机械式）	15t	台班	801.98	792.32	−9.66
11	振动压路机（液压式）	15t	台班	765.09	756.27	−8.82
12	轮胎压路机	9t	台班	367.00	366.73	−0.27
13	夯实机		台班	24.60	26.18	1.58
14	液压锻钎机	11.25kW	台班	199.17	206.96	7.79
15	磨钎机		台班	226.13	235.75	9.62
16	履带式柴油打桩机	锤重 3.5t	台班	1146.87	1141.51	−5.36
17	履带式柴油打桩机	锤重 7t	台班	2448.09	2441.67	−6.42
18	履带式柴油打桩机	锤重 8t	台班	2542.41	2535.76	−6.65
19	轨道式柴油打桩机	锤重 2.5t	台班	950.75	955.99	5.24
20	轨道式柴油打桩机	锤重 3.5t	台班	1305.96	1314.40	8.44
21	振动打拔桩机	40t	台班	901.42	916.53	15.11
22	冲击成孔机		台班	334.47	338.29	3.82
23	履带式钻孔机	φ700	台班	552.43	569.74	17.31
24	履带式长螺旋钻孔机		台班	481.65	502.65	21.00
25	液压钻机	XU-100	台班	131.10	121.59	−9.51
26	单重管旋喷机		台班	1124.08	1115.49	−8.59
27	履带式起重机	25t	台班	708.01	703.22	−4.79
28	履带式起重机	40t	台班	1288.86	1281.75	−7.11
29	履带式起重机	50t	台班	1780.48	1770.62	−9.86

序号	机　械	规格	单位	定额单价	实际单价	价差
30	履带式起重机	60t	台班	2214.64	2204.78	−9.86
31	履带式起重机	80t	台班	2860.30	2848.18	−12.12
32	履带式起重机	100t	台班	4370.25	4357.36	−12.89
33	履带式起重机	150t	台班	7376.20	7362.14	−14.06
34	汽车式起重机	5t	台班	365.82	382.66	16.84
35	汽车式起重机	8t	台班	532.59	531.81	−0.78
36	汽车式起重机	12t	台班	676.26	676.44	0.18
37	汽车式起重机	16t	台班	838.83	839.62	0.79
38	汽车式起重机	20t	台班	950.67	952.37	1.70
39	汽车式起重机	25t	台班	1061.24	1064.18	2.94
40	汽车式起重机	30t	台班	1303.75	1307.83	4.08
41	汽车式起重机	50t	台班	3177.34	3186.53	9.19
42	龙门式起重机	10t	台班	348.34	356.77	8.43
43	龙门式起重机	20t	台班	560.96	580.73	19.77
44	龙门式起重机	40t	台班	913.32	943.44	30.12
45	塔式起重机	1500kN·m	台班	4600.00	4674.94	74.94
46	塔式起重机	2500kN·m	台班	5400.00	5488.41	88.41
47	自升式塔式起重机	3000t·m	台班	7942.26	8091.19	148.93
48	炉顶式起重机	300t·m	台班	1255.68	1290.44	34.76
49	载重汽车	5t	台班	288.62	286.27	−2.35
50	载重汽车	6t	台班	309.41	307.19	−2.22
51	载重汽车	8t	台班	363.01	361.04	−1.97
52	自卸汽车	8t	台班	470.06	467.66	−2.40
53	自卸汽车	12t	台班	640.17	638.23	−1.94
54	平板拖车组	10t	台班	517.87	544.67	26.80
55	平板拖车组	20t	台班	791.70	793.48	1.78
56	平板拖车组	30t	台班	946.95	951.38	4.43

序号	机 械	规格	单位	定额单价	实际单价	价差
57	平板拖车组	40t	台班	1157.43	1164.72	7.29
58	机动翻斗车	1t	台班	117.48	117.05	−0.43
59	管子拖车	24t	台班	1430.23	1423.07	−7.16
60	管子拖车	35t	台班	1812.39	1808.23	−4.16
61	洒水车	4000L	台班	357.77	398.15	40.38
62	电动卷扬机（单筒快速）	10kN	台班	98.95	102.09	3.14
63	电动卷扬机（单筒慢速）	30kN	台班	107.78	110.79	3.01
64	电动卷扬机（单筒慢速）	50kN	台班	116.18	119.39	3.21
65	电动卷扬机（单筒慢速）	100kN	台班	184.07	191.04	6.97
66	电动卷扬机（单筒慢速）	200kN	台班	350.31	368.12	17.81
67	电动卷扬机（双筒慢速）	50kN	台班	137.82	142.71	4.89
68	双笼施工电梯	200m	台班	535.36	550.63	15.27
69	灰浆搅拌机	400L	台班	79.75	81.20	1.45
70	混凝土振捣器（平台式）		台班	19.92	20.30	0.38
71	混凝土振捣器（插入式）		台班	13.96	14.34	0.38
72	木工圆锯机	500mm	台班	25.27	27.56	2.29
73	木工压刨床	刨削宽度 单面 600mm	台班	36.98	39.71	2.73
74	木工压刨床	刨削宽度 三面 400mm	台班	83.42	88.42	5.00
75	摇臂钻床	钻孔直径 50mm	台班	119.95	120.89	0.94
76	剪板机	厚度×宽度 20mm×2000mm	台班	232.32	236.45	4.13
77	剪板机	厚度×宽度 20mm×2500mm	台班	256.39	261.87	5.48
78	剪板机	厚度×宽度 40mm×3100mm	台班	601.77	615.15	13.38
79	钢筋弯曲机	40mm	台班	24.38	25.60	1.22
80	型钢剪断机	500mm	台班	185.10	190.18	5.08

序号	机　　械	规格	单位	定额单价	实际单价	价差
81	弯管机	WC27～108	台班	79.40	82.46	3.06
82	型钢调直机		台班	55.68	57.78	2.10
83	卷板机	板厚×宽度 20mm×2000mm	台班	177.41	183.53	6.12
84	卷板机	板厚×宽度 20mm×2500mm	台班	232.66	238.78	6.12
85	联合冲剪机	板厚 16mm	台班	263.27	264.51	1.24
86	管子切断机	150mm	台班	42.74	43.97	1.23
87	管子切断机	250mm	台班	52.71	54.86	2.15
88	管子切断套丝机	159mm	台班	20.34	20.66	0.32
89	电动煨弯机	100mm	台班	136.40	138.52	2.12
90	钢板校平机	30×2600	台班	281.32	288.00	6.68
91	刨边机	加工长度 12000mm	台班	607.95	615.20	7.25
92	坡口机	630mm	台班	381.94	386.24	4.30
93	电动单级离心清水泵	出口直径 150mm	台班	148.10	156.46	8.36
94	电动单级离心清水泵	出口直径 200mm	台班	178.20	188.13	9.93
95	电动多级离心清水泵	出口直径 100mm，扬程 120m 以下	台班	252.60	269.82	17.22
96	电动多级离心清水泵	出口直径 150mm，扬程 180m 以下	台班	580.30	638.47	58.17
97	电动多级离心清水泵	出口直径 200mm，扬程 280m 以下	台班	1446.40	1607.74	161.34
98	泥浆泵	出口直径 100mm	台班	265.60	288.00	22.40
99	真空泵	抽气速度 204m³/h	台班	113.72	118.86	5.14

序号	机 械	规格	单位	定额单价	实际单价	价差
100	试压泵	25MPa	台班	72.26	73.72	1.46
101	试压泵	30MPa	台班	73.03	74.53	1.50
102	试压泵	80MPa	台班	85.80	87.55	1.75
103	液压注浆泵	HYB50-50-Ⅰ型	台班	196.75	198.24	1.49
104	井点喷射泵	喷射速度 40m³/h	台班	158.37	171.74	13.37
105	交流电焊机	21kVA	台班	52.89	58.64	5.75
106	交流电焊机	30kVA	台班	72.94	81.26	8.32
107	对焊机	75kVA	台班	108.30	120.03	11.73
108	等离子切割机	电流 400A	台班	191.30	209.78	18.48
109	氩弧焊机	电流 500A	台班	101.13	107.88	6.75
110	半自动切割机	厚度 100mm	台班	78.49	80.40	1.91
111	点焊机（短臂）	50kVA	台班	85.80	95.65	9.85
112	热熔焊接机	SHD-160C	台班	268.83	274.75	5.92
113	逆变多功能焊机	D7-500	台班	145.30	152.94	7.64
114	电动空气压缩机	排气量 0.6m³/min	台班	91.61	93.92	2.31
115	电动空气压缩机	排气量 3m³/min	台班	175.09	185.35	10.26
116	电动空气压缩机	排气量 10m³/min	台班	408.05	446.54	38.49
117	爬模机		台班	2000.00	2031.12	31.12
118	冷却塔曲线电梯	QWT60	台班	301.93	313.39	11.46
119	冷却塔折臂 塔式起重机	240t·m 以内	台班	1670.46	1692.08	21.62
120	轴流通风机	7.5kW	台班	38.50	42.32	3.82
121	抓斗	0.5m³	台班	120.10	124.11	4.01
122	拖轮	125kW	台班	1014.39	1006.28	-8.11
123	锚艇	88kW	台班	892.68	885.34	-7.34
124	超声波探伤机	CTS-22	台班	135.25	138.45	3.20

序号	机 械	规格	单位	定额单价	实际单价	价差
125	悬挂提升装置	LXD-200	台班	209.50	212.84	3.34
126	鼓风机	30m³/min	台班	315.60	342.33	26.73
127	挖泥船	120m³/h	台班	2299.97	2280.66	−19.31

附表6 山东省电力建设建筑工程施工机械台班价差调整表

单位：元

序号	机 械	规格	单位	定额单价	实际单价	价差
1	履带式推土机	75kW	台班	609.40	610.43	1.03
2	履带式推土机	105kW	台班	771.69	772.82	1.13
3	履带式推土机	135kW	台班	955.31	956.55	1.24
4	拖式铲运机	3m³	台班	393.25	393.92	0.67
5	轮胎式装载机	2m³	台班	673.40	674.64	1.24
6	履带式拖拉机	75kW	台班	565.50	566.54	1.04
7	履带式单斗挖掘机（液压）	1m³	台班	968.20	969.40	1.20
8	光轮压路机（内燃）	12t	台班	379.11	379.72	0.61
9	光轮压路机（内燃）	15t	台班	448.66	449.48	0.82
10	振动压路机（机械式）	15t	台班	801.98	803.62	1.64
11	振动压路机（液压式）	15t	台班	765.09	766.59	1.50
12	轮胎压路机	9t	台班	367.00	370.74	3.74
13	夯实机		台班	24.60	25.15	0.55
14	液压锻钎机	11.25kW	台班	199.17	201.89	2.72
15	磨钎机		台班	226.13	229.49	3.36
16	履带式柴油打桩机	锤重 3.5t	台班	1146.87	1147.78	0.91
17	履带式柴油打桩机	锤重 7t	台班	2448.09	2449.18	1.09
18	履带式柴油打桩机	锤重 8t	台班	2542.41	2543.54	1.13
19	轨道式柴油打桩机	锤重 2.5t	台班	950.75	954.92	4.17
20	轨道式柴油打桩机	锤重 3.5t	台班	1305.96	1311.86	5.90

序号	机　械	规格	单位	定额单价	实际单价	价差
21	振动打拔桩机	40t	台班	901.42	908.15	6.73
22	冲击成孔机		台班	334.47	335.80	1.33
23	履带式钻孔机	ϕ700	台班	552.43	560.40	7.97
24	履带式长螺旋钻孔机		台班	481.65	488.99	7.34
25	液压钻机	XU-100	台班	131.10	132.72	1.62
26	单重管旋喷机		台班	1124.08	1125.54	1.46
27	履带起重机	25t	台班	708.01	708.82	0.81
28	履带式起重机	40t	台班	1288.86	1290.07	1.21
29	履带式起重机	50t	台班	1780.48	1782.16	1.68
30	履带式起重机	60t	台班	2214.64	2216.32	1.68
31	履带式起重机	80t	台班	2860.30	2862.36	2.06
32	履带式起重机	100t	台班	4370.25	4372.44	2.19
33	履带式起重机	150t	台班	7376.20	7378.59	2.39
34	汽车式起重机	5t	台班	365.82	386.15	20.33
35	汽车式起重机	8t	台班	532.59	536.01	3.42
36	汽车式起重机	12t	台班	676.26	681.16	4.90
37	汽车式起重机	16t	台班	838.83	845.27	6.44
38	汽车式起重机	20t	台班	950.67	958.60	7.93
39	汽车式起重机	25t	台班	1061.24	1071.02	9.78
40	汽车式起重机	30t	台班	1303.75	1315.39	11.64
41	汽车式起重机	50t	台班	3177.34	3196.33	18.99
42	龙门式起重机	10t	台班	348.34	351.28	2.94
43	龙门式起重机	20t	台班	560.96	567.87	6.91
44	龙门式起重机	40t	台班	913.32	923.84	10.52
45	塔式起重机	1500kN・m	台班	4600.00	4626.18	26.18
46	塔式起重机	2500kN・m	台班	5400.00	5430.88	30.88
47	自升式塔式起重机	3000t・m	台班	7942.26	7994.29	52.03

序号	机 械	规格	单位	定额单价	实际单价	价差
48	炉顶式起重机	300t·m	台班	1255.68	1267.82	12.14
49	载重汽车	5t	台班	288.62	290.73	2.11
50	载重汽车	6t	台班	309.41	311.84	2.43
51	载重汽车	8t	台班	363.01	366.09	3.08
52	自卸汽车	8t	台班	470.06	473.46	3.40
53	自卸汽车	12t	台班	640.17	644.98	4.81
54	平板拖车组	10t	台班	517.87	550.21	32.34
55	平板拖车组	20t	台班	791.70	800.79	9.09
56	平板拖车组	30t	台班	946.95	960.29	13.34
57	平板拖车组	40t	台班	1157.43	1174.98	17.55
58	机动翻斗车	1t	台班	117.48	117.88	0.40
59	管子拖车	24t	台班	1430.23	1440.42	10.19
60	管子拖车	35t	台班	1812.39	1826.18	13.79
61	洒水车	4000L	台班	357.77	402.04	44.27
62	电动卷扬机(单筒快速)	10kN	台班	98.95	100.05	1.10
63	电动卷扬机(单筒慢速)	30kN	台班	107.78	108.83	1.05
64	电动卷扬机(单筒慢速)	50kN	台班	116.18	117.30	1.12
65	电动卷扬机(单筒慢速)	100kN	台班	184.07	186.50	2.43
66	电动卷扬机(单筒慢速)	200kN	台班	350.31	356.53	6.22
67	电动卷扬机(双筒慢速)	50kN	台班	137.82	139.53	1.71
68	双笼施工电梯	200m	台班	535.36	540.69	5.33
69	灰浆搅拌机	400L	台班	79.75	80.26	0.51
70	混凝土振捣器(平台式)		台班	19.92	20.05	0.13
71	混凝土振捣器(插入式)		台班	13.96	14.09	0.13
72	木工圆锯机	500mm	台班	25.27	26.07	0.80
73	木工压刨床	刨削宽度 单面 600mm	台班	36.98	37.93	0.95

序号	机　　械	规格	单位	定额单价	实际单价	价差
74	木工压刨床	刨削宽度　三面 400mm	台班	83.42	85.17	1.75
75	摇臂钻床	钻孔直径 50mm	台班	119.95	120.28	0.33
76	剪板机	厚度×宽度 20mm×2000mm	台班	232.32	233.76	1.44
77	剪板机	厚度×宽度 20mm×2500mm	台班	256.39	258.30	1.91
78	剪板机	厚度×宽度 40mm×3100mm	台班	601.77	606.45	4.68
79	钢筋弯曲机	40mm	台班	24.38	24.81	0.43
80	型钢剪断机	500mm	台班	185.10	186.87	1.77
81	弯管机	WC27～108	台班	79.40	80.47	1.07
82	型钢调直机		台班	55.68	56.41	0.73
83	卷板机	板厚×宽度 20mm×2000mm	台班	177.41	179.55	2.14
84	卷板机	板厚×宽度 20mm×2500mm	台班	232.66	234.80	2.14
85	联合冲剪机	板厚 16mm	台班	263.27	263.70	0.43
86	管子切断机	150mm	台班	42.74	43.17	0.43
87	管子切断机	250mm	台班	52.71	53.46	0.75
88	管子切断套丝机	159mm	台班	20.34	20.45	0.11
89	电动煨弯机	100mm	台班	136.40	137.14	0.74
90	钢板校平机	30×2600	台班	281.32	283.65	2.33
91	刨边机	加工长度 12000mm	台班	607.95	610.48	2.53
92	坡口机	630mm	台班	381.94	383.44	1.50
93	电动单级离心清水泵	出口直径 150mm	台班	148.10	151.02	2.92
94	电动单级离心清水泵	出口直径 200mm	台班	178.20	181.67	3.47

序号	机　械	规格	单位	定额单价	实际单价	价差
95	电动多级离心清水泵	出口直径100mm，扬程120m 以下	台班	252.60	258.62	6.02
96	电动多级离心清水泵	出口直径150mm，扬程180m 以下	台班	580.30	600.62	20.32
97	电动多级离心清水泵	出口直径200mm，扬程280m 以下	台班	1446.40	1502.76	56.36
98	泥浆泵	出口直径100mm	台班	265.60	273.42	7.82
99	真空泵	抽气速度204m³/h	台班	113.72	115.51	1.79
100	试压泵	25MPa	台班	72.26	72.77	0.51
101	试压泵	30MPa	台班	73.03	73.55	0.52
102	试压泵	80MPa	台班	85.80	86.41	0.61
103	液压注浆泵	HYB50-50-Ⅰ型	台班	196.75	197.27	0.52
104	井点喷射泵	喷射速度40m³/h	台班	158.37	163.04	4.67
105	交流电焊机	21kVA	台班	52.89	54.90	2.01
106	交流电焊机	30kVA	台班	72.94	75.85	2.91
107	对焊机	75kVA	台班	108.30	112.40	4.10
108	等离子切割机	电流　400A	台班	191.30	197.76	6.46
109	氩弧焊机	电流　500A	台班	101.13	103.49	2.36
110	半自动切割机	厚度　100mm	台班	78.49	79.16	0.67
111	点焊机（短臂）	50kVA	台班	85.80	89.24	3.44
112	热熔焊接机	SHD-160C	台班	268.83	270.90	2.07
113	逆变多功能焊机	D7-500	台班	145.30	147.97	2.67
114	电动空气压缩机	排气量0.6m³/min	台班	91.61	92.42	0.81
115	电动空气压缩机	排气量3m³/min	台班	175.09	178.68	3.59

序号	机 械	规格	单位	定额单价	实际单价	价差
116	电动空气压缩机	排气量 10m³/min	台班	408.05	421.50	13.45
117	爬模机		台班	2000.00	2010.87	10.87
118	冷却塔曲线电梯	QWT60	台班	301.93	305.93	4.00
119	冷却塔折臂 塔式起重机	240t·m 以内	台班	1670.46	1678.01	7.55
120	轴流通风机	7.5kW	台班	38.50	39.83	1.33
121	抓斗	0.5m³	台班	120.10	121.50	1.40
122	拖轮	125kW	台班	1014.39	1015.77	1.38
123	锚艇	88kW	台班	892.68	893.93	1.25
124	超声波探伤机	CTS-22	台班	135.25	136.37	1.12
125	悬挂提升装置	LXD-200	台班	209.50	210.67	1.17
126	鼓风机	30m³/min	台班	315.60	324.94	9.34
127	挖泥船	120m³/h	台班	2299.97	2303.26	3.29

附表7 内蒙古东部电力建设建筑工程施工机械台班价差调整表

单位：元

序号	机 械	规格	单位	定额单价	实际单价	价差
1	履带式推土机	75kW	台班	609.40	687.56	78.16
2	履带式推土机	105kW	台班	771.69	857.53	85.84
3	履带式推土机	135kW	台班	955.31	1049.69	94.38
4	拖式铲运机	3m³	台班	393.25	444.03	50.78
5	轮胎式装载机	2m³	台班	673.40	767.81	94.41
6	履带式拖拉机	75kW	台班	565.50	644.16	78.66
7	履带式单斗挖掘机 （液压）	1m³	台班	968.20	1059.40	91.20
8	光轮压路机（内燃）	12t	台班	379.11	425.56	46.45

序号	机 械	规格	单位	定额单价	实际单价	价差
9	光轮压路机（内燃）	15t	台班	448.66	510.84	62.18
10	振动压路机（机械式）	15t	台班	801.98	926.91	124.93
11	振动压路机（液压式）	15t	台班	765.09	879.23	114.14
12	轮胎压路机	9t	台班	367.00	409.14	42.14
13	夯实机		台班	24.60	24.78	0.18
14	液压锻钎机	11.25kW	台班	199.17	200.07	0.90
15	磨钎机		台班	226.13	227.24	1.11
16	履带式柴油打桩机	锤重 3.5t	台班	1146.87	1216.27	69.40
17	履带式柴油打桩机	锤重 7t	台班	2448.09	2531.18	83.09
18	履带式柴油打桩机	锤重 8t	台班	2542.41	2628.41	86.00
19	轨道式柴油打桩机	锤重 2.5t	台班	950.75	1010.06	59.31
20	轨道式柴油打桩机	锤重 3.5t	台班	1305.96	1381.12	75.16
21	振动打拔桩机	40t	台班	901.42	939.58	38.16
22	冲击成孔机		台班	334.47	334.91	0.44
23	履带式钻孔机	ϕ 700	台班	552.43	602.62	50.19
24	履带式长螺旋钻孔机		台班	481.65	484.06	2.41
25	液压钻机	XU-100	台班	131.10	254.09	122.99
26	单重管旋喷机		台班	1124.08	1235.20	111.12
27	履带式起重机	25t	台班	708.01	769.91	61.90
28	履带式起重机	40t	台班	1288.86	1380.84	91.98
29	履带式起重机	50t	台班	1780.48	1908.03	127.55
30	履带式起重机	60t	台班	2214.64	2342.19	127.55
31	履带式起重机	80t	台班	2860.30	3017.08	156.78
32	履带式起重机	100t	台班	4370.25	4537.02	166.77
33	履带式起重机	150t	台班	7376.20	7558.12	181.92
34	汽车式起重机	5t	台班	365.82	417.11	51.29
35	汽车式起重机	8t	台班	532.59	577.11	44.52

序号	机械	规格	单位	定额单价	实际单价	价差
36	汽车式起重机	12t	台班	676.26	725.52	49.26
37	汽车式起重机	16t	台班	838.83	897.45	58.62
38	汽车式起重机	20t	台班	950.67	1014.67	64.00
39	汽车式起重机	25t	台班	1061.24	1130.70	69.46
40	汽车式起重机	30t	台班	1303.75	1380.05	76.30
41	汽车式起重机	50t	台班	3177.34	3273.50	96.16
42	龙门式起重机	10t	台班	348.34	349.31	0.97
43	龙门式起重机	20t	台班	560.96	563.23	2.27
44	龙门式起重机	40t	台班	913.32	916.78	3.46
45	塔式起重机	1500kN・m	台班	4600.00	4608.62	8.62
46	塔式起重机	2500kN・m	台班	5400.00	5410.16	10.16
47	自升式塔式起重机	3000t・m	台班	7942.26	7959.38	17.12
48	炉顶式起重机	300t・m	台班	1255.68	1259.68	4.00
49	载重汽车	5t	台班	288.62	336.97	48.35
50	载重汽车	6t	台班	309.41	359.63	50.22
51	载重汽车	8t	台班	363.01	417.19	54.18
52	自卸汽车	8t	台班	470.06	532.37	62.31
53	自卸汽车	12t	台班	640.17	712.20	72.03
54	平板拖车组	10t	台班	517.87	597.62	79.75
55	平板拖车组	20t	台班	791.70	867.01	75.31
56	平板拖车组	30t	台班	946.95	1037.16	90.21
57	平板拖车组	40t	台班	1157.43	1259.68	102.25
58	机动翻斗车	1t	台班	117.48	126.55	9.07
59	管子拖车	24t	台班	1430.23	1616.73	186.50
60	管子拖车	35t	台班	1812.39	2003.09	190.70
61	洒水车	4000L	台班	357.77	437.78	80.01
62	电动卷扬机（单筒快速）	10kN	台班	98.95	99.31	0.36

序号	机　　械	规格	单位	定额单价	实际单价	价差
63	电动卷扬机（单筒慢速）	30kN	台班	107.78	108.13	0.35
64	电动卷扬机（单筒慢速）	50kN	台班	116.18	116.55	0.37
65	电动卷扬机（单筒慢速）	100kN	台班	184.07	184.87	0.80
66	电动卷扬机（单筒慢速）	200kN	台班	350.31	352.36	2.05
67	电动卷扬机（双筒慢速）	50kN	台班	137.82	138.38	0.56
68	双笼施工电梯	200m	台班	535.36	537.12	1.76
69	灰浆搅拌机	400L	台班	79.75	79.92	0.17
70	混凝土振捣器（平台式）		台班	19.92	19.96	0.04
71	混凝土振捣器（插入式）		台班	13.96	14.00	0.04
72	木工圆锯机	500mm	台班	25.27	25.53	0.26
73	木工压刨床	刨削宽度　单面 600mm	台班	36.98	37.29	0.31
74	木工压刨床	刨削宽度　三面 400mm	台班	83.42	84.00	0.58
75	摇臂钻床	钻孔直径 50mm	台班	119.95	120.06	0.11
76	剪板机	厚度×宽度 20mm×2000mm	台班	232.32	232.79	0.47
77	剪板机	厚度×宽度 20mm×2500mm	台班	256.39	257.02	0.63
78	剪板机	厚度×宽度 40mm×3100mm	台班	601.77	603.31	1.54
79	钢筋弯曲机	40mm	台班	24.38	24.52	0.14
80	型钢剪断机	500mm	台班	185.10	185.68	0.58
81	弯管机	WC27～108	台班	79.40	79.75	0.35
82	型钢调直机		台班	55.68	55.92	0.24
83	卷板机	板厚×宽度 20mm×2000mm	台班	177.41	178.11	0.70
84	卷板机	板厚×宽度 20mm×2500mm	台班	232.66	233.36	0.70

序号	机 械	规格	单位	定额单价	实际单价	价差
85	联合冲剪机	板厚 16mm	台班	263.27	263.41	0.14
86	管子切断机	150mm	台班	42.74	42.88	0.14
87	管子切断机	250mm	台班	52.71	52.96	0.25
88	管子切断套丝机	159mm	台班	20.34	20.38	0.04
89	电动煨弯机	100mm	台班	136.40	136.64	0.24
90	钢板校平机	30×2600	台班	281.32	282.09	0.77
91	刨边机	加工长度 12000mm	台班	607.95	608.78	0.83
92	坡口机	630mm	台班	381.94	382.43	0.49
93	电动单级离心清水泵	出口直径 150mm	台班	148.10	149.06	0.96
94	电动单级离心清水泵	出口直径 200mm	台班	178.20	179.34	1.14
95	电动多级离心清水泵	出口直径 100mm，扬程 120m 以下	台班	252.60	254.58	1.98
96	电动多级离心清水泵	出口直径 150mm，扬程 180m 以下	台班	580.30	586.99	6.69
97	电动多级离心清水泵	出口直径 200mm，扬程 280m 以下	台班	1446.40	1464.95	18.55
98	泥浆泵	出口直径 100mm	台班	265.60	268.17	2.57
99	真空泵	抽气速度 204m³/h	台班	113.72	114.31	0.59
100	试压泵	25MPa	台班	72.26	72.43	0.17
101	试压泵	30MPa	台班	73.03	73.20	0.17
102	试压泵	80MPa	台班	85.80	86.00	0.20
103	液压注浆泵	HYB50-50-Ⅰ型	台班	196.75	196.92	0.17
104	井点喷射泵	喷射速度 40m³/h	台班	158.37	159.91	1.54

序号	机　械	规格	单位	定额单价	实际单价	价差
105	交流电焊机	21kVA	台班	52.89	53.55	0.66
106	交流电焊机	30kVA	台班	72.94	73.90	0.96
107	对焊机	75kVA	台班	108.30	109.65	1.35
108	等离子切割机	电流　400A	台班	191.30	193.42	2.12
109	氩弧焊机	电流　500A	台班	101.13	101.91	0.78
110	半自动切割机	厚度　100mm	台班	78.49	78.71	0.22
111	点焊机（短臂）	50kVA	台班	85.80	86.93	1.13
112	热熔焊接机	SHD-160C	台班	268.83	269.51	0.68
113	逆变多功能焊机	D7-500	台班	145.30	146.18	0.88
114	电动空气压缩机	排气量 0.6m^3/min	台班	91.61	91.88	0.27
115	电动空气压缩机	排气量 3m^3/min	台班	175.09	176.27	1.18
116	电动空气压缩机	排气量 10m^3/min	台班	408.05	412.48	4.43
117	爬模机		台班	2000.00	2003.58	3.58
118	冷却塔曲线电梯	QWT60	台班	301.93	303.25	1.32
119	冷却塔折臂塔式起重机	240t·m 以内	台班	1670.46	1672.95	2.49
120	轴流通风机	7.5kW	台班	38.50	38.94	0.44
121	抓斗	0.5m^3	台班	120.10	120.56	0.46
122	拖轮	125kW	台班	1014.39	1119.34	104.95
123	锚艇	88kW	台班	892.68	987.64	94.96
124	超声波探伤机	CTS-22	台班	135.25	135.62	0.37
125	悬挂提升装置	LXD-200	台班	209.50	209.88	0.38
126	鼓风机	30m^3/min	台班	315.60	318.67	3.07
127	挖泥船	120m^3/h	台班	2299.97	2549.83	249.86

附表8 内蒙古西部电力建设建筑工程施工机械台班价差调整表

单位：元

序号	机 械	规格	单位	定额单价	实际单价	价差
1	履带式推土机	75kW	台班	609.40	687.56	78.16
2	履带式推土机	105kW	台班	771.69	857.53	85.84
3	履带式推土机	135kW	台班	955.31	1049.69	94.38
4	拖式铲运机	3m³	台班	393.25	444.03	50.78
5	轮胎式装载机	2m³	台班	673.40	767.81	94.41
6	履带式拖拉机	75kW	台班	565.50	644.16	78.66
7	履带式单斗挖掘机（液压）	1m³	台班	968.20	1059.40	91.20
8	光轮压路机（内燃）	12t	台班	379.11	425.56	46.45
9	光轮压路机（内燃）	15t	台班	448.66	510.84	62.18
10	振动压路机（机械式）	15t	台班	801.98	926.91	124.93
11	振动压路机（液压式）	15t	台班	765.09	879.23	114.14
12	轮胎压路机	9t	台班	367.00	409.14	42.14
13	夯实机		台班	24.60	24.43	−0.17
14	液压锻钎机	11.25kW	台班	199.17	198.35	−0.82
15	磨钎机		台班	226.13	225.12	−1.01
16	履带式柴油打桩机	锤重 3.5t	台班	1146.87	1216.27	69.40
17	履带式柴油打桩机	锤重 7t	台班	2448.09	2531.18	83.09
18	履带式柴油打桩机	锤重 8t	台班	2542.41	2628.41	86.00
19	轨道式柴油打桩机	锤重 2.5t	台班	950.75	1007.92	57.17
20	轨道式柴油打桩机	锤重 3.5t	台班	1305.96	1378.02	72.06
21	振动打拔桩机	40t	台班	901.42	935.65	34.23
22	冲击成孔机		台班	334.47	334.07	−0.40
23	履带式钻孔机	φ700	台班	552.43	598.00	45.57
24	履带式长螺旋钻孔机		台班	481.65	479.45	−2.20
25	液压钻机	XU-100	台班	131.10	254.09	122.99

序号	机　械	规格	单位	定额单价	实际单价	价差
26	单重管旋喷机		台班	1124.08	1235.20	111.12
27	履带式起重机	25t	台班	708.01	769.91	61.90
28	履带式起重机	40t	台班	1288.86	1380.84	91.98
29	履带式起重机	50t	台班	1780.48	1908.03	127.55
30	履带式起重机	60t	台班	2214.64	2342.19	127.55
31	履带式起重机	80t	台班	2860.30	3017.08	156.78
32	履带式起重机	100t	台班	4370.25	4537.02	166.77
33	履带式起重机	150t	台班	7376.20	7558.12	181.92
34	汽车式起重机	5t	台班	365.82	417.11	51.29
35	汽车式起重机	8t	台班	532.59	577.11	44.52
36	汽车式起重机	12t	台班	676.26	725.52	49.26
37	汽车式起重机	16t	台班	838.83	897.45	58.62
38	汽车式起重机	20t	台班	950.67	1014.67	64.00
39	汽车式起重机	25t	台班	1061.24	1130.70	69.46
40	汽车式起重机	30t	台班	1303.75	1380.05	76.30
41	汽车式起重机	50t	台班	3177.34	3273.50	96.16
42	龙门式起重机	10t	台班	348.34	347.46	-0.88
43	龙门式起重机	20t	台班	560.96	558.89	-2.07
44	龙门式起重机	40t	台班	913.32	910.17	-3.15
45	塔式起重机	1500kN·m	台班	4600.00	4592.15	-7.85
46	塔式起重机	2500kN·m	台班	5400.00	5390.74	-9.26
47	自升式塔式起重机	3000t·m	台班	7942.26	7926.66	-15.60
48	炉顶式起重机	300t·m	台班	1255.68	1252.04	-3.64
49	载重汽车	5t	台班	288.62	336.97	48.35
50	载重汽车	6t	台班	309.41	359.63	50.22
51	载重汽车	8t	台班	363.01	417.19	54.18
52	自卸汽车	8t	台班	470.06	532.37	62.31

序号	机　械	规格	单位	定额单价	实际单价	价差
53	自卸汽车	12t	台班	640.17	712.20	72.03
54	平板拖车组	10t	台班	517.87	597.62	79.75
55	平板拖车组	20t	台班	791.70	867.01	75.31
56	平板拖车组	30t	台班	946.95	1037.16	90.21
57	平板拖车组	40t	台班	1157.43	1259.68	102.25
58	机动翻斗车	1t	台班	117.48	126.55	9.07
59	管子拖车	24t	台班	1430.23	1616.73	186.50
60	管子拖车	35t	台班	1812.39	2003.09	190.70
61	洒水车	4000L	台班	357.77	437.78	80.01
62	电动卷扬机(单筒快速)	10kN	台班	98.95	98.62	-0.33
63	电动卷扬机(单筒慢速)	30kN	台班	107.78	107.47	-0.31
64	电动卷扬机(单筒慢速)	50kN	台班	116.18	115.84	-0.34
65	电动卷扬机(单筒慢速)	100kN	台班	184.07	183.34	-0.73
66	电动卷扬机(单筒慢速)	200kN	台班	350.31	348.45	-1.87
67	电动卷扬机(双筒慢速)	50kN	台班	137.82	137.31	-0.51
68	双笼施工电梯	200m	台班	535.36	533.76	-1.60
69	灰浆搅拌机	400L	台班	79.75	79.60	-0.15
70	混凝土振捣器(平台式)		台班	19.92	19.88	-0.04
71	混凝土振捣器(插入式)		台班	13.96	13.92	-0.04
72	木工圆锯机	500mm	台班	25.27	25.03	-0.24
73	木工压刨床	刨削宽度　单面 600mm	台班	36.98	36.69	-0.29
74	木工压刨床	刨削宽度　三面 400mm	台班	83.42	82.90	-0.52
75	摇臂钻床	钻孔直径 50mm	台班	119.95	119.85	-0.10
76	剪板机	厚度×宽度 20mm×2000mm	台班	232.32	231.89	-0.43
77	剪板机	厚度×宽度 20mm×2500mm	台班	256.39	255.82	-0.57

序号	机 械	规格	单位	定额单价	实际单价	价差
78	剪板机	厚度×宽度 40mm×3100mm	台班	601.77	600.37	-1.40
79	钢筋弯曲机	40mm	台班	24.38	24.25	-0.13
80	型钢剪断机	500mm	台班	185.10	184.57	-0.53
81	弯管机	WC27～108	台班	79.40	79.08	-0.32
82	型钢调直机		台班	55.68	55.46	-0.22
83	卷板机	板厚×宽度 20mm×2000mm	台班	177.41	176.77	-0.64
84	卷板机	板厚×宽度 20mm×2500mm	台班	232.66	232.02	-0.64
85	联合冲剪机	板厚 16mm	台班	263.27	263.14	-0.13
86	管子切断机	150mm	台班	42.74	42.61	-0.13
87	管子切断机	250mm	台班	52.71	52.49	-0.23
88	管子切断套丝机	159mm	台班	20.34	20.31	-0.03
89	电动煨弯机	100mm	台班	136.40	136.18	-0.22
90	钢板校平机	30×2600	台班	281.32	280.62	-0.70
91	刨边机	加工长度 12000mm	台班	607.95	607.19	-0.76
92	坡口机	630mm	台班	381.94	381.49	-0.45
93	电动单级离心清水泵	出口直径 150mm	台班	148.10	147.22	-0.88
94	电动单级离心清水泵	出口直径 200mm	台班	178.20	177.16	-1.04
95	电动多级离心清水泵	出口直径 100mm，扬程 120m 以下	台班	252.60	250.80	-1.80
96	电动多级离心清水泵	出口直径 150mm，扬程 180m 以下	台班	580.30	574.21	-6.09
97	电动多级离心清水泵	出口直径 200mm，扬程 280m 以下	台班	1446.40	1429.50	-16.90

序号	机 械	规格	单位	定额单价	实际单价	价差
98	泥浆泵	出口直径 100mm	台班	265.60	263.25	-2.35
99	真空泵	抽气速度 204m³/h	台班	113.72	113.18	-0.54
100	试压泵	25MPa	台班	72.26	72.11	-0.15
101	试压泵	30MPa	台班	73.03	72.87	-0.16
102	试压泵	80MPa	台班	85.80	85.62	-0.18
103	液压注浆泵	HYB50-50-Ⅰ型	台班	196.75	196.59	-0.16
104	井点喷射泵	喷射速度 40m³/h	台班	158.37	156.97	-1.40
105	交流电焊机	21kVA	台班	52.89	52.29	-0.60
106	交流电焊机	30kVA	台班	72.94	72.07	-0.87
107	对焊机	75kVA	台班	108.30	107.07	-1.23
108	等离子切割机	电流 400A	台班	191.30	189.36	-1.94
109	氩弧焊机	电流 500A	台班	101.13	100.42	-0.71
110	半自动切割机	厚度 100mm	台班	78.49	78.29	-0.20
111	点焊机（短臂）	50kVA	台班	85.80	84.77	-1.03
112	热熔焊接机	SHD-160C	台班	268.83	268.21	-0.62
113	逆变多功能焊机	D7-500	台班	145.30	144.50	-0.80
114	电动空气压缩机	排气量 0.6m³/min	台班	91.61	91.37	-0.24
115	电动空气压缩机	排气量 3m³/min	台班	175.09	174.02	-1.08
116	电动空气压缩机	排气量 10m³/min	台班	408.05	404.02	-4.03
117	爬模机		台班	2000.00	1996.74	-3.26
118	冷却塔曲线电梯	QWT60	台班	301.93	300.73	-1.20
119	冷却塔折臂 塔式起重机	240t·m 以内	台班	1670.46	1668.20	-2.26
120	轴流通风机	7.5kW	台班	38.50	38.10	-0.40

序号	机 械	规格	单位	定额单价	实际单价	价差
121	抓斗	0.5m³	台班	120.10	119.68	−0.42
122	拖轮	125kW	台班	1014.39	1119.34	104.95
123	锚艇	88kW	台班	892.68	987.64	94.96
124	超声波探伤机	CTS-22	台班	135.25	134.92	−0.34
125	悬挂提升装置	LXD-200	台班	209.50	209.15	−0.35
126	鼓风机	30m³/min	台班	315.60	312.80	−2.80
127	挖泥船	120m³/h	台班	2299.97	2549.83	249.86

附表9　辽宁省电力建设建筑工程施工机械台班价差调整表

单位：元

序号	机 械	规格	单位	定额单价	实际单价	价差
1	履带式推土机	75kW	台班	609.40	605.93	−3.47
2	履带式推土机	105kW	台班	771.69	767.88	−3.81
3	履带式推土机	135kW	台班	955.31	951.12	−4.19
4	拖式铲运机	3m³	台班	393.25	390.99	−2.26
5	轮胎式装载机	2m³	台班	673.40	669.21	−4.19
6	履带式拖拉机	75kW	台班	565.50	562.01	−3.49
7	履带式单斗挖掘机（液压）	1m³	台班	968.20	964.15	−4.05
8	光轮压路机（内燃）	12t	台班	379.11	377.05	−2.06
9	光轮压路机（内燃）	15t	台班	448.66	445.90	−2.76
10	振动压路机（机械式）	15t	台班	801.98	796.43	−5.55
11	振动压路机（液压式）	15t	台班	765.09	760.02	−5.07
12	轮胎压路机	9t	台班	367.00	369.62	2.62
13	夯实机		台班	24.60	27.56	2.96
14	液压锻钎机	11.25kW	台班	199.17	213.74	14.57
15	磨钎机		台班	226.13	244.13	18.00

序号	机　　械	规格	单位	定额单价	实际单价	价差
16	履带式柴油打桩机	锤重 3.5t	台班	1146.87	1143.79	−3.08
17	履带式柴油打桩机	锤重 7t	台班	2448.09	2444.40	−3.69
18	履带式柴油打桩机	锤重 8t	台班	2542.41	2538.59	−3.82
19	轨道式柴油打桩机	锤重 2.5t	台班	950.75	966.38	15.63
20	轨道式柴油打桩机	锤重 3.5t	台班	1305.96	1329.12	23.16
21	振动打拔桩机	40t	台班	901.42	933.30	31.88
22	冲击成孔机		台班	334.47	341.61	7.14
23	履带式钻孔机	ϕ 700	台班	552.43	589.59	37.16
24	履带式长螺旋钻孔机		台班	481.65	520.93	39.28
25	液压钻机	XU-100	台班	131.10	125.64	−5.46
26	单重管旋喷机		台班	1124.08	1119.15	−4.93
27	履带式起重机	25t	台班	708.01	705.26	−2.75
28	履带式起重机	40t	台班	1288.86	1284.78	−4.08
29	履带式起重机	50t	台班	1780.48	1774.82	−5.66
30	履带式起重机	60t	台班	2214.64	2208.98	−5.66
31	履带式起重机	80t	台班	2860.30	2853.34	−6.96
32	履带式起重机	100t	台班	4370.25	4362.84	−7.41
33	履带式起重机	150t	台班	7376.20	7368.12	−8.08
34	汽车式起重机	5t	台班	365.82	392.91	27.09
35	汽车式起重机	8t	台班	532.59	534.60	2.01
36	汽车式起重机	12t	台班	676.26	680.06	3.80
37	汽车式起重机	16t	台班	838.83	844.21	5.38
38	汽车式起重机	20t	台班	950.67	957.80	7.13
39	汽车式起重机	25t	台班	1061.24	1070.62	9.38
40	汽车式起重机	30t	台班	1303.75	1315.32	11.57
41	汽车式起重机	50t	台班	3177.34	3198.00	20.66
42	龙门式起重机	10t	台班	348.34	364.11	15.77

序号	机械	规格	单位	定额单价	实际单价	价差
43	龙门式起重机	20t	台班	560.96	597.94	36.98
44	龙门式起重机	40t	台班	913.32	969.66	56.34
45	塔式起重机	1500kN·m	台班	4600.00	4740.17	140.17
46	塔式起重机	2500kN·m	台班	5400.00	5565.35	165.35
47	自升式塔式起重机	3000t·m	台班	7942.26	8220.81	278.55
48	炉顶式起重机	300t·m	台班	1255.68	1320.69	65.01
49	载重汽车	5t	台班	288.62	288.55	−0.07
50	载重汽车	6t	台班	309.41	309.67	0.26
51	载重汽车	8t	台班	363.01	363.93	0.92
52	自卸汽车	8t	台班	470.06	470.92	0.86
53	自卸汽车	12t	台班	640.17	642.41	2.24
54	平板拖车组	10t	台班	517.87	560.97	43.10
55	平板拖车组	20t	台班	791.70	799.75	8.05
56	平板拖车组	30t	台班	946.95	960.04	13.09
57	平板拖车组	40t	台班	1157.43	1175.68	18.25
58	机动翻斗车	1t	台班	117.48	117.48	0.00
59	管子拖车	24t	台班	1430.23	1432.83	2.60
60	管子拖车	35t	台班	1812.39	1819.79	7.40
61	洒水车	4000L	台班	357.77	409.58	51.81
62	电动卷扬机（单筒快速）	10kN	台班	98.95	104.82	5.87
63	电动卷扬机（单筒慢速）	30kN	台班	107.78	113.40	5.62
64	电动卷扬机（单筒慢速）	50kN	台班	116.18	122.18	6.00
65	电动卷扬机（单筒慢速）	100kN	台班	184.07	197.10	13.03
66	电动卷扬机（单筒慢速）	200kN	台班	350.31	383.61	33.30
67	电动卷扬机（双筒慢速）	50kN	台班	137.82	146.96	9.14
68	双笼施工电梯	200m	台班	535.36	563.92	28.56
69	灰浆搅拌机	400L	台班	79.75	82.46	2.71

序号	机 械	规格	单位	定额单价	实际单价	价差
70	混凝土振捣器(平台式)		台班	19.92	20.63	0.71
71	混凝土振捣器(插入式)		台班	13.96	14.67	0.71
72	木工圆锯机	500mm	台班	25.27	29.56	4.29
73	木工压刨床	刨削宽度 单面 600mm	台班	36.98	42.09	5.11
74	木工压刨床	刨削宽度 三面 400mm	台班	83.42	92.78	9.36
75	摇臂钻床	钻孔直径 50mm	台班	119.95	121.71	1.76
76	剪板机	厚度×宽度 20mm×2000mm	台班	232.32	240.04	7.72
77	剪板机	厚度×宽度 20mm×2500mm	台班	256.39	266.63	10.24
78	剪板机	厚度×宽度 40mm×3100mm	台班	601.77	626.80	25.03
79	钢筋弯曲机	40mm	台班	24.38	26.67	2.29
80	型钢剪断机	500mm	台班	185.10	194.60	9.50
81	弯管机	WC27～108	台班	79.40	85.13	5.73
82	型钢调直机		台班	55.68	59.61	3.93
83	卷板机	板厚×宽度 20mm×2000mm	台班	177.41	188.86	11.45
84	卷板机	板厚×宽度 20mm×2500mm	台班	232.66	244.11	11.45
85	联合冲剪机	板厚 16mm	台班	263.27	265.59	2.32
86	管子切断机	150mm	台班	42.74	45.04	2.30
87	管子切断机	250mm	台班	52.71	56.73	4.02
88	管子切断套丝机	159mm	台班	20.34	20.94	0.60
89	电动煨弯机	100mm	台班	136.40	140.36	3.96
90	钢板校平机	30×2600	台班	281.32	293.82	12.50
91	刨边机	加工长度 12000mm	台班	607.95	621.50	13.55

序号	机　　械	规格	单位	定额单价	实际单价	价差
92	坡口机	630mm	台班	381.94	389.98	8.04
93	电动单级离心清水泵	出口直径 150mm	台班	148.10	163.74	15.64
94	电动单级离心清水泵	出口直径 200mm	台班	178.20	196.77	18.57
95	电动多级离心清水泵	出口直径 100mm，扬程 120m 以下	台班	252.60	284.81	32.21
96	电动多级离心清水泵	出口直径 150mm，扬程 180m 以下	台班	580.30	689.10	108.80
97	电动多级离心清水泵	出口直径 200mm，扬程 280m 以下	台班	1446.40	1748.17	301.77
98	泥浆泵	出口直径 100mm	台班	265.60	307.49	41.89
99	真空泵	抽气速度 204m³/h	台班	113.72	123.33	9.61
100	试压泵	25MPa	台班	72.26	74.99	2.73
101	试压泵	30MPa	台班	73.03	75.83	2.80
102	试压泵	80MPa	台班	85.80	89.08	3.28
103	液压注浆泵	HYB50-50-Ⅰ型	台班	196.75	199.54	2.79
104	井点喷射泵	喷射速度 40m³/h	台班	158.37	183.37	25.00
105	交流电焊机	21kVA	台班	52.89	63.65	10.76
106	交流电焊机	30kVA	台班	72.94	88.51	15.57
107	对焊机	75kVA	台班	108.30	130.25	21.95
108	等离子切割机	电流　400A	台班	191.30	225.87	34.57
109	氩弧焊机	电流　500A	台班	101.13	113.75	12.62
110	半自动切割机	厚度　100mm	台班	78.49	82.06	3.57
111	点焊机（短臂）	50kVA	台班	85.80	104.23	18.43
112	热熔焊接机	SHD-160C	台班	268.83	279.90	11.07

序号	机　械	规格	单位	定额单价	实际单价	价差
113	逆变多功能焊机	D7-500	台班	145.30	159.58	14.28
114	电动空气压缩机	排气量 0.6m³/min	台班	91.61	95.93	4.32
115	电动空气压缩机	排气量 3m³/min	台班	175.09	194.29	19.20
116	电动空气压缩机	排气量 10m³/min	台班	408.05	480.05	72.00
117	爬模机		台班	2000.00	2058.21	58.21
118	冷却塔曲线电梯	QWT60	台班	301.93	323.36	21.43
119	冷却塔折臂塔式起重机	240t·m 以内	台班	1670.46	1710.90	40.44
120	轴流通风机	7.5kW	台班	38.50	45.64	7.14
121	抓斗	0.5m³	台班	120.10	127.60	7.50
122	拖轮	125kW	台班	1014.39	1009.73	−4.66
123	锚艇	88kW	台班	892.68	888.46	−4.22
124	超声波探伤机	CTS-22	台班	135.25	141.23	5.98
125	悬挂提升装置	LXD-200	台班	209.50	215.75	6.25
126	鼓风机	30m³/min	台班	315.60	365.60	50.00
127	挖泥船	120m³/h	台班	2299.97	2288.87	−11.10

附表10　吉林省电力建设建筑工程施工机械台班价差调整表

单位：元

序号	机　械	规格	单位	定额单价	实际单价	价差
1	履带式推土机	75kW	台班	609.40	596.93	−12.47
2	履带式推土机	105kW	台班	771.69	757.99	−13.70
3	履带式推土机	135kW	台班	955.31	940.25	−15.06
4	拖式铲运机	3m³	台班	393.25	385.15	−8.10
5	轮胎式装载机	2m³	台班	673.40	658.34	−15.06

序号	机　　械	规格	单位	定额单价	实际单价	价差
6	履带式拖拉机	75kW	台班	565.50	552.95	-12.55
7	履带式单斗挖掘机（液压）	1m³	台班	968.20	953.65	-14.55
8	光轮压路机（内燃）	12t	台班	379.11	371.70	-7.41
9	光轮压路机（内燃）	15t	台班	448.66	438.74	-9.92
10	振动压路机（机械式）	15t	台班	801.98	782.05	-19.93
11	振动压路机（液压式）	15t	台班	765.09	746.88	-18.21
12	轮胎压路机	9t	台班	367.00	365.20	-1.80
13	夯实机		台班	24.60	25.40	0.80
14	液压锻钎机	11.25kW	台班	199.17	203.10	3.93
15	磨钎机		台班	226.13	230.98	4.85
16	履带式柴油打桩机	锤重 3.5t	台班	1146.87	1135.80	-11.07
17	履带式柴油打桩机	锤重 7t	台班	2448.09	2434.83	-13.26
18	履带式柴油打桩机	锤重 8t	台班	2542.41	2528.69	-13.72
19	轨道式柴油打桩机	锤重 2.5t	台班	950.75	946.38	-4.37
20	轨道式柴油打桩机	锤重 3.5t	台班	1305.96	1301.36	-4.60
21	振动打拔桩机	40t	台班	901.42	904.69	3.27
22	冲击成孔机		台班	334.47	336.40	1.93
23	履带式钻孔机	φ700	台班	552.43	555.40	2.97
24	履带式长螺旋钻孔机		台班	481.65	492.25	10.60
25	液压钻机	XU-100	台班	131.10	111.48	-19.62
26	单重管旋喷机		台班	1124.08	1106.35	-17.73
27	履带式起重机	25t	台班	708.01	698.13	-9.88
28	履带式起重机	40t	台班	1288.86	1274.19	-14.67
29	履带式起重机	50t	台班	1780.48	1760.13	-20.35
30	履带式起重机	60t	台班	2214.64	2194.29	-20.35
31	履带式起重机	80t	台班	2860.30	2835.29	-25.01

序号	机　　械	规格	单位	定额单价	实际单价	价差
32	履带式起重机	100t	台班	4370.25	4343.64	−26.61
33	履带式起重机	150t	台班	7376.20	7347.18	−29.02
34	汽车式起重机	5t	台班	365.82	376.92	11.10
35	汽车式起重机	8t	台班	532.59	529.86	−2.73
36	汽车式起重机	12t	台班	676.26	674.96	−1.30
37	汽车式起重机	16t	台班	838.83	838.23	−0.60
38	汽车式起重机	20t	台班	950.67	951.40	0.73
39	汽车式起重机	25t	台班	1061.24	1063.83	2.59
40	汽车式起重机	30t	台班	1303.75	1307.99	4.24
41	汽车式起重机	50t	台班	3177.34	3189.35	12.01
42	龙门式起重机	10t	台班	348.34	352.59	4.25
43	龙门式起重机	20t	台班	560.96	570.93	9.97
44	龙门式起重机	40t	台班	913.32	928.51	15.19
45	塔式起重机	1500kN・m	台班	4600.00	4637.81	37.81
46	塔式起重机	2500kN・m	台班	5400.00	5444.60	44.60
47	自升式塔式起重机	3000t・m	台班	7942.26	8017.39	75.13
48	炉顶式起重机	300t・m	台班	1255.68	1273.22	17.54
49	载重汽车	5t	台班	288.62	283.19	−5.43
50	载重汽车	6t	台班	309.41	304.13	−5.28
51	载重汽车	8t	台班	363.01	358.01	−5.00
52	自卸汽车	8t	台班	470.06	464.10	−5.96
53	自卸汽车	12t	台班	640.17	634.65	−5.52
54	平板拖车组	10t	台班	517.87	536.61	18.74
55	平板拖车组	20t	台班	791.70	792.19	0.49
56	平板拖车组	30t	台班	946.95	951.31	4.36
57	平板拖车组	40t	台班	1157.43	1166.12	8.69
58	机动翻斗车	1t	台班	117.48	116.47	−1.01

序号	机　械	规格	单位	定额单价	实际单价	价差
59	管子拖车	24t	台班	1430.23	1412.41	−17.82
60	管子拖车	35t	台班	1812.39	1799.37	−13.02
61	洒水车	4000L	台班	357.77	391.05	33.28
62	电动卷扬机(单筒快速)	10kN	台班	98.95	100.53	1.58
63	电动卷扬机(单筒慢速)	30kN	台班	107.78	109.30	1.52
64	电动卷扬机(单筒慢速)	50kN	台班	116.18	117.80	1.62
65	电动卷扬机(单筒慢速)	100kN	台班	184.07	187.59	3.52
66	电动卷扬机(单筒慢速)	200kN	台班	350.31	359.29	8.98
67	电动卷扬机(双筒慢速)	50kN	台班	137.82	140.29	2.47
68	双笼施工电梯	200m	台班	535.36	543.06	7.70
69	灰浆搅拌机	400L	台班	79.75	80.48	0.73
70	混凝土振捣器(平台式)		台班	19.92	20.11	0.19
71	混凝土振捣器(插入式)		台班	13.96	14.15	0.19
72	木工圆锯机	500mm	台班	25.27	26.43	1.16
73	木工压刨床	刨削宽度　单面600mm	台班	36.98	38.36	1.38
74	木工压刨床	刨削宽度　三面400mm	台班	83.42	85.94	2.52
75	摇臂钻床	钻孔直径50mm	台班	119.95	120.43	0.48
76	剪板机	厚度×宽度20mm×2000mm	台班	232.32	234.40	2.08
77	剪板机	厚度×宽度20mm×2500mm	台班	256.39	259.15	2.76
78	剪板机	厚度×宽度40mm×3100mm	台班	601.77	608.52	6.75
79	钢筋弯曲机	40mm	台班	24.38	25.00	0.62
80	型钢剪断机	500mm	台班	185.10	187.66	2.56
81	弯管机	WC27～108	台班	79.40	80.95	1.55
82	型钢调直机		台班	55.68	56.74	1.06

序号	机　械	规格	单位	定额单价	实际单价	价差
83	卷板机	板厚×宽度 20mm×2000mm	台班	177.41	180.50	3.09
84	卷板机	板厚×宽度 20mm×2500mm	台班	232.66	235.75	3.09
85	联合冲剪机	板厚 16mm	台班	263.27	263.90	0.63
86	管子切断机	150mm	台班	42.74	43.36	0.62
87	管子切断机	250mm	台班	52.71	53.79	1.08
88	管子切断套丝机	159mm	台班	20.34	20.50	0.16
89	电动煨弯机	100mm	台班	136.40	137.47	1.07
90	钢板校平机	30×2600	台班	281.32	284.69	3.37
91	刨边机	加工长度 12000mm	台班	607.95	611.61	3.66
92	坡口机	630mm	台班	381.94	384.11	2.17
93	电动单级离心清水泵	出口直径 150mm	台班	148.10	152.32	4.22
94	电动单级离心清水泵	出口直径 200mm	台班	178.20	183.21	5.01
95	电动多级离心清水泵	出口直径 100mm，扬程 120m 以下	台班	252.60	261.29	8.69
96	电动多级离心清水泵	出口直径 150mm，扬程 180m 以下	台班	580.30	609.64	29.34
97	电动多级离心清水泵	出口直径 200mm，扬程 280m 以下	台班	1446.40	1527.79	81.39
98	泥浆泵	出口直径 100mm	台班	265.60	276.90	11.30
99	真空泵	抽气速度 204m³/h	台班	113.72	116.31	2.59
100	试压泵	25MPa	台班	72.26	73.00	0.74
101	试压泵	30MPa	台班	73.03	73.78	0.75

序号	机　械	规格	单位	定额单价	实际单价	价差
102	试压泵	80MPa	台班	85.80	86.68	0.88
103	液压注浆泵	HYB50-50-Ⅰ型	台班	196.75	197.50	0.75
104	井点喷射泵	喷射速度 40m³/h	台班	158.37	165.11	6.74
105	交流电焊机	21kVA	台班	52.89	55.79	2.90
106	交流电焊机	30kVA	台班	72.94	77.14	4.20
107	对焊机	75kVA	台班	108.30	114.22	5.92
108	等离子切割机	电流　400A	台班	191.30	200.62	9.32
109	氩弧焊机	电流　500A	台班	101.13	104.53	3.40
110	半自动切割机	厚度　100mm	台班	78.49	79.45	0.96
111	点焊机（短臂）	50kVA	台班	85.80	90.77	4.97
112	热熔焊接机	SHD-160C	台班	268.83	271.82	2.99
113	逆变多功能焊机	D7-500	台班	145.30	149.15	3.85
114	电动空气压缩机	排气量 0.6m³/min	台班	91.61	92.78	1.17
115	电动空气压缩机	排气量 3m³/min	台班	175.09	180.27	5.18
116	电动空气压缩机	排气量 10m³/min	台班	408.05	427.47	19.42
117	爬模机		台班	2000.00	2015.70	15.70
118	冷却塔曲线电梯	QWT60	台班	301.93	307.71	5.78
119	冷却塔折臂塔式起重机	240t·m 以内	台班	1670.46	1681.37	10.91
120	轴流通风机	7.5kW	台班	38.50	40.43	1.93
121	抓斗	0.5m³	台班	120.10	122.12	2.02
122	拖轮	125kW	台班	1014.39	997.65	−16.74
123	锚艇	88kW	台班	892.68	877.53	−15.15
124	超声波探伤机	CTS-22	台班	135.25	136.86	1.61
125	悬挂提升装置	LXD-200	台班	209.50	211.19	1.69

序号	机 械	规格	单位	定额单价	实际单价	价差
126	鼓风机	30m³/min	台班	315.60	329.08	13.48
127	挖泥船	120m³/h	台班	2299.97	2260.11	−39.86

附表 11 黑龙江省电力建设建筑工程施工机械台班价差调整表

单位：元

序号	机 械	规格	单位	定额单价	实际单价	价差
1	履带式推土机	75kW	台班	609.40	595.00	−14.40
2	履带式推土机	105kW	台班	771.69	755.88	−15.81
3	履带式推土机	135kW	台班	955.31	937.92	−17.39
4	拖式铲运机	3m³	台班	393.25	383.90	−9.35
5	轮胎式装载机	2m³	台班	673.40	656.01	−17.39
6	履带式拖拉机	75kW	台班	565.50	551.01	−14.49
7	履带式单斗挖掘机（液压）	1m³	台班	968.20	951.40	−16.80
8	光轮压路机（内燃）	12t	台班	379.11	370.55	−8.56
9	光轮压路机（内燃）	15t	台班	448.66	437.21	−11.45
10	振动压路机（机械式）	15t	台班	801.98	778.97	−23.01
11	振动压路机（液压式）	15t	台班	765.09	744.06	−21.03
12	轮胎压路机	9t	台班	367.00	364.25	−2.75
13	夯实机		台班	24.60	26.06	1.46
14	液压锻钎机	11.25kW	台班	199.17	206.33	7.16
15	磨钎机		台班	226.13	234.98	8.85
16	履带式柴油打桩机	锤重 3.5t	台班	1146.87	1134.09	−12.78
17	履带式柴油打桩机	锤重 7t	台班	2448.09	2432.78	−15.31
18	履带式柴油打桩机	锤重 8t	台班	2542.41	2526.57	−15.84
19	轨道式柴油打桩机	锤重 2.5t	台班	950.75	948.99	−1.76
20	轨道式柴油打桩机	锤重 3.5t	台班	1305.96	1305.41	−0.55

序号	机　械	规格	单位	定额单价	实际单价	价差
21	振动打拔桩机	40t	台班	901.42	911.23	9.81
22	冲击成孔机		台班	334.47	337.98	3.51
23	履带式钻孔机	$\phi 700$	台班	552.43	562.95	10.52
24	履带式长螺旋钻孔机		台班	481.65	500.97	19.32
25	液压钻机	XU-100	台班	131.10	108.44	−22.66
26	单重管旋喷机		台班	1124.08	1103.61	−20.47
27	履带式起重机	25t	台班	708.01	696.61	−11.40
28	履带式起重机	40t	台班	1288.86	1271.92	−16.94
29	履带式起重机	50t	台班	1780.48	1756.98	−23.50
30	履带式起重机	60t	台班	2214.64	2191.14	−23.50
31	履带式起重机	80t	台班	2860.30	2831.42	−28.88
32	履带式起重机	100t	台班	4370.25	4339.53	−30.72
33	履带式起重机	150t	台班	7376.20	7342.69	−33.51
34	汽车式起重机	5t	台班	365.82	390.12	24.30
35	汽车式起重机	8t	台班	532.59	528.85	−3.74
36	汽车式起重机	12t	台班	676.26	673.87	−2.39
37	汽车式起重机	16t	台班	838.83	836.95	−1.88
38	汽车式起重机	20t	台班	950.67	950.03	−0.64
39	汽车式起重机	25t	台班	1061.24	1062.38	1.14
40	汽车式起重机	30t	台班	1303.75	1306.42	2.67
41	汽车式起重机	50t	台班	3177.34	3187.49	10.15
42	龙门式起重机	10t	台班	348.34	356.09	7.75
43	龙门式起重机	20t	台班	560.96	579.14	18.18
44	龙门式起重机	40t	台班	913.32	941.02	27.70
45	塔式起重机	1500kN・m	台班	4600.00	4668.92	68.92
46	塔式起重机	2500kN・m	台班	5400.00	5481.30	81.30
47	自升式塔式起重机	3000t・m	台班	7942.26	8079.23	136.97

序号	机 械	规格	单位	定额单价	实际单价	价差
48	炉顶式起重机	300t·m	台班	1255.68	1287.65	31.97
49	载重汽车	5t	台班	288.62	282.04	−6.58
50	载重汽车	6t	台班	309.41	302.95	−6.46
51	载重汽车	8t	台班	363.01	356.75	−6.26
52	自卸汽车	8t	台班	470.06	462.64	−7.42
53	自卸汽车	12t	台班	640.17	632.98	−7.19
54	平板拖车组	10t	台班	517.87	556.72	38.85
55	平板拖车组	20t	台班	791.70	790.57	−1.13
56	平板拖车组	30t	台班	946.95	949.44	2.49
57	平板拖车组	40t	台班	1157.43	1164.07	6.64
58	机动翻斗车	1t	台班	117.48	116.26	−1.22
59	管子拖车	24t	台班	1430.23	1408.04	−22.19
60	管子拖车	35t	台班	1812.39	1795.00	−17.39
61	洒水车	4000L	台班	357.77	406.34	48.57
62	电动卷扬机(单筒快速)	10kN	台班	98.95	101.84	2.89
63	电动卷扬机(单筒慢速)	30kN	台班	107.78	110.55	2.77
64	电动卷扬机(单筒慢速)	50kN	台班	116.18	119.13	2.95
65	电动卷扬机(单筒慢速)	100kN	台班	184.07	190.48	6.41
66	电动卷扬机(单筒慢速)	200kN	台班	350.31	366.68	16.37
67	电动卷扬机(双筒慢速)	50kN	台班	137.82	142.32	4.50
68	双笼施工电梯	200m	台班	535.36	549.40	14.04
69	灰浆搅拌机	400L	台班	79.75	81.08	1.33
70	混凝土振捣器(平台式)		台班	19.92	20.27	0.35
71	混凝土振捣器(插入式)		台班	13.96	14.31	0.35
72	木工圆锯机	500mm	台班	25.27	27.38	2.11
73	木工压刨床	刨削宽度 单面 600mm	台班	36.98	39.49	2.51

序号	机 械	规格	单位	定额单价	实际单价	价差
74	木工压刨床	刨削宽度 三面 400mm	台班	83.42	88.02	4.60
75	摇臂钻床	钻孔直径 50mm	台班	119.95	120.82	0.87
76	剪板机	厚度×宽度 20mm×2000mm	台班	232.32	236.12	3.80
77	剪板机	厚度×宽度 20mm×2500mm	台班	256.39	261.43	5.04
78	剪板机	厚度×宽度 40mm×3100mm	台班	601.77	614.08	12.31
79	钢筋弯曲机	40mm	台班	24.38	25.50	1.12
80	型钢剪断机	500mm	台班	185.10	189.77	4.67
81	弯管机	WC27～108	台班	79.40	82.22	2.82
82	型钢调直机		台班	55.68	57.61	1.93
83	卷板机	板厚×宽度 20mm×2000mm	台班	177.41	183.04	5.63
84	卷板机	板厚×宽度 20mm×2500mm	台班	232.66	238.29	5.63
85	联合冲剪机	板厚 16mm	台班	263.27	264.41	1.14
86	管子切断机	150mm	台班	42.74	43.87	1.13
87	管子切断机	250mm	台班	52.71	54.69	1.98
88	管子切断套丝机	159mm	台班	20.34	20.64	0.30
89	电动煨弯机	100mm	台班	136.40	138.35	1.95
90	钢板校平机	30×2600	台班	281.32	287.47	6.15
91	刨边机	加工长度 12000mm	台班	607.95	614.61	6.66
92	坡口机	630mm	台班	381.94	385.89	3.95
93	电动单级离心清水泵	出口直径 150mm	台班	148.10	155.79	7.69
94	电动单级离心清水泵	出口直径 200mm	台班	178.20	187.33	9.13

序号	机　械	规格	单位	定额单价	实际单价	价差
95	电动多级离心清水泵	出口直径100mm，扬程120m 以下	台班	252.60	268.44	15.84
96	电动多级离心清水泵	出口直径150mm，扬程180m 以下	台班	580.30	633.80	53.50
97	电动多级离心清水泵	出口直径200mm，扬程280m 以下	台班	1446.40	1594.78	148.38
98	泥浆泵	出口直径100mm	台班	265.60	286.20	20.60
99	真空泵	抽气速度204m³/h	台班	113.72	118.44	4.72
100	试压泵	25MPa	台班	72.26	73.60	1.34
101	试压泵	30MPa	台班	73.03	74.40	1.37
102	试压泵	80MPa	台班	85.80	87.41	1.61
103	液压注浆泵	HYB50-50-Ⅰ型	台班	196.75	198.12	1.37
104	井点喷射泵	喷射速度40m³/h	台班	158.37	170.66	12.29
105	交流电焊机	21kVA	台班	52.89	58.18	5.29
106	交流电焊机	30kVA	台班	72.94	80.60	7.66
107	对焊机	75kVA	台班	108.30	119.09	10.79
108	等离子切割机	电流 400A	台班	191.30	208.30	17.00
109	氩弧焊机	电流 500A	台班	101.13	107.34	6.21
110	半自动切割机	厚度 100mm	台班	78.49	80.25	1.76
111	点焊机（短臂）	50kVA	台班	85.80	94.86	9.06
112	热熔焊接机	SHD-160C	台班	268.83	274.27	5.44
113	逆变多功能焊机	D7-500	台班	145.30	152.32	7.02
114	电动空气压缩机	排气量0.6m³/min	台班	91.61	93.73	2.12
115	电动空气压缩机	排气量3m³/min	台班	175.09	184.53	9.44

序号	机　械	规格	单位	定额单价	实际单价	价差
116	电动空气压缩机	排气量 10m³/min	台班	408.05	443.45	35.40
117	爬模机		台班	2000.00	2028.62	28.62
118	冷却塔曲线电梯	QWT60	台班	301.93	312.47	10.54
119	冷却塔折臂 塔式起重机	240t·m 以内	台班	1670.46	1690.34	19.88
120	轴流通风机	7.5kW	台班	38.50	42.01	3.51
121	抓斗	0.5m³	台班	120.10	123.79	3.69
122	拖轮	125kW	台班	1014.39	995.06	−19.33
123	锚艇	88kW	台班	892.68	875.19	−17.49
124	超声波探伤机	CTS-22	台班	135.25	138.19	2.94
125	悬挂提升装置	LXD-200	台班	209.50	212.57	3.07
126	鼓风机	30m³/min	台班	315.60	340.18	24.58
127	挖泥船	120m³/h	台班	2299.97	2253.94	−46.03

附表 12　上海市电力建设建筑工程施工机械台班价差调整表

单位：元

序号	机　械	规格	单位	定额单价	实际单价	价差
1	履带式推土机	75kW	台班	609.40	618.14	8.74
2	履带式推土机	105kW	台班	771.69	781.29	9.60
3	履带式推土机	135kW	台班	955.31	965.87	10.56
4	拖式铲运机	3m³	台班	393.25	398.93	5.68
5	轮胎式装载机	2m³	台班	673.40	683.96	10.56
6	履带式拖拉机	75kW	台班	565.50	574.30	8.80
7	履带式单斗挖掘机 （液压）	1m³	台班	968.20	978.40	10.20
8	光轮压路机（内燃）	12t	台班	379.11	384.31	5.20

序号	机　械	规格	单位	定额单价	实际单价	价差
9	光轮压路机（内燃）	15t	台班	448.66	455.61	6.95
10	振动压路机（机械式）	15t	台班	801.98	815.95	13.97
11	振动压路机（液压式）	15t	台班	765.09	777.86	12.77
12	轮胎压路机	9t	台班	367.00	375.61	8.61
13	夯实机		台班	24.60	26.98	2.38
14	液压锻钎机	11.25kW	台班	199.17	210.88	11.71
15	磨钎机		台班	226.13	240.59	14.46
16	履带式柴油打桩机	锤重 3.5t	台班	1146.87	1154.63	7.76
17	履带式柴油打桩机	锤重 7t	台班	2448.09	2457.38	9.29
18	履带式柴油打桩机	锤重 8t	台班	2542.41	2552.03	9.62
19	轨道式柴油打桩机	锤重 2.5t	台班	950.75	971.90	21.15
20	轨道式柴油打桩机	锤重 3.5t	台班	1305.96	1335.42	29.46
21	振动打拔桩机	40t	台班	901.42	932.37	30.95
22	冲击成孔机		台班	334.47	340.21	5.74
23	履带式钻孔机	ϕ700	台班	552.43	589.34	36.91
24	履带式长螺旋钻孔机		台班	481.65	513.22	31.57
25	液压钻机	XU-100	台班	131.10	144.86	13.76
26	单重管旋喷机		台班	1124.08	1136.51	12.43
27	履带式起重机	25t	台班	708.01	714.93	6.92
28	履带式起重机	40t	台班	1288.86	1299.15	10.29
29	履带式起重机	50t	台班	1780.48	1794.75	14.27
30	履带式起重机	60t	台班	2214.64	2228.91	14.27
31	履带式起重机	80t	台班	2860.30	2877.83	17.53
32	履带式起重机	100t	台班	4370.25	4388.90	18.65
33	履带式起重机	150t	台班	7376.20	7396.55	20.35
34	汽车式起重机	5t	台班	365.82	390.28	24.46
35	汽车式起重机	8t	台班	532.59	541.03	8.44

序号	机 械	规格	单位	定额单价	实际单价	价差
36	汽车式起重机	12t	台班	676.26	686.97	10.71
37	汽车式起重机	16t	台班	838.83	852.31	13.48
38	汽车式起重机	20t	台班	950.67	966.49	15.82
39	汽车式起重机	25t	台班	1061.24	1079.83	18.59
40	汽车式起重机	30t	台班	1303.75	1325.27	21.52
41	汽车式起重机	50t	台班	3177.34	3209.75	32.41
42	龙门式起重机	10t	台班	348.34	361.01	12.67
43	龙门式起重机	20t	台班	560.96	590.68	29.72
44	龙门式起重机	40t	台班	913.32	958.59	45.27
45	塔式起重机	1500kN·m	台班	4600.00	4712.65	112.65
46	塔式起重机	2500kN·m	台班	5400.00	5532.88	132.88
47	自升式塔式起重机	3000t·m	台班	7942.26	8166.12	223.86
48	炉顶式起重机	300t·m	台班	1255.68	1307.93	52.25
49	载重汽车	5t	台班	288.62	295.83	7.21
50	载重汽车	6t	台班	309.41	317.19	7.78
51	载重汽车	8t	台班	363.01	371.96	8.95
52	自卸汽车	8t	台班	470.06	480.18	10.12
53	自卸汽车	12t	台班	640.17	652.95	12.78
54	平板拖车组	10t	台班	517.87	556.96	39.09
55	平板拖车组	20t	台班	791.70	810.02	18.32
56	平板拖车组	30t	台班	946.95	971.89	24.94
57	平板拖车组	40t	台班	1157.43	1188.66	31.23
58	机动翻斗车	1t	台班	117.48	118.84	1.36
59	管子拖车	24t	台班	1430.23	1460.54	30.31
60	管子拖车	35t	台班	1812.39	1847.50	35.11
61	洒水车	4000L	台班	357.77	406.53	48.76
62	电动卷扬机（单筒快速）	10kN	台班	98.95	103.67	4.72

序号	机　械	规格	单位	定额单价	实际单价	价差
63	电动卷扬机（单筒慢速）	30kN	台班	107.78	112.30	4.52
64	电动卷扬机（单筒慢速）	50kN	台班	116.18	121.00	4.82
65	电动卷扬机（单筒慢速）	100kN	台班	184.07	194.55	10.48
66	电动卷扬机（单筒慢速）	200kN	台班	350.31	377.07	26.76
67	电动卷扬机（双筒慢速）	50kN	台班	137.82	145.17	7.35
68	双笼施工电梯	200m	台班	535.36	558.31	22.95
69	灰浆搅拌机	400L	台班	79.75	81.93	2.18
70	混凝土振捣器（平台式）		台班	19.92	20.49	0.57
71	混凝土振捣器（插入式）		台班	13.96	14.53	0.57
72	木工圆锯机	500mm	台班	25.27	28.71	3.44
73	木工压刨床	刨削宽度　单面 600mm	台班	36.98	41.08	4.10
74	木工压刨床	刨削宽度　三面 400mm	台班	83.42	90.94	7.52
75	摇臂钻床	钻孔直径 50mm	台班	119.95	121.37	1.42
76	剪板机	厚度×宽度 20mm×2000mm	台班	232.32	238.53	6.21
77	剪板机	厚度×宽度 20mm×2500mm	台班	256.39	264.62	8.23
78	剪板机	厚度×宽度 40mm×3100mm	台班	601.77	621.89	20.12
79	钢筋弯曲机	40mm	台班	24.38	26.22	1.84
80	型钢剪断机	500mm	台班	185.10	192.73	7.63
81	弯管机	WC27～108	台班	79.40	84.01	4.61
82	型钢调直机		台班	55.68	58.84	3.16
83	卷板机	板厚×宽度 20mm×2000mm	台班	177.41	186.61	9.20
84	卷板机	板厚×宽度 20mm×2500mm	台班	232.66	241.86	9.20
85	联合冲剪机	板厚 16mm	台班	263.27	265.14	1.87

序号	机　械	规格	单位	定额单价	实际单价	价差
86	管子切断机	150mm	台班	42.74	44.59	1.85
87	管子切断机	250mm	台班	52.71	55.94	3.23
88	管子切断套丝机	159mm	台班	20.34	20.82	0.48
89	电动煨弯机	100mm	台班	136.40	139.59	3.19
90	钢板校平机	30×2600	台班	281.32	291.37	10.05
91	刨边机	加工长度12000mm	台班	607.95	618.84	10.89
92	坡口机	630mm	台班	381.94	388.40	6.46
93	电动单级离心清水泵	出口直径150mm	台班	148.10	160.67	12.57
94	电动单级离心清水泵	出口直径200mm	台班	178.20	193.12	14.92
95	电动多级离心清水泵	出口直径100mm，扬程120m以下	台班	252.60	278.49	25.89
96	电动多级离心清水泵	出口直径150mm，扬程180m以下	台班	580.30	667.73	87.43
97	电动多级离心清水泵	出口直径200mm，扬程280m以下	台班	1446.40	1688.92	242.52
98	泥浆泵	出口直径100mm	台班	265.60	299.27	33.67
99	真空泵	抽气速度204m³/h	台班	113.72	121.44	7.72
100	试压泵	25MPa	台班	72.26	74.46	2.20
101	试压泵	30MPa	台班	73.03	75.28	2.25
102	试压泵	80MPa	台班	85.80	88.43	2.63
103	液压注浆泵	HYB50-50-Ⅰ型	台班	196.75	198.99	2.24
104	井点喷射泵	喷射速度40m³/h	台班	158.37	178.46	20.09
105	交流电焊机	21kVA	台班	52.89	61.54	8.65

序号	机 械	规格	单位	定额单价	实际单价	价差
106	交流电焊机	30kVA	台班	72.94	85.45	12.51
107	对焊机	75kVA	台班	108.30	125.94	17.64
108	等离子切割机	电流 400A	台班	191.30	219.08	27.78
109	氩弧焊机	电流 500A	台班	101.13	111.28	10.15
110	半自动切割机	厚度 100mm	台班	78.49	81.36	2.87
111	点焊机（短臂）	50kVA	台班	85.80	100.61	14.81
112	热熔焊接机	SHD-160C	台班	268.83	277.73	8.90
113	逆变多功能焊机	D7-500	台班	145.30	156.78	11.48
114	电动空气压缩机	排气量 0.6m³/min	台班	91.61	95.08	3.47
115	电动空气压缩机	排气量 3m³/min	台班	175.09	190.52	15.43
116	电动空气压缩机	排气量 10m³/min	台班	408.05	465.91	57.86
117	爬模机		台班	2000.00	2046.78	46.78
118	冷却塔曲线电梯	QWT60	台班	301.93	319.15	17.22
119	冷却塔折臂塔式起重机	240t·m 以内	台班	1670.46	1702.96	32.50
120	轴流通风机	7.5kW	台班	38.50	44.24	5.74
121	抓斗	0.5m³	台班	120.10	126.13	6.03
122	拖轮	125kW	台班	1014.39	1026.13	11.74
123	锚艇	88kW	台班	892.68	903.30	10.62
124	超声波探伤机	CTS-22	台班	135.25	140.06	4.81
125	悬挂提升装置	LXD-200	台班	209.50	214.52	5.02
126	鼓风机	30m³/min	台班	315.60	355.78	40.18
127	挖泥船	120m³/h	台班	2299.97	2327.91	27.94

附表 13　江苏省电力建设建筑工程施工机械台班价差调整表

单位：元

序号	机　　械	规格	单位	定额单价	实际单价	价差
1	履带式推土机	75kW	台班	609.40	598.22	−11.18
2	履带式推土机	105kW	台班	771.69	759.41	−12.28
3	履带式推土机	135kW	台班	955.31	941.80	−13.51
4	拖式铲运机	3m³	台班	393.25	385.98	−7.27
5	轮胎式装载机	2m³	台班	673.40	659.89	−13.51
6	履带式拖拉机	75kW	台班	565.50	554.24	−11.26
7	履带式单斗挖掘机（液压）	1m³	台班	968.20	955.15	−13.05
8	光轮压路机（内燃）	12t	台班	379.11	372.46	−6.65
9	光轮压路机（内燃）	15t	台班	448.66	439.76	−8.90
10	振动压路机（机械式）	15t	台班	801.98	784.10	−17.88
11	振动压路机（液压式）	15t	台班	765.09	748.76	−16.33
12	轮胎压路机	9t	台班	367.00	364.21	−2.79
13	夯实机		台班	24.60	26.07	1.47
14	液压锻钎机	11.25kW	台班	199.17	206.42	7.25
15	磨钎机		台班	226.13	235.08	8.95
16	履带式柴油打桩机	锤重 3.5t	台班	1146.87	1136.94	−9.93
17	履带式柴油打桩机	锤重 7t	台班	2448.09	2436.20	−11.89
18	履带式柴油打桩机	锤重 8t	台班	2542.41	2530.10	−12.31
19	轨道式柴油打桩机	锤重 2.5t	台班	950.75	951.48	0.73
20	轨道式柴油打桩机	锤重 3.5t	台班	1305.96	1308.58	2.62
21	振动打拔桩机	40t	台班	901.42	912.91	11.49
22	冲击成孔机		台班	334.47	338.02	3.55
23	履带式钻孔机	φ700	台班	552.43	565.13	12.70
24	履带式长螺旋钻孔机		台班	481.65	501.19	19.54
25	液压钻机	XU-100	台班	131.10	113.50	−17.60

228

序号	机　　械	规格	单位	定额单价	实际单价	价差
26	单重管旋喷机		台班	1124.08	1108.18	−15.90
27	履带式起重机	25t	台班	708.01	699.15	−8.86
28	履带式起重机	40t	台班	1288.86	1275.70	−13.16
29	履带式起重机	50t	台班	1780.48	1762.23	−18.25
30	履带式起重机	60t	台班	2214.64	2196.39	−18.25
31	履带式起重机	80t	台班	2860.30	2837.87	−22.43
32	履带式起重机	100t	台班	4370.25	4346.39	−23.86
33	履带式起重机	150t	台班	7376.20	7350.17	−26.03
34	汽车式起重机	5t	台班	365.82	384.37	18.55
35	汽车式起重机	8t	台班	532.59	529.10	−3.49
36	汽车式起重机	12t	台班	676.26	673.53	−2.73
37	汽车式起重机	16t	台班	838.83	836.20	−2.63
38	汽车式起重机	20t	台班	950.67	948.71	−1.96
39	汽车式起重机	25t	台班	1061.24	1060.30	−0.94
40	汽车式起重机	30t	台班	1303.75	1303.64	−0.11
41	汽车式起重机	50t	台班	3177.34	3181.59	4.25
42	龙门式起重机	10t	台班	348.34	356.18	7.84
43	龙门式起重机	20t	台班	560.96	579.35	18.39
44	龙门式起重机	40t	台班	913.32	941.34	28.02
45	塔式起重机	1500kN・m	台班	4600.00	4669.72	69.72
46	塔式起重机	2500kN・m	台班	5400.00	5482.25	82.25
47	自升式塔式起重机	3000t・m	台班	7942.26	8080.82	138.56
48	炉顶式起重机	300t・m	台班	1255.68	1288.02	32.34
49	载重汽车	5t	台班	288.62	283.20	−5.42
50	载重汽车	6t	台班	309.41	304.02	−5.39
51	载重汽车	8t	台班	363.01	357.66	−5.35
52	自卸汽车	8t	台班	470.06	463.76	−6.30

序号	机　　械	规格	单位	定额单价	实际单价	价差
53	自卸汽车	12t	台班	640.17	633.79	−6.38
54	平板拖车组	10t	台班	517.87	547.28	29.41
55	平板拖车组	20t	台班	791.70	789.15	−2.55
56	平板拖车组	30t	台班	946.95	946.39	−0.56
57	平板拖车组	40t	台班	1157.43	1159.26	1.83
58	机动翻斗车	1t	台班	117.48	116.47	−1.01
59	管子拖车	24t	台班	1430.23	1411.40	−18.83
60	管子拖车	35t	台班	1812.39	1796.56	−15.83
61	洒水车	4000L	台班	357.77	400.13	42.36
62	电动卷扬机(单筒快速)	10kN	台班	98.95	101.87	2.92
63	电动卷扬机(单筒慢速)	30kN	台班	107.78	110.58	2.80
64	电动卷扬机(单筒慢速)	50kN	台班	116.18	119.16	2.98
65	电动卷扬机(单筒慢速)	100kN	台班	184.07	190.55	6.48
66	电动卷扬机(单筒慢速)	200kN	台班	350.31	366.87	16.56
67	电动卷扬机(双筒慢速)	50kN	台班	137.82	142.37	4.55
68	双笼施工电梯	200m	台班	535.36	549.57	14.21
69	灰浆搅拌机	400L	台班	79.75	81.10	1.35
70	混凝土振捣器(平台式)		台班	19.92	20.28	0.36
71	混凝土振捣器(插入式)		台班	13.96	14.32	0.36
72	木工圆锯机	500mm	台班	25.27	27.40	2.13
73	木工压刨床	刨削宽度　单面 600mm	台班	36.98	39.52	2.54
74	木工压刨床	刨削宽度　三面 400mm	台班	83.42	88.07	4.65
75	摇臂钻床	钻孔直径 50mm	台班	119.95	120.83	0.88
76	剪板机	厚度×宽度 20mm×2000mm	台班	232.32	236.16	3.84
77	剪板机	厚度×宽度 20mm×2500mm	台班	256.39	261.49	5.10

序号	机 械	规格	单位	定额单价	实际单价	价差
78	剪板机	厚度×宽度 40mm×3100mm	台班	601.77	614.22	12.45
79	钢筋弯曲机	40mm	台班	24.38	25.52	1.14
80	型钢剪断机	500mm	台班	185.10	189.83	4.73
81	弯管机	WC27～108	台班	79.40	82.25	2.85
82	型钢调直机		台班	55.68	57.63	1.95
83	卷板机	板厚×宽度 20mm×2000mm	台班	177.41	183.10	5.69
84	卷板机	板厚×宽度 20mm×2500mm	台班	232.66	238.35	5.69
85	联合冲剪机	板厚 16mm	台班	263.27	264.42	1.15
86	管子切断机	150mm	台班	42.74	43.89	1.15
87	管子切断机	250mm	台班	52.71	54.71	2.00
88	管子切断套丝机	159mm	台班	20.34	20.64	0.30
89	电动煨弯机	100mm	台班	136.40	138.37	1.97
90	钢板校平机	30×2600	台班	281.32	287.54	6.22
91	刨边机	加工长度 12000mm	台班	607.95	614.69	6.74
92	坡口机	630mm	台班	381.94	385.94	4.00
93	电动单级离心清水泵	出口直径 150mm	台班	148.10	155.88	7.78
94	电动单级离心清水泵	出口直径 200mm	台班	178.20	187.44	9.24
95	电动多级离心清水泵	出口直径 100mm，扬程 120m 以下	台班	252.60	268.62	16.02
96	电动多级离心清水泵	出口直径 150mm，扬程 180m 以下	台班	580.30	634.42	54.12
97	电动多级离心清水泵	出口直径 200mm，扬程 280m 以下	台班	1446.40	1596.51	150.11

序号	机　械	规格	单位	定额单价	实际单价	价差
98	泥浆泵	出口直径 100mm	台班	265.60	286.44	20.84
99	真空泵	抽气速度 204m³/h	台班	113.72	118.50	4.78
100	试压泵	25MPa	台班	72.26	73.62	1.36
101	试压泵	30MPa	台班	73.03	74.42	1.39
102	试压泵	80MPa	台班	85.80	87.43	1.63
103	液压注浆泵	HYB50-50-Ⅰ型	台班	196.75	198.14	1.39
104	井点喷射泵	喷射速度 40m³/h	台班	158.37	170.80	12.43
105	交流电焊机	21kVA	台班	52.89	58.24	5.35
106	交流电焊机	30kVA	台班	72.94	80.69	7.75
107	对焊机	75kVA	台班	108.30	119.22	10.92
108	等离子切割机	电流　400A	台班	191.30	208.50	17.20
109	氩弧焊机	电流　500A	台班	101.13	107.41	6.28
110	半自动切割机	厚度　100mm	台班	78.49	80.27	1.78
111	点焊机（短臂）	50kVA	台班	85.80	94.97	9.17
112	热熔焊接机	SHD-160C	台班	268.83	274.34	5.51
113	逆变多功能焊机	D7-500	台班	145.30	152.41	7.11
114	电动空气压缩机	排气量 0.6m³/min	台班	91.61	93.76	2.15
115	电动空气压缩机	排气量 3m³/min	台班	175.09	184.64	9.55
116	电动空气压缩机	排气量 10m³/min	台班	408.05	443.86	35.81
117	爬模机		台班	2000.00	2028.96	28.96
118	冷却塔曲线电梯	QWT60	台班	301.93	312.59	10.66
119	冷却塔折臂塔式起重机	240t·m以内	台班	1670.46	1690.58	20.12
120	轴流通风机	7.5kW	台班	38.50	42.05	3.55

序号	机 械	规 格	单位	定额单价	实际单价	价差
121	抓斗	0.5m³	台班	120.10	123.83	3.73
122	拖轮	125kW	台班	1014.39	999.37	−15.02
123	锚艇	88kW	台班	892.68	879.09	−13.59
124	超声波探伤机	CTS-22	台班	135.25	138.23	2.98
125	悬挂提升装置	LXD-200	台班	209.50	212.61	3.11
126	鼓风机	30m³/min	台班	315.60	340.47	24.87
127	挖泥船	120m³/h	台班	2299.97	2264.22	−35.75

附表14 浙江省电力建设建筑工程施工机械台班价差调整表

单位：元

序号	机 械	规 格	单位	定额单价	实际单价	价差
1	履带式推土机	75kW	台班	609.40	610.43	1.03
2	履带式推土机	105kW	台班	771.69	772.82	1.13
3	履带式推土机	135kW	台班	955.31	956.55	1.24
4	拖式铲运机	3m³	台班	393.25	393.92	0.67
5	轮胎式装载机	2m³	台班	673.40	674.64	1.24
6	履带式拖拉机	75kW	台班	565.50	566.54	1.04
7	履带式单斗挖掘机（液压）	1m³	台班	968.20	969.40	1.20
8	光轮压路机（内燃）	12t	台班	379.11	379.72	0.61
9	光轮压路机（内燃）	15t	台班	448.66	449.48	0.82
10	振动压路机（机械式）	15t	台班	801.98	803.62	1.64
11	振动压路机（液压式）	15t	台班	765.09	766.59	1.50
12	轮胎压路机	9t	台班	367.00	370.20	3.20
13	夯实机		台班	24.60	25.39	0.79
14	液压锻钎机	11.25kW	台班	199.17	203.07	3.90
15	磨钎机		台班	226.13	230.95	4.82

序号	机　　械	规　格	单位	定额单价	实际单价	价差
16	履带式柴油打桩机	锤重 3.5t	台班	1146.87	1147.78	0.91
17	履带式柴油打桩机	锤重 7t	台班	2448.09	2449.18	1.09
18	履带式柴油打桩机	锤重 8t	台班	2542.41	2543.54	1.13
19	轨道式柴油打桩机	锤重 2.5t	台班	950.75	956.39	5.64
20	轨道式柴油打桩机	锤重 3.5t	台班	1305.96	1314.00	8.04
21	振动打拔桩机	40t	台班	901.42	910.86	9.44
22	冲击成孔机		台班	334.47	336.38	1.91
23	履带式钻孔机	$\phi700$	台班	552.43	563.57	11.14
24	履带式长螺旋钻孔机		台班	481.65	492.17	10.52
25	液压钻机	XU-100	台班	131.10	132.72	1.62
26	单重管旋喷机		台班	1124.08	1125.54	1.46
27	履带式起重机	25t	台班	708.01	708.82	0.81
28	履带式起重机	40t	台班	1288.86	1290.07	1.21
29	履带式起重机	50t	台班	1780.48	1782.16	1.68
30	履带式起重机	60t	台班	2214.64	2216.32	1.68
31	履带式起重机	80t	台班	2860.30	2862.36	2.06
32	履带式起重机	100t	台班	4370.25	4372.44	2.19
33	履带式起重机	150t	台班	7376.20	7378.59	2.39
34	汽车式起重机	5t	台班	365.82	384.68	18.86
35	汽车式起重机	8t	台班	532.59	535.53	2.94
36	汽车式起重机	12t	台班	676.26	680.44	4.18
37	汽车式起重机	16t	台班	838.83	844.31	5.48
38	汽车式起重机	20t	台班	950.67	957.40	6.73
39	汽车式起重机	25t	台班	1061.24	1069.52	8.28
40	汽车式起重机	30t	台班	1303.75	1313.59	9.84
41	汽车式起重机	50t	台班	3177.34	3193.33	15.99
42	龙门式起重机	10t	台班	348.34	352.56	4.22

序号	机 械	规格	单位	定额单价	实际单价	价差
43	龙门式起重机	20t	台班	560.96	570.86	9.90
44	龙门式起重机	40t	台班	913.32	928.40	15.08
45	塔式起重机	1500kN·m	台班	4600.00	4637.52	37.52
46	塔式起重机	2500kN·m	台班	5400.00	5444.26	44.26
47	自升式塔式起重机	3000t·m	台班	7942.26	8016.83	74.57
48	炉顶式起重机	300t·m	台班	1255.68	1273.08	17.40
49	载重汽车	5t	台班	288.62	290.48	1.86
50	载重汽车	6t	台班	309.41	311.54	2.13
51	载重汽车	8t	台班	363.01	365.69	2.68
52	自卸汽车	8t	台班	470.06	473.02	2.96
53	自卸汽车	12t	台班	640.17	644.33	4.16
54	平板拖车组	10t	台班	517.87	547.75	29.88
55	平板拖车组	20t	台班	791.70	799.42	7.72
56	平板拖车组	30t	台班	946.95	958.23	11.28
57	平板拖车组	40t	台班	1157.43	1172.24	14.81
58	机动翻斗车	1t	台班	117.48	117.83	0.35
59	管子拖车	24t	台班	1430.23	1439.11	8.88
60	管子拖车	35t	台班	1812.39	1824.27	11.88
61	洒水车	4000L	台班	357.77	400.49	42.72
62	电动卷扬机(单筒快速)	10kN	台班	98.95	100.52	1.57
63	电动卷扬机(单筒慢速)	30kN	台班	107.78	109.29	1.51
64	电动卷扬机(单筒慢速)	50kN	台班	116.18	117.79	1.61
65	电动卷扬机(单筒慢速)	100kN	台班	184.07	187.56	3.49
66	电动卷扬机(单筒慢速)	200kN	台班	350.31	359.22	8.91
67	电动卷扬机(双筒慢速)	50kN	台班	137.82	140.27	2.45
68	双笼施工电梯	200m	台班	535.36	543.01	7.65
69	灰浆搅拌机	400L	台班	79.75	80.48	0.73

序号	机 械	规格	单位	定额单价	实际单价	价差
70	混凝土振捣器(平台式)		台班	19.92	20.11	0.19
71	混凝土振捣器(插入式)		台班	13.96	14.15	0.19
72	木工圆锯机	500mm	台班	25.27	26.42	1.15
73	木工压刨床	刨削宽度 单面 600mm	台班	36.98	38.35	1.37
74	木工压刨床	刨削宽度 三面 400mm	台班	83.42	85.92	2.50
75	摇臂钻床	钻孔直径 50mm	台班	119.95	120.42	0.47
76	剪板机	厚度×宽度 20mm×2000mm	台班	232.32	234.39	2.07
77	剪板机	厚度×宽度 20mm×2500mm	台班	256.39	259.13	2.74
78	剪板机	厚度×宽度 40mm×3100mm	台班	601.77	608.47	6.70
79	钢筋弯曲机	40mm	台班	24.38	24.99	0.61
80	型钢剪断机	500mm	台班	185.10	187.64	2.54
81	弯管机	WC27~108	台班	79.40	80.93	1.53
82	型钢调直机		台班	55.68	56.73	1.05
83	卷板机	板厚×宽度 20mm×2000mm	台班	177.41	180.47	3.06
84	卷板机	板厚×宽度 20mm×2500mm	台班	232.66	235.72	3.06
85	联合冲剪机	板厚 16mm	台班	263.27	263.89	0.62
86	管子切断机	150mm	台班	42.74	43.36	0.62
87	管子切断机	250mm	台班	52.71	53.79	1.08
88	管子切断套丝机	159mm	台班	20.34	20.50	0.16
89	电动煨弯机	100mm	台班	136.40	137.46	1.06
90	钢板校平机	30×2600	台班	281.32	284.67	3.35
91	刨边机	加工长度 12000mm	台班	607.95	611.58	3.63

序号	机 械	规格	单位	定额单价	实际单价	价差
92	坡口机	630mm	台班	381.94	384.09	2.15
93	电动单级离心清水泵	出口直径 150mm	台班	148.10	152.29	4.19
94	电动单级离心清水泵	出口直径 200mm	台班	178.20	183.17	4.97
95	电动多级离心清水泵	出口直径 100mm，扬程 120m 以下	台班	252.60	261.22	8.62
96	电动多级离心清水泵	出口直径 150mm，扬程 180m 以下	台班	580.30	609.42	29.12
97	电动多级离心清水泵	出口直径 200mm，扬程 280m 以下	台班	1446.40	1527.18	80.78
98	泥浆泵	出口直径 100mm	台班	265.60	276.81	11.21
99	真空泵	抽气速度 204m³/h	台班	113.72	116.29	2.57
100	试压泵	25MPa	台班	72.26	72.99	0.73
101	试压泵	30MPa	台班	73.03	73.78	0.75
102	试压泵	80MPa	台班	85.80	86.68	0.88
103	液压注浆泵	HYB50-50-Ⅰ型	台班	196.75	197.50	0.75
104	井点喷射泵	喷射速度 40m³/h	台班	158.37	165.06	6.69
105	交流电焊机	21kVA	台班	52.89	55.77	2.88
106	交流电焊机	30kVA	台班	72.94	77.11	4.17
107	对焊机	75kVA	台班	108.30	114.17	5.87
108	等离子切割机	电流 400A	台班	191.30	200.55	9.25
109	氩弧焊机	电流 500A	台班	101.13	104.51	3.38
110	半自动切割机	厚度 100mm	台班	78.49	79.45	0.96
111	点焊机（短臂）	50kVA	台班	85.80	90.73	4.93
112	热熔焊接机	SHD-160C	台班	268.83	271.79	2.96

序号	机　械	规格	单位	定额单价	实际单价	价差
113	逆变多功能焊机	D7-500	台班	145.30	149.12	3.82
114	电动空气压缩机	排气量 0.6m³/min	台班	91.61	92.77	1.16
115	电动空气压缩机	排气量 3m³/min	台班	175.09	180.23	5.14
116	电动空气压缩机	排气量 10m³/min	台班	408.05	427.32	19.27
117	爬模机		台班	2000.00	2015.58	15.58
118	冷却塔曲线电梯	QWT60	台班	301.93	307.67	5.74
119	冷却塔折臂塔式起重机	240t·m 以内	台班	1670.46	1681.29	10.83
120	轴流通风机	7.5kW	台班	38.50	40.41	1.91
121	抓斗	0.5m³	台班	120.10	122.11	2.01
122	拖轮	125kW	台班	1014.39	1015.77	1.38
123	锚艇	88kW	台班	892.68	893.93	1.25
124	超声波探伤机	CTS-22	台班	135.25	136.85	1.60
125	悬挂提升装置	LXD-200	台班	209.50	211.17	1.67
126	鼓风机	30m³/min	台班	315.60	328.98	13.38
127	挖泥船	120m³/h	台班	2299.97	2303.26	3.29

附表15　安徽省电力建设建筑工程施工机械台班价差调整表

单位：元

序号	机　械	规格	单位	定额单价	实际单价	价差
1	履带式推土机	75kW	台班	609.40	595.65	−13.75
2	履带式推土机	105kW	台班	771.69	756.58	−15.11
3	履带式推土机	135kW	台班	955.31	938.70	−16.61
4	拖式铲运机	3m³	台班	393.25	384.31	−8.94
5	轮胎式装载机	2m³	台班	673.40	656.78	−16.62

序号	机　械	规格	单位	定额单价	实际单价	价差
6	履带式拖拉机	75kW	台班	565.50	551.66	−13.84
7	履带式单斗挖掘机（液压）	1m³	台班	968.20	952.15	−16.05
8	光轮压路机（内燃）	12t	台班	379.11	370.93	−8.18
9	光轮压路机（内燃）	15t	台班	448.66	437.72	−10.94
10	振动压路机（机械式）	15t	台班	801.98	779.99	−21.99
11	振动压路机（液压式）	15t	台班	765.09	745.00	−20.09
12	轮胎压路机	9t	台班	367.00	363.85	−3.15
13	夯实机		台班	24.60	26.68	2.08
14	液压锻钎机	11.25kW	台班	199.17	209.37	10.20
15	磨钎机		台班	226.13	238.73	12.60
16	履带式柴油打桩机	锤重 3.5t	台班	1146.87	1134.66	−12.21
17	履带式柴油打桩机	锤重 7t	台班	2448.09	2433.47	−14.62
18	履带式柴油打桩机	锤重 8t	台班	2542.41	2527.27	−15.14
19	轨道式柴油打桩机	锤重 2.5t	台班	950.75	953.26	2.51
20	轨道式柴油打桩机	锤重 3.5t	台班	1305.96	1311.52	5.56
21	振动打拔桩机	40t	台班	901.42	918.51	17.09
22	冲击成孔机		台班	334.47	339.47	5.00
23	履带式钻孔机	ϕ700	台班	552.43	571.52	19.09
24	履带式长螺旋钻孔机		台班	481.65	509.15	27.50
25	液压钻机	XU-100	台班	131.10	109.46	−21.64
26	单重管旋喷机		台班	1124.08	1104.52	−19.56
27	履带式起重机	25t	台班	708.01	697.12	−10.89
28	履带式起重机	40t	台班	1288.86	1272.67	−16.19
29	履带式起重机	50t	台班	1780.48	1758.03	−22.45
30	履带式起重机	60t	台班	2214.64	2192.19	−22.45
31	履带式起重机	80t	台班	2860.30	2832.71	−27.59

序号	机　械	规格	单位	定额单价	实际单价	价差
32	履带式起重机	100t	台班	4370.25	4340.90	-29.35
33	履带式起重机	150t	台班	7376.20	7344.18	-32.02
34	汽车式起重机	5t	台班	365.82	386.04	20.22
35	汽车式起重机	8t	台班	532.59	528.55	-4.04
36	汽车式起重机	12t	台班	676.26	673.28	-2.98
37	汽车式起重机	16t	台班	838.83	836.10	-2.73
38	汽车式起重机	20t	台班	950.67	948.88	-1.79
39	汽车式起重机	25t	台班	1061.24	1060.86	-0.38
40	汽车式起重机	30t	台班	1303.75	1304.54	0.79
41	汽车式起重机	50t	台班	3177.34	3184.11	6.77
42	龙门式起重机	10t	台班	348.34	359.38	11.04
43	龙门式起重机	20t	台班	560.96	586.85	25.89
44	龙门式起重机	40t	台班	913.32	952.76	39.44
45	塔式起重机	1500kN·m	台班	4600.00	4698.13	98.13
46	塔式起重机	2500kN·m	台班	5400.00	5515.75	115.75
47	自升式塔式起重机	3000t·m	台班	7942.26	8137.26	195.00
48	炉顶式起重机	300t·m	台班	1255.68	1301.19	45.51
49	载重汽车	5t	台班	288.62	282.09	-6.53
50	载重汽车	6t	台班	309.41	302.94	-6.47
51	载重汽车	8t	台班	363.01	356.64	-6.37
52	自卸汽车	8t	台班	470.06	462.54	-7.52
53	自卸汽车	12t	台班	640.17	632.66	-7.51
54	平板拖车组	10t	台班	517.87	550.20	32.33
55	平板拖车组	20t	台班	791.70	789.28	-2.42
56	平板拖车组	30t	台班	946.95	947.32	0.37
57	平板拖车组	40t	台班	1157.43	1161.10	3.67
58	机动翻斗车	1t	台班	117.48	116.26	-1.22

序号	机　械	规格	单位	定额单价	实际单价	价差
59	管子拖车	24t	台班	1430.23	1407.75	−22.48
60	管子拖车	35t		1812.39	1793.91	−18.48
61	洒水车	4000L	台班	357.77	401.81	44.04
62	电动卷扬机（单筒快速）	10kN		98.95	103.06	4.11
63	电动卷扬机（单筒慢速）	30kN	台班	107.78	111.72	3.94
64	电动卷扬机（单筒慢速）	50kN	台班	116.18	120.38	4.20
65	电动卷扬机（单筒慢速）	100kN	台班	184.07	193.20	9.13
66	电动卷扬机（单筒慢速）	200kN	台班	350.31	373.62	23.31
67	电动卷扬机（双筒慢速）	50kN	台班	137.82	144.22	6.40
68	双笼施工电梯	200m	台班	535.36	555.35	19.99
69	灰浆搅拌机	400L	台班	79.75	81.65	1.90
70	混凝土振捣器（平台式）		台班	19.92	20.42	0.50
71	混凝土振捣器（插入式）		台班	13.96	14.46	0.50
72	木工圆锯机	500mm	台班	25.27	28.27	3.00
73	木工压刨床	刨削宽度　单面 600mm	台班	36.98	40.56	3.58
74	木工压刨床	刨削宽度　三面 400mm	台班	83.42	89.97	6.55
75	摇臂钻床	钻孔直径 50mm	台班	119.95	121.18	1.23
76	剪板机	厚度×宽度 20mm×2000mm	台班	232.32	237.73	5.41
77	剪板机	厚度×宽度 20mm×2500mm	台班	256.39	263.56	7.17
78	剪板机	厚度×宽度 40mm×3100mm	台班	601.77	619.30	17.53
79	钢筋弯曲机	40mm	台班	24.38	25.98	1.60
80	型钢剪断机	500mm	台班	185.10	191.75	6.65
81	弯管机	WC27～108	台班	79.40	83.41	4.01
82	型钢调直机		台班	55.68	58.43	2.75

序号	机　械	规格	单位	定额单价	实际单价	价差
83	卷板机	板厚×宽度 20mm×2000mm	台班	177.41	185.42	8.01
84	卷板机	板厚×宽度 20mm×2500mm	台班	232.66	240.67	8.01
85	联合冲剪机	板厚 16mm	台班	263.27	264.90	1.63
86	管子切断机	150mm	台班	42.74	44.35	1.61
87	管子切断机	250mm	台班	52.71	55.52	2.81
88	管子切断套丝机	159mm	台班	20.34	20.76	0.42
89	电动煨弯机	100mm	台班	136.40	139.18	2.78
90	钢板校平机	30×2600	台班	281.32	290.07	8.75
91	刨边机	加工长度 12000mm	台班	607.95	617.44	9.49
92	坡口机	630mm	台班	381.94	387.57	5.63
93	电动单级离心清水泵	出口直径 150mm	台班	148.10	159.05	10.95
94	电动单级离心清水泵	出口直径 200mm	台班	178.20	191.20	13.00
95	电动多级离心清水泵	出口直径 100mm，扬程 120m 以下	台班	252.60	275.15	22.55
96	电动多级离心清水泵	出口直径 150mm，扬程 180m 以下	台班	580.30	656.46	76.16
97	电动多级离心清水泵	出口直径 200mm，扬程 280m 以下	台班	1446.40	1657.65	211.25
98	泥浆泵	出口直径 100mm	台班	265.60	294.93	29.33
99	真空泵	抽气速度 204m^3/h	台班	113.72	120.45	6.73
100	试压泵	25MPa	台班	72.26	74.17	1.91
101	试压泵	30MPa	台班	73.03	74.99	1.96
102	试压泵	80MPa	台班	85.80	88.10	2.30

序号	机 械	规格	单位	定额单价	实际单价	价差
103	液压注浆泵	HYB50-50-Ⅰ型	台班	196.75	198.70	1.95
104	井点喷射泵	喷射速度 40m³/h	台班	158.37	175.87	17.50
105	交流电焊机	21kVA	台班	52.89	60.42	7.53
106	交流电焊机	30kVA	台班	72.94	83.84	10.90
107	对焊机	75kVA	台班	108.30	123.66	15.36
108	等离子切割机	电流 400A	台班	191.30	215.50	24.20
109	氩弧焊机	电流 500A	台班	101.13	109.97	8.84
110	半自动切割机	厚度 100mm	台班	78.49	80.99	2.50
111	点焊机（短臂）	50kVA	台班	85.80	98.70	12.90
112	热熔焊接机	SHD-160C	台班	268.83	276.58	7.75
113	逆变多功能焊机	D7-500	台班	145.30	155.30	10.00
114	电动空气压缩机	排气量 0.6m³/min	台班	91.61	94.64	3.03
115	电动空气压缩机	排气量 3m³/min	台班	175.09	188.53	13.44
116	电动空气压缩机	排气量 10m³/min	台班	408.05	458.45	50.40
117	爬模机		台班	2000.00	2040.75	40.75
118	冷却塔曲线电梯	QWT60	台班	301.93	316.93	15.00
119	冷却塔折臂塔式起重机	240t·m 以内	台班	1670.46	1698.77	28.31
120	轴流通风机	7.5kW	台班	38.50	43.50	5.00
121	抓斗	0.5m³	台班	120.10	125.35	5.25
122	拖轮	125kW	台班	1014.39	995.92	-18.47
123	锚艇	88kW	台班	892.68	875.97	-16.71
124	超声波探伤机	CTS-22	台班	135.25	139.44	4.19
125	悬挂提升装置	LXD-200	台班	209.50	213.88	4.38
126	鼓风机	30m³/min	台班	315.60	350.60	35.00
127	挖泥船	120m³/h	台班	2299.97	2256.00	-43.97

附表16 福建省电力建设建筑工程施工机械台班价差调整表

单位：元

序号	机　　械	规格	单位	定额单价	实际单价	价差
1	履带式推土机	75kW	台班	609.40	611.07	1.67
2	履带式推土机	105kW	台班	771.69	773.53	1.84
3	履带式推土机	135kW	台班	955.31	957.33	2.02
4	拖式铲运机	3m³	台班	393.25	394.34	1.09
5	轮胎式装载机	2m³	台班	673.40	675.42	2.02
6	履带式拖拉机	75kW	台班	565.50	567.18	1.68
7	履带式单斗挖掘机（液压）	1m³	台班	968.20	970.15	1.95
8	光轮压路机（内燃）	12t	台班	379.11	380.10	0.99
9	光轮压路机（内燃）	15t	台班	448.66	449.99	1.33
10	振动压路机（机械式）	15t	台班	801.98	804.65	2.67
11	振动压路机（液压式）	15t	台班	765.09	767.53	2.44
12	轮胎压路机	9t	台班	367.00	371.42	4.42
13	夯实机		台班	24.60	25.67	1.07
14	液压锻钎机	11.25kW	台班	199.17	204.41	5.24
15	磨钎机		台班	226.13	232.60	6.47
16	履带式柴油打桩机	锤重 3.5t	台班	1146.87	1148.35	1.48
17	履带式柴油打桩机	锤重 7t	台班	2448.09	2449.87	1.78
18	履带式柴油打桩机	锤重 8t	台班	2542.41	2544.25	1.84
19	轨道式柴油打桩机	锤重 2.5t	台班	950.75	958.54	7.79
20	轨道式柴油打桩机	锤重 3.5t	台班	1305.96	1317.03	11.07
21	振动打拔桩机	40t	台班	901.42	914.23	12.81
22	冲击成孔机		台班	334.47	337.04	2.57
23	履带式钻孔机	φ700	台班	552.43	567.57	15.14
24	履带式长螺旋钻孔机		台班	481.65	495.77	14.12
25	液压钻机	XU-100	台班	131.10	133.73	2.63

序号	机　　械	规格	单位	定额单价	实际单价	价差
26	单重管旋喷机		台班	1124.08	1126.46	2.38
27	履带式起重机	25t	台班	708.01	709.33	1.32
28	履带式起重机	40t	台班	1288.86	1290.83	1.97
29	履带式起重机	50t	台班	1780.48	1783.21	2.73
30	履带式起重机	60t	台班	2214.64	2217.37	2.73
31	履带式起重机	80t	台班	2860.30	2863.65	3.35
32	履带式起重机	100t	台班	4370.25	4373.82	3.57
33	履带式起重机	150t	台班	7376.20	7380.09	3.89
34	汽车起重机	5t	台班	365.82	386.03	20.21
35	汽车式起重机	8t	台班	532.59	536.67	4.08
36	汽车式起重机	12t	台班	676.26	682.01	5.75
37	汽车式起重机	16t	台班	838.83	846.34	7.51
38	汽车式起重机	20t	台班	950.67	959.86	9.19
39	汽车式起重机	25t	台班	1061.24	1072.50	11.26
40	汽车式起重机	30t	台班	1303.75	1317.11	13.36
41	汽车式起重机	50t	台班	3177.34	3198.95	21.61
42	龙门式起重机	10t	台班	348.34	354.01	5.67
43	龙门式起重机	20t	台班	560.96	574.25	13.29
44	龙门式起重机	40t	台班	913.32	933.57	20.25
45	塔式起重机	1500kN・m	台班	4600.00	4650.38	50.38
46	塔式起重机	2500kN・m	台班	5400.00	5459.43	59.43
47	自升式塔式起重	3000t・m	台班	7942.26	8042.38	100.12
48	炉顶式起重机	300t・m	台班	1255.68	1279.05	23.37
49	载重汽车	5t	台班	288.62	291.28	2.66
50	载重汽车	6t	台班	309.41	312.44	3.03
51	载重汽车	8t	台班	363.01	366.78	3.77
52	自卸汽车	8t	台班	470.06	474.24	4.18

序号	机 械	规格	单位	定额单价	实际单价	价差
53	自卸汽车	12t	台班	640.17	645.98	5.81
54	平板拖车组	10t	台班	517.87	550.19	32.32
55	平板拖车组	20t	台班	791.70	802.25	10.55
56	平板拖车组	30t	台班	946.95	962.29	15.34
57	平板拖车组	40t	台班	1157.43	1177.49	20.06
58	机动翻斗车	1t	台班	117.48	117.99	0.51
59	管子拖车	24t	台班	1430.23	1442.75	12.52
60	管子拖车	35t	台班	1812.39	1828.91	16.52
61	洒水车	4000L	台班	357.77	401.81	44.04
62	电动卷扬机(单筒快速)	10kN	台班	98.95	101.06	2.11
63	电动卷扬机(单筒慢速)	30kN	台班	107.78	109.80	2.02
64	电动卷扬机(单筒慢速)	50kN	台班	116.18	118.34	2.16
65	电动卷扬机(单筒慢速)	100kN	台班	184.07	188.76	4.69
66	电动卷扬机(单筒慢速)	200kN	台班	350.31	362.28	11.97
67	电动卷扬机(双筒慢速)	50kN	台班	137.82	141.11	3.29
68	双笼施工电梯	200m	台班	535.36	545.62	10.26
69	灰浆搅拌机	400L	台班	79.75	80.72	0.97
70	混凝土振捣器(平台式)		台班	19.92	20.18	0.26
71	混凝土振捣器(插入式)		台班	13.96	14.22	0.26
72	木工圆锯机	500mm	台班	25.27	26.81	1.54
73	木工压刨床	刨削宽度 单面 600mm	台班	36.98	38.82	1.84
74	木工压刨床	刨削宽度 三面 400mm	台班	83.42	86.78	3.36
75	摇臂钻床	钻孔直径 50mm	台班	119.95	120.58	0.63
76	剪板机	厚度×宽度 20mm×2000mm	台班	232.32	235.10	2.78

序号	机　械	规格	单位	定额单价	实际单价	价差
77	剪板机	厚度×宽度 20mm×2500mm	台班	256.39	260.07	3.68
78	剪板机	厚度×宽度 40mm×3100mm	台班	601.77	610.77	9.00
79	钢筋弯曲机	40mm	台班	24.38	25.20	0.82
80	型钢剪断机	500mm	台班	185.10	188.51	3.41
81	弯管机	WC27～108	台班	79.40	81.46	2.06
82	型钢调直机			55.68	57.09	1.41
83	卷板机	板厚×宽度 20mm×2000mm	台班	177.41	181.52	4.11
84	卷板机	板厚×宽度 20mm×2500mm	台班	232.66	236.77	4.11
85	联合冲剪机	板厚 16mm	台班	263.27	264.10	0.83
86	管子切断机	150mm	台班	42.74	43.57	0.83
87	管子切断机	250mm	台班	52.71	54.15	1.44
88	管子切断套丝机	159mm	台班	20.34	20.56	0.22
89	电动煨弯机	100mm	台班	136.40	137.82	1.42
90	钢板校平机	30×2600	台班	281.32	285.81	4.49
91	刨边机	加工长度 12000mm	台班	607.95	612.82	4.87
92	坡口机	630mm	台班	381.94	384.83	2.89
93	电动单级离心清水泵	出口直径 150mm	台班	148.10	153.72	5.62
94	电动单级离心清水泵	出口直径 200mm	台班	178.20	184.87	6.67
95	电动多级离心清水泵	出口直径 100mm，扬程 120m 以下	台班	252.60	264.18	11.58
96	电动多级离心清水泵	出口直径 150mm，扬程 180m 以下	台班	580.30	619.40	39.10

序号	机 械	规格	单位	定额单价	实际单价	价差
97	电动多级离心清水泵	出口直径200mm，扬程280m以下	台班	1446.40	1554.86	108.46
98	泥浆泵	出口直径100mm	台班	265.60	280.66	15.06
99	真空泵	抽气速度204m³/h	台班	113.72	117.17	3.45
100	试压泵	25MPa	台班	72.26	73.24	0.98
101	试压泵	30MPa	台班	73.03	74.04	1.01
102	试压泵	80MPa	台班	85.80	86.98	1.18
103	液压注浆泵	HYB50-50-Ⅰ型	台班	196.75	197.75	1.00
104	井点喷射泵	喷射速度40m³/h	台班	158.37	167.36	8.99
105	交流电焊机	21kVA	台班	52.89	56.76	3.87
106	交流电焊机	30kVA	台班	72.94	78.54	5.60
107	对焊机	75kVA	台班	108.30	116.19	7.89
108	等离子切割机	电流 400A	台班	191.30	203.73	12.43
109	氩弧焊机	电流 500A	台班	101.13	105.67	4.54
110	半自动切割机	厚度 100mm	台班	78.49	79.77	1.28
111	点焊机（短臂）	50kVA	台班	85.80	92.42	6.62
112	热熔焊接机	SHD-160C	台班	268.83	272.81	3.98
113	逆变多功能焊机	D7-500	台班	145.30	150.43	5.13
114	电动空气压缩机	排气量0.6m³/min	台班	91.61	93.16	1.55
115	电动空气压缩机	排气量3m³/min	台班	175.09	181.99	6.90
116	电动空气压缩机	排气量10m³/min	台班	408.05	433.93	25.88
117	爬模机		台班	2000.00	2020.92	20.92
118	冷却塔曲线电梯	QWT60	台班	301.93	309.63	7.70

序号	机 械	规格	单位	定额单价	实际单价	价差
119	冷却塔折臂塔式起重机	240t·m 以内	台班	1670.46	1684.99	14.53
120	轴流通风机	7.5kW	台班	38.50	41.07	2.57
121	抓斗	0.5m³	台班	120.10	122.80	2.70
122	拖轮	125kW	台班	1014.39	1016.63	2.24
123	锚艇	88kW	台班	892.68	894.71	2.03
124	超声波探伤机	CTS-22	台班	135.25	137.40	2.15
125	悬挂提升装置	LXD-200	台班	209.50	211.75	2.25
126	鼓风机	30m³/min	台班	315.60	333.57	17.97
127	挖泥船	120m³/h	台班	2299.97	2305.31	5.34

附表17 河南省电力建设建筑工程施工机械台班价差调整表

单位：元

序号	机 械	规格	单位	定额单价	实际单价	价差
1	履带式推土机	75kW	台班	609.40	613.00	3.60
2	履带式推土机	105kW	台班	771.69	775.64	3.95
3	履带式推土机	135kW	台班	955.31	959.66	4.35
4	拖式铲运机	3m³	台班	393.25	395.59	2.34
5	轮胎式装载机	2m³	台班	673.40	677.75	4.35
6	履带式拖拉机	75kW	台班	565.50	569.12	3.62
7	履带式单斗挖掘机（液压）	1m³	台班	968.20	972.40	4.20
8	光轮压路机（内燃）	12t	台班	379.11	381.25	2.14
9	光轮压路机（内燃）	15t	台班	448.66	451.52	2.86
10	振动压路机（机械式）	15t	台班	801.98	807.73	5.75
11	振动压路机（液压式）	15t	台班	765.09	770.35	5.26
12	轮胎压路机	9t	台班	367.00	372.55	5.55

序号	机　　械	规格	单位	定额单价	实际单价	价差
13	夯实机		台班	24.60	26.50	1.90
14	液压锻钎机	11.25kW	台班	199.17	208.50	9.33
15	磨钎机		台班	226.13	237.65	11.52
16	履带式柴油打桩机	锤重 3.5t	台班	1146.87	1150.07	3.20
17	履带式柴油打桩机	锤重 7t	台班	2448.09	2451.92	3.83
18	履带式柴油打桩机	锤重 8t	台班	2542.41	2546.37	3.96
19	轨道式柴油打桩机	锤重 2.5t	台班	950.75	965.09	14.34
20	轨道式柴油打桩机	锤重 3.5t	台班	1305.96	1326.27	20.31
21	振动打拔桩机	40t	台班	901.42	924.52	23.10
22	冲击成孔机		台班	334.47	339.04	4.57
23	履带式钻孔机	ϕ700	台班	552.43	579.78	27.35
24	履带式长螺旋钻孔机		台班	481.65	506.80	25.15
25	液压钻机	XU-100	台班	131.10	136.76	5.66
26	单重管旋喷机		台班	1124.08	1129.20	5.12
27	履带式起重机	25t	台班	708.01	710.86	2.85
28	履带式起重机	40t	台班	1288.86	1293.10	4.24
29	履带式起重机	50t	台班	1780.48	1786.35	5.87
30	履带式起重机	60t	台班	2214.64	2220.51	5.87
31	履带式起重机	80t	台班	2860.30	2867.52	7.22
32	履带式起重机	100t	台班	4370.25	4377.93	7.68
33	履带式起重机	150t	台班	7376.20	7384.58	8.38
34	汽车式起重机	5t	台班	365.82	385.29	19.47
35	汽车式起重机	8t	台班	532.59	537.85	5.26
36	汽车式起重机	12t	台班	676.26	683.34	7.08
37	汽车式起重机	16t	台班	838.83	847.94	9.11
38	汽车式起重机	20t	台班	950.67	961.63	10.96
39	汽车式起重机	25t	台班	1061.24	1074.46	13.22

序号	机 械	规格	单位	定额单价	实际单价	价差
40	汽车式起重机	30t	台班	1303.75	1319.28	15.53
41	汽车式起重机	50t	台班	3177.34	3201.80	24.46
42	龙门式起重机	10t	台班	348.34	358.43	10.09
43	龙门式起重机	20t	台班	560.96	584.64	23.68
44	龙门式起重机	40t	台班	913.32	949.39	36.07
45	塔式起重机	1500kN·m	台班	4600.00	4689.74	89.74
46	塔式起重机	2500kN·m	台班	5400.00	5505.86	105.86
47	自升式塔式起重机	3000t·m	台班	7942.26	8120.60	178.34
48	炉顶式起重机	300t·m	台班	1255.68	1297.30	41.62
49	载重汽车	5t	台班	288.62	292.52	3.90
50	载重汽车	6t	台班	309.41	313.73	4.32
51	载重汽车	8t	台班	363.01	368.18	5.17
52	自卸汽车	8t	台班	470.06	475.84	5.78
53	自卸汽车	12t	台班	640.17	647.86	7.69
54	平板拖车组	10t	台班	517.87	549.14	31.27
55	平板拖车组	20t	台班	791.70	804.33	12.63
56	平板拖车组	30t	台班	946.95	964.84	17.89
57	平板拖车组	40t	台班	1157.43	1180.45	23.02
58	机动翻斗车	1t	台班	117.48	118.22	0.74
59	管子拖车	24t	台班	1430.23	1447.56	17.33
60	管子拖车	35t		1812.39	1833.92	21.53
61	洒水车	4000L	台班	357.77	400.90	43.13
62	电动卷扬机（单筒快速）	10kN		98.95	102.71	3.76
63	电动卷扬机（单筒慢速）	30kN	台班	107.78	111.38	3.60
64	电动卷扬机（单筒慢速）	50kN	台班	116.18	120.02	3.84
65	电动卷扬机（单筒慢速）	100kN	台班	184.07	192.42	8.35
66	电动卷扬机（单筒慢速）	200kN	台班	350.31	371.63	21.32

序号	机 械	规格	单位	定额单价	实际单价	价差
67	电动卷扬机（双筒慢速）	50kN	台班	137.82	143.67	5.85
68	双笼施工电梯	200m	台班	535.36	553.64	18.28
69	灰浆搅拌机	400L	台班	79.75	81.48	1.73
70	混凝土振捣器（平台式）		台班	19.92	20.38	0.46
71	混凝土振捣器（插入式）		台班	13.96	14.42	0.46
72	木工圆锯机	500mm	台班	25.27	28.01	2.74
73	木工压刨床	刨削宽度 单面 600mm	台班	36.98	40.25	3.27
74	木工压刨床	刨削宽度 三面 400mm	台班	83.42	89.41	5.99
75	摇臂钻床	钻孔直径 50mm	台班	119.95	121.08	1.13
76	剪板机	厚度×宽度 20mm×2000mm	台班	232.32	237.27	4.95
77	剪板机	厚度×宽度 20mm×2500mm	台班	256.39	262.95	6.56
78	剪板机	厚度×宽度 40mm×3100mm	台班	601.77	617.80	16.03
79	钢筋弯曲机	40mm	台班	24.38	25.84	1.46
80	型钢剪断机	500mm	台班	185.10	191.18	6.08
81	弯管机	WC27～108	台班	79.40	83.07	3.67
82	型钢调直机		台班	55.68	58.20	2.52
83	卷板机	板厚×宽度 20mm×2000mm	台班	177.41	184.74	7.33
84	卷板机	板厚×宽度 20mm×2500mm	台班	232.66	239.99	7.33
85	联合冲剪机	板厚 16mm	台班	263.27	264.76	1.49
86	管子切断机	150mm	台班	42.74	44.21	1.47
87	管子切断机	250mm	台班	52.71	55.28	2.57
88	管子切断套丝机	159mm	台班	20.34	20.72	0.38
89	电动煨弯机	100mm	台班	136.40	138.94	2.54

序号	机 械	规格	单位	定额单价	实际单价	价差
90	钢板校平机	30×2600	台班	281.32	289.32	8.00
91	刨边机	加工长度 12000mm	台班	607.95	616.63	8.68
92	坡口机	630mm	台班	381.94	387.08	5.14
93	电动单级离心清水泵	出口直径 150mm	台班	148.10	158.11	10.01
94	电动单级离心清水泵	出口直径 200mm	台班	178.20	190.09	11.89
95	电动多级离心清水泵	出口直径 100mm，扬程 120m 以下	台班	252.60	273.22	20.62
96	电动多级离心清水泵	出口直径 150mm，扬程 180m 以下	台班	580.30	649.96	69.66
97	电动多级离心清水泵	出口直径 200mm，扬程 280m 以下	台班	1446.40	1639.60	193.20
98	泥浆泵	出口直径 100mm	台班	265.60	292.42	26.82
99	真空泵	抽气速度 204m³/h	台班	113.72	119.87	6.15
100	试压泵	25MPa	台班	72.26	74.01	1.75
101	试压泵	30MPa	台班	73.03	74.82	1.79
102	试压泵	80MPa	台班	85.80	87.90	2.10
103	液压注浆泵	HYB50-50-Ⅰ型	台班	196.75	198.54	1.79
104	井点喷射泵	喷射速度 40m³/h	台班	158.37	174.37	16.00
105	交流电焊机	21kVA	台班	52.89	59.78	6.89
106	交流电焊机	30kVA	台班	72.94	82.91	9.97
107	对焊机	75kVA	台班	108.30	122.35	14.05
108	等离子切割机	电流　400A	台班	191.30	213.43	22.13
109	氩弧焊机	电流　500A	台班	101.13	109.21	8.08

序号	机 械	规格	单位	定额单价	实际单价	价差
110	半自动切割机	厚度 100mm	台班	78.49	80.78	2.29
111	点焊机（短臂）	50kVA	台班	85.80	97.60	11.80
112	热熔焊接机	SHD-160C	台班	268.83	275.92	7.09
113	逆变多功能焊机	D7-500	台班	145.30	154.45	9.15
114	电动空气压缩机	排气量 0.6m³/min	台班	91.61	94.38	2.77
115	电动空气压缩机	排气量 3m³/min	台班	175.09	187.38	12.29
116	电动空气压缩机	排气量 10m³/min	台班	408.05	454.14	46.09
117	爬模机		台班	2000.00	2037.27	37.27
118	冷却塔曲线电梯	QWT60	台班	301.93	315.65	13.72
119	冷却塔折臂塔式起重机	240t·m 以内	台班	1670.46	1696.35	25.89
120	轴流通风机	7.5kW	台班	38.50	43.07	4.57
121	抓斗	0.5m³	台班	120.10	124.90	4.80
122	拖轮	125kW	台班	1014.39	1019.22	4.83
123	锚艇	88kW	台班	892.68	897.05	4.37
124	超声波探伤机	CTS-22	台班	135.25	139.08	3.83
125	悬挂提升装置	LXD-200	台班	209.50	213.50	4.00
126	鼓风机	30m³/min	台班	315.60	347.61	32.01
127	挖泥船	120m³/h	台班	2299.97	2311.48	11.51

附表18 湖北省电力建设建筑工程施工机械台班价差调整表

单位：元

序号	机 械	规格	单位	定额单价	实际单价	价差
1	履带式推土机	75kW	台班	609.40	613.00	3.60
2	履带式推土机	105kW	台班	771.69	775.64	3.95

序号	机　械	规格	单位	定额单价	实际单价	价差
3	履带式推土机	135kW	台班	955.31	959.66	4.35
4	拖式铲运机	3m³	台班	393.25	395.59	2.34
5	轮胎式装载机	2m³	台班	673.40	677.75	4.35
6	履带式拖拉机	75kW	台班	565.50	569.12	3.62
7	履带式单斗挖掘机（液压）	1m³	台班	968.20	972.40	4.20
8	光轮压路机（内燃）	12t	台班	379.11	381.25	2.14
9	光轮压路机（内燃）	15t	台班	448.66	451.52	2.86
10	振动压路机（机械式）	15t	台班	801.98	807.73	5.75
11	振动压路机（液压式）	15t	台班	765.09	770.35	5.26
12	轮胎压路机	9t	台班	367.00	372.55	5.55
13	夯实机		台班	24.60	26.59	1.99
14	液压锻钎机	11.25kW	台班	199.17	208.96	9.79
15	磨钎机		台班	226.13	238.23	12.10
16	履带式柴油打桩机	锤重 3.5t	台班	1146.87	1150.07	3.20
17	履带式柴油打桩机	锤重 7t	台班	2448.09	2451.92	3.83
18	履带式柴油打桩机	锤重 8t	台班	2542.41	2546.37	3.96
19	轨道式柴油打桩机	锤重 2.5t	台班	950.75	965.67	14.92
20	轨道式柴油打桩机	锤重 3.5t	台班	1305.96	1327.11	21.15
21	振动打拔桩机	40t	台班	901.42	925.59	24.17
22	冲击成孔机		台班	334.47	339.27	4.80
23	履带式钻孔机	φ700	台班	552.43	581.03	28.60
24	履带式长螺旋钻孔机		台班	481.65	508.05	26.40
25	液压钻机	XU-100	台班	131.10	136.76	5.66
26	单重管旋喷机		台班	1124.08	1129.20	5.12
27	履带式起重机	25t	台班	708.01	710.86	2.85
28	履带式起重机	40t	台班	1288.86	1293.10	4.24

序号	机　　械	规格	单位	定额单价	实际单价	价差
29	履带式起重机	50t	台班	1780.48	1786.35	5.87
30	履带式起重机	60t	台班	2214.64	2220.51	5.87
31	履带式起重机	80t	台班	2860.30	2867.52	7.22
32	履带式起重机	100t	台班	4370.25	4377.93	7.68
33	履带式起重机	150t	台班	7376.20	7384.58	8.38
34	汽车式起重机	5t	台班	365.82	387.09	21.27
35	汽车式起重机	8t	台班	532.59	537.85	5.26
36	汽车式起重机	12t	台班	676.26	683.34	7.08
37	汽车式起重机	16t	台班	838.83	847.94	9.11
38	汽车式起重机	20t	台班	950.67	961.63	10.96
39	汽车式起重机	25t	台班	1061.24	1074.46	13.22
40	汽车式起重机	30t	台班	1303.75	1319.28	15.53
41	汽车式起重机	50t	台班	3177.34	3201.80	24.46
42	龙门式起重机	10t	台班	348.34	358.93	10.59
43	龙门式起重机	20t	台班	560.96	585.81	24.85
44	龙门式起重机	40t	台班	913.32	951.18	37.86
45	塔式起重机	1500kN·m	台班	4600.00	4694.20	94.20
46	塔式起重机	2500kN·m	台班	5400.00	5511.12	111.12
47	自升式塔式起重机	3000t·m	台班	7942.26	8129.46	187.20
48	炉顶式起重机	300t·m	台班	1255.68	1299.37	43.69
49	载重汽车	5t	台班	288.62	292.52	3.90
50	载重汽车	6t	台班	309.41	313.73	4.32
51	载重汽车	8t	台班	363.01	368.18	5.17
52	自卸汽车	8t	台班	470.06	475.84	5.78
53	自卸汽车	12t	台班	640.17	647.86	7.69
54	平板拖车组	10t	台班	517.87	551.88	34.01
55	平板拖车组	20t	台班	791.70	804.33	12.63

序号	机 械	规格	单位	定额单价	实际单价	价差
56	平板拖车组	30t	台班	946.95	964.84	17.89
57	平板拖车组	40t	台班	1157.43	1180.45	23.02
58	机动翻斗车	1t	台班	117.48	118.22	0.74
59	管子拖车	24t	台班	1430.23	1447.56	17.33
60	管子拖车	35t	台班	1812.39	1833.92	21.53
61	洒水车	4000L	台班	357.77	402.99	45.22
62	电动卷扬机（单筒快速）	10kN	台班	98.95	102.90	3.95
63	电动卷扬机（单筒慢速）	30kN	台班	107.78	111.56	3.78
64	电动卷扬机（单筒慢速）	50kN	台班	116.18	120.21	4.03
65	电动卷扬机（单筒慢速）	100kN	台班	184.07	192.83	8.76
66	电动卷扬机（单筒慢速）	200kN	台班	350.31	372.69	22.38
67	电动卷扬机（双筒慢速）	50kN	台班	137.82	143.96	6.14
68	双笼施工电梯	200m	台班	535.36	554.55	19.19
69	灰浆搅拌机	400L	台班	79.75	81.57	1.82
70	混凝土振捣器（平台式）		台班	19.92	20.40	0.48
71	混凝土振捣器（插入式）		台班	13.96	14.44	0.48
72	木工圆锯机	500mm	台班	25.27	28.15	2.88
73	木工压刨床	刨削宽度 单面 600mm	台班	36.98	40.41	3.43
74	木工压刨床	刨削宽度 三面 400mm	台班	83.42	89.71	6.29
75	摇臂钻床	钻孔直径 50mm	台班	119.95	121.13	1.18
76	剪板机	厚度×宽度 20mm×2000mm	台班	232.32	237.51	5.19
77	剪板机	厚度×宽度 20mm×2500mm	台班	256.39	263.27	6.88
78	剪板机	厚度×宽度 40mm×3100mm	台班	601.77	618.59	16.82
79	钢筋弯曲机	40mm	台班	24.38	25.92	1.54

序号	机　　械	规格	单位	定额单价	实际单价	价差
80	型钢剪断机	500mm	台班	185.10	191.48	6.38
81	弯管机	WC27～108	台班	79.40	83.25	3.85
82	型钢调直机		台班	55.68	58.32	2.64
83	卷板机	板厚×宽度 20mm×2000mm	台班	177.41	185.10	7.69
84	卷板机	板厚×宽度 20mm×2500mm	台班	232.66	240.35	7.69
85	联合冲剪机	板厚 16mm	台班	263.27	264.83	1.56
86	管子切断机	150mm	台班	42.74	44.29	1.55
87	管子切断机	250mm	台班	52.71	55.41	2.70
88	管子切断套丝机	159mm	台班	20.34	20.74	0.40
89	电动煨弯机	100mm	台班	136.40	139.06	2.66
90	钢板校平机	30×2600	台班	281.32	289.72	8.40
91	刨边机	加工长度 12000mm	台班	607.95	617.06	9.11
92	坡口机	630mm	台班	381.94	387.34	5.40
93	电动单级离心清水泵	出口直径 150mm	台班	148.10	158.61	10.51
94	电动单级离心清水泵	出口直径 200mm	台班	178.20	190.68	12.48
95	电动多级离心清水泵	出口直径 100mm，扬程 120m 以下	台班	252.60	274.25	21.65
96	电动多级离心清水泵	出口直径 150mm，扬程 180m 以下	台班	580.30	653.42	73.12
97	电动多级离心清水泵	出口直径 200mm，扬程 280m 以下	台班	1446.40	1649.20	202.80
98	泥浆泵	出口直径 100mm	台班	265.60	293.75	28.15
99	真空泵	抽气速度 204m³/h	台班	113.72	120.18	6.46

序号	机　　械	规格	单位	定额单价	实际单价	价差
100	试压泵	25MPa	台班	72.26	74.10	1.84
101	试压泵	30MPa	台班	73.03	74.91	1.88
102	试压泵	80MPa	台班	85.80	88.00	2.20
103	液压注浆泵	HYB50-50-Ⅰ型	台班	196.75	198.63	1.88
104	井点喷射泵	喷射速度 40m³/h	台班	158.37	175.17	16.80
105	交流电焊机	21kVA	台班	52.89	60.12	7.23
106	交流电焊机	30kVA	台班	72.94	83.40	10.46
107	对焊机	75kVA	台班	108.30	123.05	14.75
108	等离子切割机	电流　400A	台班	191.30	214.53	23.23
109	氩弧焊机	电流　500A	台班	101.13	109.61	8.48
110	半自动切割机	厚度　100mm	台班	78.49	80.89	2.40
111	点焊机（短臂）	50kVA	台班	85.80	98.19	12.39
112	热熔焊接机	SHD-160C	台班	268.83	276.27	7.44
113	逆变多功能焊机	D7-500	台班	145.30	154.90	9.60
114	电动空气压缩机	排气量 0.6m³/min	台班	91.61	94.51	2.90
115	电动空气压缩机	排气量 3m³/min	台班	175.09	187.99	12.90
116	电动空气压缩机	排气量 10m³/min	台班	408.05	456.43	48.38
117	爬模机		台班	2000.00	2039.12	39.12
118	冷却塔曲线电梯	QWT60	台班	301.93	316.33	14.40
119	冷却塔折臂塔式起重机	240t·m 以内	台班	1670.46	1697.64	27.18
120	轴流通风机	7.5kW	台班	38.50	43.30	4.80
121	抓斗	0.5m³	台班	120.10	125.14	5.04
122	拖轮	125kW	台班	1014.39	1019.22	4.83
123	锚艇	88kW	台班	892.68	897.05	4.37

序号	机 械	规格	单位	定额单价	实际单价	价差
124	超声波探伤机	CTS-22	台班	135.25	139.27	4.02
125	悬挂提升装置	LXD-200	台班	209.50	213.70	4.20
126	鼓风机	30m³/min	台班	315.60	349.20	33.60
127	挖泥船	120m³/h	台班	2299.97	2311.48	11.51

附表 19　湖南省电力建设建筑工程施工机械台班价差调整表

单位：元

序号	机 械	规格	单位	定额单价	实际单价	价差
1	履带式推土机	75kW	台班	609.40	604.64	-4.76
2	履带式推土机	105kW	台班	771.69	766.47	-5.22
3	履带式推土机	135kW	台班	955.31	949.57	-5.74
4	拖式铲运机	3m³	台班	393.25	390.16	-3.09
5	轮胎式装载机	2m³	台班	673.40	667.65	-5.75
6	履带式拖拉机	75kW	台班	565.50	560.71	-4.79
7	履带式单斗挖掘机（液压）	1m³	台班	968.20	962.65	-5.55
8	光轮压路机（内燃）	12t	台班	379.11	376.28	-2.83
9	光轮压路机（内燃）	15t	台班	448.66	444.88	-3.78
10	振动压路机（机械式）	15t	台班	801.98	794.38	-7.60
11	振动压路机（液压式）	15t	台班	765.09	758.14	-6.95
12	轮胎压路机	9t	台班	367.00	368.45	1.45
13	夯实机		台班	24.60	26.76	2.16
14	液压锻钎机	11.25kW	台班	199.17	209.78	10.61
15	磨钎机		台班	226.13	239.23	13.10
16	履带式柴油打桩机	锤重 3.5t	台班	1146.87	1142.65	-4.22
17	履带式柴油打桩机	锤重 7t	台班	2448.09	2443.03	-5.06
18	履带式柴油打桩机	锤重 8t	台班	2542.41	2537.18	-5.23

序号	机　　械	规格	单位	定额单价	实际单价	价差
19	轨道式柴油打桩机	锤重 2.5t	台班	950.75	960.47	9.72
20	轨道式柴油打桩机	锤重 3.5t	台班	1305.96	1320.72	14.76
21	振动打拔桩机	40t	台班	901.42	923.60	22.18
22	冲击成孔机		台班	334.47	339.67	5.20
23	履带式钻孔机	ϕ 700	台班	552.43	578.12	25.69
24	履带式长螺旋钻孔机		台班	481.65	510.25	28.60
25	液压钻机	XU-100	台班	131.10	123.62	−7.48
26	单重管旋喷机		台班	1124.08	1117.32	−6.76
27	履带式起重机	25t	台班	708.01	704.24	−3.77
28	履带式起重机	40t	台班	1288.86	1283.26	−5.60
29	履带式起重机	50t	台班	1780.48	1772.72	−7.76
30	履带式起重机	60t	台班	2214.64	2206.88	−7.76
31	履带式起重机	80t	台班	2860.30	2850.76	−9.54
32	履带式起重机	100t	台班	4370.25	4360.10	−10.15
33	履带式起重机	150t	台班	7376.20	7365.13	−11.07
34	汽车式起重机	5t	台班	365.82	391.86	26.04
35	汽车式起重机	8t	台班	532.59	533.45	0.86
36	汽车式起重机	12t	台班	676.26	678.61	2.35
37	汽车式起重机	16t	台班	838.83	842.39	3.56
38	汽车式起重机	20t	台班	950.67	955.69	5.02
39	汽车式起重机	25t	台班	1061.24	1068.15	6.91
40	汽车式起重机	30t	台班	1303.75	1312.47	8.72
41	汽车式起重机	50t	台班	3177.34	3193.77	16.43
42	龙门式起重机	10t	台班	348.34	359.82	11.48
43	龙门式起重机	20t	台班	560.96	587.88	26.92
44	龙门式起重机	40t	台班	913.32	954.34	41.02
45	塔式起重机	1500kN·m	台班	4600.00	4702.05	102.05

序号	机　　械	规格	单位	定额单价	实际单价	价差
46	塔式起重机	2500kN·m	台班	5400.00	5520.38	120.38
47	自升式塔式起重机	3000t·m	台班	7942.26	8145.06	202.80
48	炉顶式起重机	300t·m	台班	1255.68	1303.01	47.33
49	载重汽车	5t	台班	288.62	287.53	−1.09
50	载重汽车	6t	台班	309.41	308.58	−0.83
51	载重汽车	8t	台班	363.01	362.68	−0.33
52	自卸汽车	8t	台班	470.06	469.51	−0.55
53	自卸汽车	12t	台班	640.17	640.65	0.48
54	平板拖车组	10t	台班	517.87	559.14	41.27
55	平板拖车组	20t	台班	791.70	797.30	5.60
56	平板拖车组	30t	台班	946.95	956.74	9.79
57	平板拖车组	40t	台班	1157.43	1171.58	14.15
58	机动翻斗车	1t	台班	117.48	117.28	−0.20
59	管子拖车	24t	台班	1430.23	1428.60	−1.63
60	管子拖车	35t	台班	1812.39	1814.96	2.57
61	洒水车	4000L	台班	357.77	408.51	50.74
62	电动卷扬机（单筒快速）	10kN	台班	98.95	103.23	4.28
63	电动卷扬机（单筒慢速）	30kN	台班	107.78	111.88	4.10
64	电动卷扬机（单筒慢速）	50kN	台班	116.18	120.55	4.37
65	电动卷扬机（单筒慢速）	100kN	台班	184.07	193.56	9.49
66	电动卷扬机（单筒慢速）	200kN	台班	350.31	374.56	24.25
67	电动卷扬机（双筒慢速）	50kN	台班	137.82	144.48	6.66
68	双笼施工电梯	200m	台班	535.36	556.15	20.79
69	灰浆搅拌机	400L	台班	79.75	81.72	1.97
70	混凝土振捣器（平台式）		台班	19.92	20.44	0.52
71	混凝土振捣器（插入式）		台班	13.96	14.48	0.52
72	木工圆锯机	500mm	台班	25.27	28.39	3.12

序号	机 械	规格	单位	定额单价	实际单价	价差
73	木工压刨床	刨削宽度 单面 600mm	台班	36.98	40.70	3.72
74	木工压刨床	刨削宽度 三面 400mm	台班	83.42	90.23	6.81
75	摇臂钻床	钻孔直径 50mm	台班	119.95	121.23	1.28
76	剪板机	厚度×宽度 20mm×2000mm	台班	232.32	237.94	5.62
77	剪板机	厚度×宽度 20mm×2500mm	台班	256.39	263.85	7.46
78	剪板机	厚度×宽度 40mm×3100mm	台班	601.77	620.00	18.23
79	钢筋弯曲机	40mm	台班	24.38	26.04	1.66
80	型钢剪断机	500mm	台班	185.10	192.02	6.92
81	弯管机	WC27～108	台班	79.40	83.57	4.17
82	型钢调直机		台班	55.68	58.54	2.86
83	卷板机	板厚×宽度 20mm×2000mm	台班	177.41	185.74	8.33
84	卷板机	板厚×宽度 20mm×2500mm	台班	232.66	240.99	8.33
85	联合冲剪机	板厚 16mm	台班	263.27	264.96	1.69
86	管子切断机	150mm	台班	42.74	44.42	1.68
87	管子切断机	250mm	台班	52.71	55.64	2.93
88	管子切断套丝机	159mm	台班	20.34	20.78	0.44
89	电动煨弯机	100mm	台班	136.40	139.29	2.89
90	钢板校平机	30×2600	台班	281.32	290.42	9.10
91	刨边机	加工长度 12000mm	台班	607.95	617.82	9.87
92	坡口机	630mm	台班	381.94	387.79	5.85
93	电动单级离心清水泵	出口直径 150mm	台班	148.10	159.49	11.39

序号	机　械	规格	单位	定额单价	实际单价	价差
94	电动单级离心清水泵	出口直径200mm	台班	178.20	191.72	13.52
95	电动多级离心清水泵	出口直径100mm，扬程120m 以下	台班	252.60	276.05	23.45
96	电动多级离心清水泵	出口直径150mm，扬程180m 以下	台班	580.30	659.51	79.21
97	电动多级离心清水泵	出口直径200mm，扬程280m 以下	台班	1446.40	1666.10	219.70
98	泥浆泵	出口直径100mm	台班	265.60	296.10	30.50
99	真空泵	抽气速度204m³/h	台班	113.72	120.71	6.99
100	试压泵	25MPa	台班	72.26	74.25	1.99
101	试压泵	30MPa	台班	73.03	75.07	2.04
102	试压泵	80MPa	台班	85.80	88.19	2.39
103	液压注浆泵	HYB50-50-Ⅰ型	台班	196.75	198.78	2.03
104	井点喷射泵	喷射速度40m³/h	台班	158.37	176.57	18.20
105	交流电焊机	21kVA	台班	52.89	60.73	7.84
106	交流电焊机	30kVA	台班	72.94	84.28	11.34
107	对焊机	75kVA	台班	108.30	124.28	15.98
108	等离子切割机	电流　400A	台班	191.30	216.47	25.17
109	氩弧焊机	电流　500A	台班	101.13	110.32	9.19
110	半自动切割机	厚度　100mm	台班	78.49	81.09	2.60
111	点焊机（短臂）	50kVA	台班	85.80	99.22	13.42
112	热熔焊接机	SHD-160C	台班	268.83	276.89	8.06
113	逆变多功能焊机	D7-500	台班	145.30	155.70	10.40
114	电动空气压缩机	排气量0.6m³/min	台班	91.61	94.76	3.15

序号	机 械	规格	单位	定额单价	实际单价	价差
115	电动空气压缩机	排气量 3m³/min	台班	175.09	189.07	13.98
116	电动空气压缩机	排气量 10m³/min	台班	408.05	460.47	52.42
117	爬模机		台班	2000.00	2042.38	42.38
118	冷却塔曲线电梯	QWT60	台班	301.93	317.53	15.60
119	冷却塔折臂塔式起重机	240t·m 以内	台班	1670.46	1699.90	29.44
120	轴流通风机	7.5kW	台班	38.50	43.70	5.20
121	抓斗	0.5m³	台班	120.10	125.56	5.46
122	拖轮	125kW	台班	1014.39	1008.00	−6.39
123	锚艇	88kW	台班	892.68	886.90	−5.78
124	超声波探伤机	CTS-22	台班	135.25	139.61	4.35
125	悬挂提升装置	LXD-200	台班	209.50	214.05	4.55
126	鼓风机	30m³/min	台班	315.60	352.00	36.40
127	挖泥船	120m³/h	台班	2299.97	2284.76	−15.21

附表 20 江西省电力建设建筑工程施工机械台班价差调整表

单位：元

序号	机 械	规格	单位	定额单价	实际单价	价差
1	履带式推土机	75kW	台班	609.40	613.64	4.24
2	履带式推土机	105kW	台班	771.69	776.35	4.66
3	履带式推土机	135kW	台班	955.31	960.43	5.12
4	拖式铲运机	3m³	台班	393.25	396.01	2.76
5	轮胎式装载机	2m³	台班	673.40	678.52	5.12
6	履带式拖拉机	75kW	台班	565.50	569.77	4.27
7	履带式单斗挖掘机（液压）	1m³	台班	968.20	973.15	4.95

序号	机 械	规格	单位	定额单价	实际单价	价差
8	光轮压路机（内燃）	12t	台班	379.11	381.63	2.52
9	光轮压路机（内燃）	15t	台班	448.66	452.03	3.37
10	振动压路机（机械式）	15t	台班	801.98	808.76	6.78
11	振动压路机（液压式）	15t	台班	765.09	771.29	6.20
12	轮胎压路机	9t	台班	367.00	371.78	4.78
13	夯实机		台班	24.60	28.62	4.02
14	液压锻钎机	11.25kW	台班	199.17	218.94	19.77
15	磨钎机		台班	226.13	250.55	24.42
16	履带式柴油打桩机	锤重 3.5t	台班	1146.87	1150.64	3.77
17	履带式柴油打桩机	锤重 7t	台班	2448.09	2452.60	4.51
18	履带式柴油打桩机	锤重 8t	台班	2542.41	2547.08	4.67
19	轨道式柴油打桩机	锤重 2.5t	台班	950.75	978.62	27.87
20	轨道式柴油打桩机	锤重 3.5t	台班	1305.96	1345.80	39.84
21	振动打拔桩机	40t	台班	901.42	948.81	47.39
22	冲击成孔机		台班	334.47	344.16	9.69
23	履带式钻孔机	φ700	台班	552.43	608.32	55.89
24	履带式长螺旋钻孔机		台班	481.65	534.95	53.30
25	液压钻机	XU-100	台班	131.10	137.78	6.68
26	单重管旋喷机		台班	1124.08	1130.11	6.03
27	履带式起重机	25t	台班	708.01	711.37	3.36
28	履带式起重机	40t	台班	1288.86	1293.85	4.99
29	履带式起重机	50t	台班	1780.48	1787.40	6.92
30	履带式起重机	60t	台班	2214.64	2221.56	6.92
31	履带式起重机	80t	台班	2860.30	2868.81	8.51
32	履带式起重机	100t	台班	4370.25	4379.30	9.05
33	履带式起重机	150t	台班	7376.20	7386.07	9.87
34	汽车式起重机	5t	台班	365.82	385.63	19.81

序号	机 械	规格	单位	定额单价	实际单价	价差
35	汽车式起重机	8t	台班	532.59	537.22	4.63
36	汽车式起重机	12t	台班	676.26	682.26	6.00
37	汽车式起重机	16t	台班	838.83	846.45	7.62
38	汽车式起重机	20t	台班	950.67	959.69	9.02
39	汽车式起重机	25t	台班	1061.24	1071.94	10.70
40	汽车式起重机	30t	台班	1303.75	1316.21	12.46
41	汽车式起重机	50t	台班	3177.34	3196.42	19.08
42	龙门式起重机	10t	台班	348.34	369.73	21.39
43	龙门式起重机	20t	台班	560.96	611.13	50.17
44	龙门式起重机	40t	台班	913.32	989.75	76.43
45	塔式起重机	1500kN·m	台班	4600.00	4790.17	190.17
46	塔式起重机	2500kN·m	台班	5400.00	5624.32	224.32
47	自升式塔式起重机	3000t·m	台班	7942.26	8320.17	377.91
48	炉顶式起重机	300t·m	台班	1255.68	1343.88	88.20
49	载重汽车	5t	台班	288.62	292.40	3.78
50	载重汽车	6t	台班	309.41	313.52	4.11
51	载重汽车	8t	台班	363.01	367.80	4.79
52	自卸汽车	8t	台班	470.06	475.46	5.40
53	自卸汽车	12t	台班	640.17	647.10	6.93
54	平板拖车组	10t	台班	517.87	549.20	31.33
55	平板拖车组	20t	台班	791.70	802.12	10.42
56	平板拖车组	30t	台班	946.95	961.35	14.40
57	平板拖车组	40t	台班	1157.43	1175.65	18.22
58	机动翻斗车	1t	台班	117.48	118.19	0.71
59	管子拖车	24t	台班	1430.23	1446.40	16.17
60	管子拖车	35t	台班	1812.39	1831.56	19.17
61	洒水车	4000L	台班	357.77	401.59	43.82

序号	机　械	规格	单位	定额单价	实际单价	价差
62	电动卷扬机（单筒快速）	10kN	台班	98.95	106.92	7.97
63	电动卷扬机（单筒慢速）	30kN	台班	107.78	115.41	7.63
64	电动卷扬机（单筒慢速）	50kN	台班	116.18	124.32	8.14
65	电动卷扬机（单筒慢速）	100kN	台班	184.07	201.75	17.68
66	电动卷扬机（单筒慢速）	200kN	台班	350.31	395.49	45.18
67	电动卷扬机（双筒慢速）	50kN	台班	137.82	150.22	12.40
68	双笼施工电梯	200m	台班	535.36	574.11	38.75
69	灰浆搅拌机	400L	台班	79.75	83.42	3.67
70	混凝土振捣器（平台式）		台班	19.92	20.89	0.97
71	混凝土振捣器（插入式）		台班	13.96	14.93	0.97
72	木工圆锯机	500mm	台班	25.27	31.08	5.81
73	木工压刨床	刨削宽度 单面 600mm	台班	36.98	43.91	6.93
74	木工压刨床	刨削宽度 三面 400mm	台班	83.42	96.11	12.69
75	摇臂钻床	钻孔直径 50mm	台班	119.95	122.34	2.39
76	剪板机	厚度×宽度 20mm×2000mm	台班	232.32	242.80	10.48
77	剪板机	厚度×宽度 20mm×2500mm	台班	256.39	270.29	13.90
78	剪板机	厚度×宽度 40mm×3100mm	台班	601.77	635.73	33.96
79	钢筋弯曲机	40mm	台班	24.38	27.48	3.10
80	型钢剪断机	500mm	台班	185.10	197.99	12.89
81	弯管机	WC27～108	台班	79.40	87.18	7.78
82	型钢调直机		台班	55.68	61.01	5.33
83	卷板机	板厚×宽度 20mm×2000mm	台班	177.41	192.94	15.53
84	卷板机	板厚×宽度 20mm×2500mm	台班	232.66	248.19	15.53

序号	机 械	规格	单位	定额单价	实际单价	价差
85	联合冲剪机	板厚 16mm	台班	263.27	266.42	3.15
86	管子切断机	150mm	台班	42.74	45.87	3.13
87	管子切断机	250mm	台班	52.71	58.16	5.45
88	管子切断套丝机	159mm	台班	20.34	21.15	0.81
89	电动煨弯机	100mm	台班	136.40	141.78	5.38
90	钢板校平机	30×2600	台班	281.32	298.28	16.96
91	刨边机	加工长度 12000mm	台班	607.95	626.34	18.39
92	坡口机	630mm	台班	381.94	392.84	10.90
93	电动单级离心清水泵	出口直径 150mm	台班	148.10	169.32	21.22
94	电动单级离心清水泵	出口直径 200mm	台班	178.20	203.39	25.19
95	电动多级离心清水泵	出口直径 100mm，扬程 120m 以下	台班	252.60	296.30	43.70
96	电动多级离心清水泵	出口直径 150mm，扬程 180m 以下	台班	580.30	727.90	147.60
97	电动多级离心清水泵	出口直径 200mm，扬程 280m 以下	台班	1446.40	1855.80	409.40
98	泥浆泵	出口直径 100mm	台班	265.60	322.43	56.83
99	真空泵	抽气速度 204m³/h	台班	113.72	126.75	13.03
100	试压泵	25MPa	台班	72.26	75.97	3.71
101	试压泵	30MPa	台班	73.03	76.82	3.79
102	试压泵	80MPa	台班	85.80	90.25	4.45
103	液压注浆泵	HYB50-50-Ⅰ型	台班	196.75	200.54	3.79
104	井点喷射泵	喷射速度 40m³/h	台班	158.37	192.29	33.92

序号	机 械	规格	单位	定额单价	实际单价	价差
105	交流电焊机	21kVA	台班	52.89	67.49	14.60
106	交流电焊机	30kVA	台班	72.94	94.06	21.12
107	对焊机	75kVA	台班	108.30	138.07	29.77
108	等离子切割机	电流　400A	台班	191.30	238.20	46.90
109	氩弧焊机	电流　500A	台班	101.13	118.26	17.13
110	半自动切割机	厚度　100mm	台班	78.49	83.34	4.85
111	点焊机（短臂）	50kVA	台班	85.80	110.81	25.01
112	热熔焊接机	SHD-160C	台班	268.83	283.85	15.02
113	逆变多功能焊机	D7-500	台班	145.30	164.68	19.38
114	电动空气压缩机	排气量 0.6m^3/min	台班	91.61	97.47	5.86
115	电动空气压缩机	排气量 3m^3/min	台班	175.09	201.13	26.04
116	电动空气压缩机	排气量 10m^3/min	台班	408.05	505.73	97.68
117	爬模机		台班	2000.00	2078.97	78.97
118	冷却塔曲线电梯	QWT60	台班	301.93	331.00	29.07
119	冷却塔折臂塔式起重机	240t·m 以内	台班	1670.46	1725.32	54.86
120	轴流通风机	7.5kW	台班	38.50	48.19	9.69
121	抓斗	0.5m^3	台班	120.10	130.27	10.17
122	拖轮	125kW	台班	1014.39	1020.09	5.70
123	锚艇	88kW	台班	892.68	897.83	5.15
124	超声波探伤机	CTS-22	台班	135.25	143.37	8.12
125	悬挂提升装置	LXD-200	台班	209.50	217.98	8.48
126	鼓风机	30m^3/min	台班	315.60	383.43	67.83
127	挖泥船	120m^3/h	台班	2299.97	2313.53	13.56

附表 21 四川省电力建设建筑工程施工机械台班价差调整表

单位：元

序号	机 械	规格	单位	定额单价	实际单价	价差
1	履带式推土机	75kW	台班	609.40	606.57	-2.83
2	履带式推土机	105kW	台班	771.69	768.58	-3.11
3	履带式推土机	135kW	台班	955.31	951.89	-3.42
4	拖式铲运机	3m³	台班	393.25	391.41	-1.84
5	轮胎式装载机	2m³	台班	673.40	669.98	-3.42
6	履带式拖拉机	75kW	台班	565.50	562.65	-2.85
7	履带式单斗挖掘机（液压）	1m³	台班	968.20	964.90	-3.30
8	光轮压路机（内燃）	12t	台班	379.11	377.43	-1.68
9	光轮压路机（内燃）	15t	台班	448.66	446.41	-2.25
10	振动压路机（机械式）	15t	台班	801.98	797.46	-4.52
11	振动压路机（液压式）	15t	台班	765.09	760.96	-4.13
12	轮胎压路机	9t	台班	367.00	368.31	1.31
13	夯实机		台班	24.60	27.92	3.32
14	液压锻钎机	11.25kW	台班	199.17	215.49	16.32
15	磨钎机		台班	226.13	246.29	20.16
16	履带式柴油打桩机	锤重 3.5t	台班	1146.87	1144.36	-2.51
17	履带式柴油打桩机	锤重 7t	台班	2448.09	2445.08	-3.01
18	履带式柴油打桩机	锤重 8t	台班	2542.41	2539.30	-3.11
19	轨道式柴油打桩机	锤重 2.5t	台班	950.75	969.04	18.29
20	轨道式柴油打桩机	锤重 3.5t	台班	1305.96	1332.90	26.94
21	振动打拔桩机	40t	台班	901.42	937.62	36.20
22	冲击成孔机		台班	334.47	342.47	8.00
23	履带式钻孔机	φ700	台班	552.43	594.70	42.27
24	履带式长螺旋钻孔机		台班	481.65	525.65	44.00

序号	机　　械	规格	单位	定额单价	实际单价	价差
25	液压钻机	XU-100	台班	131.10	126.65	−4.45
26	单重管旋喷机		台班	1124.08	1120.06	−4.02
27	履带式起重机	25t	台班	708.01	705.77	−2.24
28	履带式起重机	40t	台班	1288.86	1285.53	−3.33
29	履带式起重机	50t	台班	1780.48	1775.86	−4.62
30	履带式起重机	60t	台班	2214.64	2210.02	−4.62
31	履带式起重机	80t	台班	2860.30	2854.63	−5.67
32	履带式起重机	100t	台班	4370.25	4364.22	−6.03
33	履带式起重机	150t	台班	7376.20	7369.62	−6.58
34	汽车式起重机	5t	台班	365.82	387.15	21.33
35	汽车式起重机	8t	台班	532.59	533.50	0.91
36	汽车式起重机	12t	台班	676.26	678.26	2.00
37	汽车式起重机	16t	台班	838.83	841.75	2.92
38	汽车式起重机	20t	台班	950.67	954.66	3.99
39	汽车式起重机	25t	台班	1061.24	1066.61	5.37
40	汽车式起重机	30t	台班	1303.75	1310.45	6.70
41	汽车式起重机	50t	台班	3177.34	3189.62	12.28
42	龙门式起重机	10t	台班	348.34	366.00	17.66
43	龙门式起重机	20t	台班	560.96	602.38	41.42
44	龙门式起重机	40t	台班	913.32	976.42	63.10
45	塔式起重机	1500kN·m	台班	4600.00	4757.00	157.00
46	塔式起重机	2500kN·m	台班	5400.00	5585.20	185.20
47	自升式塔式起重机	3000t·m	台班	7942.26	8254.26	312.00
48	炉顶式起重机	300t·m	台班	1255.68	1328.50	72.82
49	载重汽车	5t	台班	288.62	288.18	−0.44
50	载重汽车	6t	台班	309.41	309.17	−0.24
51	载重汽车	8t	台班	363.01	363.15	0.14

序号	机　　械	规格	单位	定额单价	实际单价	价差
52	自卸汽车	8t	台班	470.06	470.10	0.04
53	自卸汽车	12t	台班	640.17	641.00	0.83
54	平板拖车组	10t	台班	517.87	551.51	33.64
55	平板拖车组	20t	台班	791.70	796.18	4.48
56	平板拖车组	30t	台班	946.95	954.49	7.54
57	平板拖车组	40t	台班	1157.43	1168.14	10.71
58	机动翻斗车	1t	台班	117.48	117.40	−0.08
59	管子拖车	24t	台班	1430.23	1430.36	0.13
60	管子拖车	35t	台班	1812.39	1815.52	3.13
61	洒水车	4000L	台班	357.77	403.35	45.58
62	电动卷扬机（单筒快速）	10kN	台班	98.95	105.53	6.58
63	电动卷扬机（单筒慢速）	30kN	台班	107.78	114.08	6.30
64	电动卷扬机（单筒慢速）	50kN	台班	116.18	122.90	6.72
65	电动卷扬机（单筒慢速）	100kN	台班	184.07	198.67	14.60
66	电动卷扬机（单筒慢速）	200kN	台班	350.31	387.61	37.30
67	电动卷扬机（双筒慢速）	50kN	台班	137.82	148.06	10.24
68	双笼施工电梯	200m	台班	535.36	567.35	31.99
69	灰浆搅拌机	400L	台班	79.75	82.78	3.03
70	混凝土振捣器（平台式）		台班	19.92	20.72	0.80
71	混凝土振捣器（插入式）		台班	13.96	14.76	0.80
72	木工圆锯机	500mm	台班	25.27	30.07	4.80
73	木工压刨床	刨削宽度　单面 600mm	台班	36.98	42.70	5.72
74	木工压刨床	刨削宽度　三面 400mm	台班	83.42	93.90	10.48
75	摇臂钻床	钻孔直径 50mm	台班	119.95	121.92	1.97

序号	机 械	规格	单位	定额单价	实际单价	价差
76	剪板机	厚度×宽度 20mm×2000mm	台班	232.32	240.97	8.65
77	剪板机	厚度×宽度 20mm×2500mm	台班	256.39	267.86	11.47
78	剪板机	厚度×宽度 40mm×3100mm	台班	601.77	629.81	28.04
79	钢筋弯曲机	40mm	台班	24.38	26.94	2.56
80	型钢剪断机	500mm	台班	185.10	195.74	10.64
81	弯管机	WC27～108	台班	79.40	85.82	6.42
82	型钢调直机		台班	55.68	60.08	4.40
83	卷板机	板厚×宽度 20mm×2000mm	台班	177.41	190.23	12.82
84	卷板机	板厚×宽度 20mm×2500mm	台班	232.66	245.48	12.82
85	联合冲剪机	板厚 16mm	台班	263.27	265.87	2.60
86	管子切断机	150mm	台班	42.74	45.32	2.58
87	管子切断机	250mm	台班	52.71	57.21	4.50
88	管子切断套丝机	159mm	台班	20.34	21.01	0.67
89	电动煨弯机	100mm	台班	136.40	140.84	4.44
90	钢板校平机	30×2600	台班	281.32	295.32	14.00
91	刨边机	加工长度 12000mm	台班	607.95	623.13	15.18
92	坡口机	630mm	台班	381.94	390.94	9.00
93	电动单级离心清水泵	出口直径 150mm	台班	148.10	165.62	17.52
94	电动单级离心清水泵	出口直径 200mm	台班	178.20	199.00	20.80
95	电动多级离心清水泵	出口直径 100mm，扬程 120m 以下	台班	252.60	288.68	36.08
96	电动多级离心清水泵	出口直径 150mm，扬程 180m 以下	台班	580.30	702.16	121.86

序号	机　械	规格	单位	定额单价	实际单价	价差
97	电动多级离心清水泵	出口直径200mm，扬程280m以下	台班	1446.40	1784.40	338.00
98	泥浆泵	出口直径100mm	台班	265.60	312.52	46.92
99	真空泵	抽气速度204m³/h	台班	113.72	124.48	10.76
100	试压泵	25MPa	台班	72.26	75.32	3.06
101	试压泵	30MPa	台班	73.03	76.16	3.13
102	试压泵	80MPa	台班	85.80	89.47	3.67
103	液压注浆泵	HYB50-50-Ⅰ型	台班	196.75	199.88	3.13
104	井点喷射泵	喷射速度40m³/h	台班	158.37	186.37	28.00
105	交流电焊机	21kVA	台班	52.89	64.94	12.05
106	交流电焊机	30kVA	台班	72.94	90.38	17.44
107	对焊机	75kVA	台班	108.30	132.88	24.58
108	等离子切割机	电流　400A	台班	191.30	230.02	38.72
109	氩弧焊机	电流　500A	台班	101.13	115.27	14.14
110	半自动切割机	厚度　100mm	台班	78.49	82.49	4.00
111	点焊机（短臂）	50kVA	台班	85.80	106.44	20.64
112	热熔焊接机	SHD-160C	台班	268.83	281.23	12.40
113	逆变多功能焊机	D7-500	台班	145.30	161.30	16.00
114	电动空气压缩机	排气量0.6m³/min	台班	91.61	96.45	4.84
115	电动空气压缩机	排气量3m³/min	台班	175.09	196.59	21.50
116	电动空气压缩机	排气量10m³/min	台班	408.05	488.69	80.64
117	爬模机		台班	2000.00	2065.20	65.20
118	冷却塔曲线电梯	QWT60	台班	301.93	325.93	24.00

序号	机 械	规格	单位	定额单价	实际单价	价差
119	冷却塔折臂塔式起重机	240t·m 以内	台班	1670.46	1715.75	45.29
120	轴流通风机	7.5kW	台班	38.50	46.50	8.00
121	抓斗	0.5m³	台班	120.10	128.50	8.40
122	拖轮	125kW	台班	1014.39	1010.59	−3.80
123	锚艇	88kW	台班	892.68	889.24	−3.44
124	超声波探伤机	CTS-22	台班	135.25	141.95	6.70
125	悬挂提升装置	LXD-200	台班	209.50	216.50	7.00
126	鼓风机	30m³/min	台班	315.60	371.60	56.00
127	挖泥船	120m³/h	台班	2299.97	2290.93	−9.04

附表 22　重庆市电力建设建筑工程施工机械台班价差调整表

单位：元

序号	机 械	规格	单位	定额单价	实际单价	价差
1	履带式推土机	75kW	台班	609.40	605.93	−3.47
2	履带式推土机	105kW	台班	771.69	767.88	−3.81
3	履带式推土机	135kW	台班	955.31	951.12	−4.19
4	拖式铲运机	3m³	台班	393.25	390.99	−2.26
5	轮胎式装载机	2m³	台班	673.40	669.21	−4.19
6	履带式拖拉机	75kW	台班	565.50	562.01	−3.49
7	履带式单斗挖掘机（液压）	1m³	台班	968.20	964.15	−4.05
8	光轮压路机（内燃）	12t	台班	379.11	377.05	−2.06
9	光轮压路机（内燃）	15t	台班	448.66	445.90	−2.76
10	振动压路机（机械式）	15t	台班	801.98	796.43	−5.55
11	振动压路机（液压式）	15t	台班	765.09	760.02	−5.07
12	轮胎压路机	9t	台班	367.00	368.00	1.00

序号	机 械	规格	单位	定额单价	实际单价	价差
13	夯实机		台班	24.60	25.69	1.09
14	液压锻钎机	11.25kW	台班	199.17	204.51	5.34
15	磨钎机		台班	226.13	232.72	6.59
16	履带式柴油打桩机	锤重 3.5t	台班	1146.87	1143.79	−3.08
17	履带式柴油打桩机	锤重 7t	台班	2448.09	2444.40	−3.69
18	履带式柴油打桩机	锤重 8t	台班	2542.41	2538.59	−3.82
19	轨道式柴油打桩机	锤重 2.5t	台班	950.75	954.84	4.09
20	轨道式柴油打桩机	锤重 3.5t	台班	1305.96	1312.37	6.41
21	振动打拔桩机	40t	台班	901.42	912.08	10.66
22	冲击成孔机		台班	334.47	337.09	2.62
23	履带式钻孔机	ϕ700	台班	552.43	564.70	12.27
24	履带式长螺旋钻孔机		台班	481.65	496.04	14.39
25	液压钻机	XU-100	台班	131.10	125.64	−5.46
26	单重管旋喷机		台班	1124.08	1119.15	−4.93
27	履带式起重机	25t	台班	708.01	705.26	−2.75
28	履带式起重机	40t	台班	1288.86	1284.78	−4.08
29	履带式起重机	50t	台班	1780.48	1774.82	−5.66
30	履带式起重机	60t	台班	2214.64	2208.98	−5.66
31	履带式起重机	80t	台班	2860.30	2853.34	−6.96
32	履带式起重机	100t	台班	4370.25	4362.84	−7.41
33	履带式起重机	150t	台班	7376.20	7368.12	−8.08
34	汽车式起重机	5t	台班	365.82	389.07	23.25
35	汽车式起重机	8t	台班	532.59	533.16	0.57
36	汽车式起重机	12t	台班	676.26	677.90	1.64
37	汽车式起重机	16t	台班	838.83	841.33	2.50
38	汽车式起重机	20t	台班	950.67	954.20	3.53
39	汽车式起重机	25t	台班	1061.24	1066.12	4.88

序号	机　　械	规格	单位	定额单价	实际单价	价差
40	汽车式起重机	30t	台班	1303.75	1309.92	6.17
41	汽车式起重机	50t	台班	3177.34	3189.00	11.66
42	龙门式起重机	10t	台班	348.34	354.11	5.77
43	龙门式起重机	20t	台班	560.96	574.50	13.54
44	龙门式起重机	40t	台班	913.32	933.95	20.63
45	塔式起重机	1500kN·m	台班	4600.00	4651.34	51.34
46	塔式起重机	2500kN·m	台班	5400.00	5460.56	60.56
47	自升式塔式起重机	3000t·m	台班	7942.26	8044.28	102.02
48	炉顶式起重机	300t·m	台班	1255.68	1279.49	23.81
49	载重汽车	5t	台班	288.62	287.80	−0.82
50	载重汽车	6t	台班	309.41	308.77	−0.64
51	载重汽车	8t	台班	363.01	362.73	−0.28
52	自卸汽车	8t	台班	470.06	469.61	−0.45
53	自卸汽车	12t	台班	640.17	640.45	0.28
54	平板拖车组	10t	台班	517.87	554.44	36.57
55	平板拖车组	20t	台班	791.70	795.64	3.94
56	平板拖车组	30t	台班	946.95	953.87	6.92
57	平板拖车组	40t	台班	1157.43	1167.46	10.03
58	机动翻斗车	1t	台班	117.48	117.33	−0.15
59	管子拖车	24t	台班	1430.23	1428.90	−1.33
60	管子拖车	35t	台班	1812.39	1814.06	1.67
61	洒水车	4000L	台班	357.77	405.58	47.81
62	电动卷扬机（单筒快速）	10kN	台班	98.95	101.10	2.15
63	电动卷扬机（单筒慢速）	30kN	台班	107.78	109.84	2.06
64	电动卷扬机（单筒慢速）	50kN	台班	116.18	118.38	2.20
65	电动卷扬机（单筒慢速）	100kN	台班	184.07	188.84	4.77
66	电动卷扬机（单筒慢速）	200kN	台班	350.31	362.51	12.20

序号	机　　械	规格	单位	定额单价	实际单价	价差
67	电动卷扬机（双筒慢速）	50kN	台班	137.82	141.17	3.35
68	双笼施工电梯	200m	台班	535.36	545.82	10.46
69	灰浆搅拌机	400L	台班	79.75	80.74	0.99
70	混凝土振捣器（平台式）		台班	19.92	20.18	0.26
71	混凝土振捣器（插入式）		台班	13.96	14.22	0.26
72	木工圆锯机	500mm	台班	25.27	26.84	1.57
73	木工压刨床	刨削宽度　单面 600mm	台班	36.98	38.85	1.87
74	木工压刨床	刨削宽度　三面 400mm	台班	83.42	86.85	3.43
75	摇臂钻床	钻孔直径 50mm	台班	119.95	120.60	0.65
76	剪板机	厚度×宽度 20mm×2000mm	台班	232.32	235.15	2.83
77	剪板机	厚度×宽度 20mm×2500mm	台班	256.39	260.14	3.75
78	剪板机	厚度×宽度 40mm×3100mm	台班	601.77	610.94	9.17
79	钢筋弯曲机	40mm	台班	24.38	25.22	0.84
80	型钢剪断机	500mm	台班	185.10	188.58	3.48
81	弯管机	WC27～108	台班	79.40	81.50	2.10
82	型钢调直机		台班	55.68	57.12	1.44
83	卷板机	板厚×宽度 20mm×2000mm	台班	177.41	181.60	4.19
84	卷板机	板厚×宽度 20mm×2500mm	台班	232.66	236.85	4.19
85	联合冲剪机	板厚　16mm	台班	263.27	264.12	0.85
86	管子切断机	150mm	台班	42.74	43.58	0.84
87	管子切断机	250mm	台班	52.71	54.18	1.47
88	管子切断套丝机	159mm	台班	20.34	20.56	0.22
89	电动煨弯机	100mm	台班	136.40	137.85	1.45

序号	机　械	规格	单位	定额单价	实际单价	价差
90	钢板校平机	30×2600	台班	281.32	285.90	4.58
91	刨边机	加工长度 12000mm	台班	607.95	612.91	4.96
92	坡口机	630mm	台班	381.94	384.88	2.94
93	电动单级离心清水泵	出口直径 150mm	台班	148.10	153.83	5.73
94	电动单级离心清水泵	出口直径 200mm	台班	178.20	185.00	6.80
95	电动多级离心清水泵	出口直径 100mm，扬程 120m 以下	台班	252.60	264.40	11.80
96	电动多级离心清水泵	出口直径 150mm，扬程 180m 以下	台班	580.30	620.15	39.85
97	电动多级离心清水泵	出口直径 200mm，扬程 280m 以下	台班	1446.40	1556.93	110.53
98	泥浆泵	出口直径 100mm	台班	265.60	280.94	15.34
99	真空泵	抽气速度 204m³/h	台班	113.72	117.24	3.52
100	试压泵	25MPa	台班	72.26	73.26	1.00
101	试压泵	30MPa	台班	73.03	74.05	1.02
102	试压泵	80MPa	台班	85.80	87.00	1.20
103	液压注浆泵	HYB50-50-Ⅰ型	台班	196.75	197.77	1.02
104	井点喷射泵	喷射速度 40m³/h	台班	158.37	167.53	9.16
105	交流电焊机	21kVA	台班	52.89	56.83	3.94
106	交流电焊机	30kVA	台班	72.94	78.64	5.70
107	对焊机	75kVA	台班	108.30	116.34	8.04
108	等离子切割机	电流　400A	台班	191.30	203.96	12.66
109	氩弧焊机	电流　500A	台班	101.13	105.75	4.62

序号	机　　械	规格	单位	定额单价	实际单价	价差
110	半自动切割机	厚度　100mm	台班	78.49	79.80	1.31
111	点焊机（短臂）	50kVA	台班	85.80	92.55	6.75
112	热熔焊接机	SHD-160C	台班	268.83	272.88	4.05
113	逆变多功能焊机	D7-500	台班	145.30	150.53	5.23
114	电动空气压缩机	排气量 0.6m³/min	台班	91.61	93.19	1.58
115	电动空气压缩机	排气量 3m³/min	台班	175.09	182.12	7.03
116	电动空气压缩机	排气量 10m³/min	台班	408.05	434.42	26.37
117	爬模机		台班	2000.00	2021.32	21.32
118	冷却塔曲线电梯	QWT60	台班	301.93	309.78	7.85
119	冷却塔折臂塔式起重机	240t·m 以内	台班	1670.46	1685.27	14.81
120	轴流通风机	7.5kW	台班	38.50	41.12	2.62
121	抓斗	0.5m³	台班	120.10	122.85	2.75
122	拖轮	125kW	台班	1014.39	1009.73	-4.66
123	锚艇	88kW	台班	892.68	888.46	-4.22
124	超声波探伤机	CTS-22	台班	135.25	137.44	2.19
125	悬挂提升装置	LXD-200	台班	209.50	211.79	2.29
126	鼓风机	30m³/min	台班	315.60	333.91	18.31
127	挖泥船	120m³/h	台班	2299.97	2288.87	-11.10

附表 23　陕西省电力建设建筑工程施工机械台班价差调整表

单位：元

序号	机　　械	规格	单位	定额单价	实际单价	价差
1	履带式推土机	75kW	台班	609.40	614.28	4.88
2	履带式推土机	105kW	台班	771.69	777.06	5.37

序号	机　械	规格	单位	定额单价	实际单价	价差
3	履带式推土机	135kW	台班	955.31	961.21	5.90
4	拖式铲运机	3m³	台班	393.25	396.42	3.17
5	轮胎式装载机	2m³	台班	673.40	679.30	5.90
6	履带式拖拉机	75kW	台班	565.50	570.42	4.92
7	履带式单斗挖掘机（液压）	1m³	台班	968.20	973.90	5.70
8	光轮压路机（内燃）	12t	台班	379.11	382.01	2.90
9	光轮压路机（内燃）	15t	台班	448.66	452.55	3.89
10	振动压路机（机械式）	15t	台班	801.98	809.79	7.81
11	振动压路机（液压式）	15t	台班	765.09	772.22	7.13
12	轮胎压路机	9t	台班	367.00	372.10	5.10
13	夯实机		台班	24.60	25.66	1.06
14	液压锻钎机	11.25kW	台班	199.17	204.41	5.24
15	磨钎机		台班	226.13	232.60	6.47
16	履带式柴油打桩机	锤重 3.5t	台班	1146.87	1151.21	4.34
17	履带式柴油打桩机	锤重 7t	台班	2448.09	2453.28	5.19
18	履带式柴油打桩机	锤重 8t	台班	2542.41	2547.79	5.38
19	轨道式柴油打桩机	锤重 2.5t	台班	950.75	960.93	10.18
20	轨道式柴油打桩机	锤重 3.5t	台班	1305.96	1320.05	14.09
21	振动打拔桩机	40t	台班	901.42	915.71	14.29
22	冲击成孔机		台班	334.47	337.04	2.57
23	履带式钻孔机	φ700	台班	552.43	569.53	17.10
24	履带式长螺旋钻孔机		台班	481.65	495.76	14.11
25	液压钻机	XU-100	台班	131.10	138.79	7.69
26	单重管旋喷机		台班	1124.08	1131.02	6.94
27	履带式起重机	25t	台班	708.01	711.88	3.87
28	履带式起重机	40t	台班	1288.86	1294.61	5.75

序号	机 械	规格	单位	定额单价	实际单价	价差
29	履带式起重机	50t	台班	1780.48	1788.45	7.97
30	履带式起重机	60t	台班	2214.64	2222.61	7.97
31	履带式起重机	80t	台班	2860.30	2870.10	9.80
32	履带式起重机	100t	台班	4370.25	4380.67	10.42
33	履带式起重机	150t	台班	7376.20	7387.57	11.37
34	汽车式起重机	5t	台班	365.82	383.84	18.02
35	汽车式起重机	8t	台班	532.59	537.56	4.97
36	汽车式起重机	12t	台班	676.26	682.62	6.36
37	汽车式起重机	16t	台班	838.83	846.87	8.04
38	汽车式起重机	20t	台班	950.67	960.15	9.48
39	汽车式起重机	25t	台班	1061.24	1072.43	11.19
40	汽车式起重机	30t	台班	1303.75	1316.73	12.98
41	汽车式起重机	50t	台班	3177.34	3197.04	19.70
42	龙门式起重机	10t	台班	348.34	354.00	5.66
43	龙门式起重机	20t	台班	560.96	574.25	13.29
44	龙门式起重机	40t	台班	913.32	933.56	20.24
45	塔式起重机	1500kN·m	台班	4600.00	4650.36	50.36
46	塔式起重机	2500kN·m	台班	5400.00	5459.41	59.41
47	自升式塔式起重机	3000t·m	台班	7942.26	8042.34	100.08
48	炉顶式起重机	300t·m	台班	1255.68	1279.04	23.36
49	载重汽车	5t	台班	288.62	292.78	4.16
50	载重汽车	6t	台班	309.41	313.92	4.51
51	载重汽车	8t	台班	363.01	368.22	5.21
52	自卸汽车	8t	台班	470.06	475.95	5.89
53	自卸汽车	12t	台班	640.17	647.66	7.49
54	平板拖车组	10t	台班	517.87	546.47	28.60
55	平板拖车组	20t	台班	791.70	802.66	10.96

序号	机　械	规格	单位	定额单价	实际单价	价差
56	平板拖车组	30t	台班	946.95	961.97	15.02
57	平板拖车组	40t	台班	1157.43	1176.33	18.90
58	机动翻斗车	1t	台班	117.48	118.27	0.79
59	管子拖车	24t	台班	1430.23	1447.86	17.63
60	管子拖车	35t	台班	1812.39	1833.02	20.63
61	洒水车	4000L	台班	357.77	399.51	41.74
62	电动卷扬机（单筒快速）	10kN	台班	98.95	101.06	2.11
63	电动卷扬机（单筒慢速）	30kN	台班	107.78	109.80	2.02
64	电动卷扬机（单筒慢速）	50kN	台班	116.18	118.34	2.16
65	电动卷扬机（单筒慢速）	100kN	台班	184.07	188.75	4.68
66	电动卷扬机（单筒慢速）	200kN	台班	350.31	362.27	11.96
67	电动卷扬机（双筒慢速）	50kN	台班	137.82	141.10	3.28
68	双笼施工电梯	200m	台班	535.36	545.62	10.26
69	灰浆搅拌机	400L	台班	79.75	80.72	0.97
70	混凝土振捣器（平台式）		台班	19.92	20.18	0.26
71	混凝土振捣器（插入式）		台班	13.96	14.22	0.26
72	木工圆锯机	500mm	台班	25.27	26.81	1.54
73	木工压刨床	刨削宽度　单面 600mm	台班	36.98	38.81	1.83
74	木工压刨床	刨削宽度　三面 400mm	台班	83.42	86.78	3.36
75	摇臂钻床	钻孔直径 50mm	台班	119.95	120.58	0.63
76	剪板机	厚度×宽度 20mm×2000mm	台班	232.32	235.10	2.78
77	剪板机	厚度×宽度 20mm×2500mm	台班	256.39	260.07	3.68
78	剪板机	厚度×宽度 40mm×3100mm	台班	601.77	610.76	8.99
79	钢筋弯曲机	40mm	台班	24.38	25.20	0.82

序号	机　　械	规格	单位	定额单价	实际单价	价差
80	型钢剪断机	500mm	台班	185.10	188.51	3.41
81	弯管机	WC27～108	台班	79.40	81.46	2.06
82	型钢调直机		台班	55.68	57.09	1.41
83	卷板机	板厚×宽度 20mm×2000mm	台班	177.41	181.52	4.11
84	卷板机	板厚×宽度 20mm×2500mm	台班	232.66	236.77	4.11
85	联合冲剪机	板厚 16mm	台班	263.27	264.10	0.83
86	管子切断机	150mm	台班	42.74	43.57	0.83
87	管子切断机	250mm	台班	52.71	54.15	1.44
88	管子切断套丝机	159mm	台班	20.34	20.56	0.22
89	电动煨弯机	100mm	台班	136.40	137.82	1.42
90	钢板校平机	30×2600	台班	281.32	285.81	4.49
91	刨边机	加工长度 12000mm	台班	607.95	612.82	4.87
92	坡口机	630mm	台班	381.94	384.83	2.89
93	电动单级离心清水泵	出口直径 150mm	台班	148.10	153.72	5.62
94	电动单级离心清水泵	出口直径 200mm	台班	178.20	184.87	6.67
95	电动多级离心清水泵	出口直径 100mm，扬程 120m 以下	台班	252.60	264.17	11.57
96	电动多级离心清水泵	出口直径 150mm，扬程 180m 以下	台班	580.30	619.39	39.09
97	电动多级离心清水泵	出口直径 200mm，扬程 280m 以下	台班	1446.40	1554.82	108.42
98	泥浆泵	出口直径 100mm	台班	265.60	280.65	15.05
99	真空泵	抽气速度 204m³/h	台班	113.72	117.17	3.45

序号	机　械	规格	单位	定额单价	实际单价	价差
100	试压泵	25MPa	台班	72.26	73.24	0.98
101	试压泵	30MPa	台班	73.03	74.03	1.00
102	试压泵	80MPa	台班	85.80	86.98	1.18
103	液压注浆泵	HYB50-50-Ⅰ型	台班	196.75	197.75	1.00
104	井点喷射泵	喷射速度 40m³/h	台班	158.37	167.35	8.98
105	交流电焊机	21kVA	台班	52.89	56.76	3.87
106	交流电焊机	30kVA	台班	72.94	78.53	5.59
107	对焊机	75kVA	台班	108.30	116.18	7.88
108	等离子切割机	电流　400A	台班	191.30	203.72	12.42
109	氩弧焊机	电流　500A	台班	101.13	105.67	4.54
110	半自动切割机	厚度　100mm	台班	78.49	79.77	1.28
111	点焊机（短臂）	50kVA	台班	85.80	92.42	6.62
112	热熔焊接机	SHD-160C	台班	268.83	272.81	3.98
113	逆变多功能焊机	D7-500	台班	145.30	150.43	5.13
114	电动空气压缩机	排气量 0.6m³/min	台班	91.61	93.16	1.55
115	电动空气压缩机	排气量 3m³/min	台班	175.09	181.99	6.90
116	电动空气压缩机	排气量 10m³/min	台班	408.05	433.92	25.87
117	爬模机		台班	2000.00	2020.91	20.91
118	冷却塔曲线电梯	QWT60	台班	301.93	309.63	7.70
119	冷却塔折臂塔式起重机	240t·m以内	台班	1670.46	1684.99	14.53
120	轴流通风机	7.5kW	台班	38.50	41.07	2.57
121	抓斗	0.5m³	台班	120.10	122.79	2.69
122	拖轮	125kW	台班	1014.39	1020.95	6.56
123	锚艇	88kW	台班	892.68	898.62	5.94

序号	机 械	规格	单位	定额单价	实际单价	价差
124	超声波探伤机	CTS-22	台班	135.25	137.40	2.15
125	悬挂提升装置	LXD-200	台班	209.50	211.75	2.25
126	鼓风机	30m³/min	台班	315.60	333.56	17.96
127	挖泥船	120m³/h	台班	2299.97	2315.59	15.62

附表 24　甘肃省电力建设建筑工程施工机械台班价差调整表

单位：元

序号	机 械	规格	单位	定额单价	实际单价	价差
1	履带式推土机	75kW	台班	609.40	605.29	−4.11
2	履带式推土机	105kW	台班	771.69	767.17	−4.52
3	履带式推土机	135kW	台班	955.31	950.34	−4.97
4	拖式铲运机	3m³	台班	393.25	390.58	−2.67
5	轮胎式装载机	2m³	台班	673.40	668.43	−4.97
6	履带式拖拉机	75kW	台班	565.50	561.36	−4.14
7	履带式单斗挖掘机（液压）	1m³	台班	968.20	963.40	−4.80
8	光轮压路机（内燃）	12t	台班	379.11	376.67	−2.44
9	光轮压路机（内燃）	15t	台班	448.66	445.39	−3.27
10	振动压路机（机械式）	15t	台班	801.98	795.40	−6.58
11	振动压路机（液压式）	15t	台班	765.09	759.08	−6.01
12	轮胎压路机	9t	台班	367.00	369.30	2.30
13	夯实机		台班	24.60	28.25	3.65
14	液压锻钎机	11.25kW	台班	199.17	217.10	17.93
15	磨钎机		台班	226.13	248.28	22.15
16	履带式柴油打桩机	锤重 3.5t	台班	1146.87	1143.22	−3.65
17	履带式柴油打桩机	锤重 7t	台班	2448.09	2443.72	−4.37
18	履带式柴油打桩机	锤重 8t	台班	2542.41	2537.88	−4.53

序号	机 械	规格	单位	定额单价	实际单价	价差
19	轨道式柴油打桩机	锤重 2.5t	台班	950.75	970.10	19.35
20	轨道式柴油打桩机	锤重 3.5t	台班	1305.96	1334.61	28.65
21	振动打拔桩机	40t	台班	901.42	940.73	39.31
22	冲击成孔机		台班	334.47	343.26	8.79
23	履带式钻孔机	ϕ700	台班	552.43	598.26	45.83
24	履带式长螺旋钻孔机		台班	481.65	529.99	48.34
25	液压钻机	XU-100	台班	131.10	124.63	−6.47
26	单重管旋喷机		台班	1124.08	1118.23	−5.85
27	履带式起重机	25t	台班	708.01	704.75	−3.26
28	履带式起重机	40t	台班	1288.86	1284.02	−4.84
29	履带式起重机	50t	台班	1780.48	1773.77	−6.71
30	履带式起重机	60t	台班	2214.64	2207.93	−6.71
31	履带式起重机	80t	台班	2860.30	2852.05	−8.25
32	履带式起重机	100t	台班	4370.25	4361.47	−8.78
33	履带式起重机	150t	台班	7376.20	7366.63	−9.57
34	汽车式起重机	5t	台班	365.82	384.41	18.59
35	汽车式起重机	8t	台班	532.59	534.26	1.67
36	汽车式起重机	12t	台班	676.26	679.69	3.43
37	汽车式起重机	16t	台班	838.83	843.78	4.95
38	汽车式起重机	20t	台班	950.67	957.34	6.67
39	汽车式起重机	25t	台班	1061.24	1070.14	8.90
40	汽车式起重机	30t	台班	1303.75	1314.80	11.05
41	汽车式起重机	50t	台班	3177.34	3197.38	20.04
42	龙门式起重机	10t	台班	348.34	367.74	19.40
43	龙门式起重机	20t	台班	560.96	606.47	45.51
44	龙门式起重机	40t	台班	913.32	982.65	69.33
45	塔式起重机	1500kN·m	台班	4600.00	4772.50	172.50

序号	机　　械	规格	单位	定额单价	实际单价	价差
46	塔式起重机	2500kN·m	台班	5400.00	5603.48	203.48
47	自升式塔式起重机	3000t·m	台班	7942.26	8285.05	342.79
48	炉顶式起重机	300t·m	台班	1255.68	1335.69	80.01
49	载重汽车	5t	台班	288.62	288.17	−0.45
50	载重汽车	6t	台班	309.41	309.28	−0.13
51	载重汽车	8t	台班	363.01	363.51	0.50
52	自卸汽车	8t	台班	470.06	470.43	0.37
53	自卸汽车	12t	台班	640.17	641.86	1.69
54	平板拖车组	10t	台班	517.87	548.02	30.15
55	平板拖车组	20t	台班	791.70	799.21	7.51
56	平板拖车组	30t	台班	946.95	959.42	12.47
57	平板拖车组	40t	台班	1157.43	1175.00	17.57
58	机动翻斗车	1t	台班	117.48	117.40	−0.08
59	管子拖车	24t	台班	1430.23	1431.37	1.14
60	管子拖车	35t	台班	1812.39	1818.33	5.94
61	洒水车	4000L	台班	357.77	399.73	41.96
62	电动卷扬机（单筒快速）	10kN	台班	98.95	106.18	7.23
63	电动卷扬机（单筒慢速）	30kN	台班	107.78	114.70	6.92
64	电动卷扬机（单筒慢速）	50kN	台班	116.18	123.56	7.38
65	电动卷扬机（单筒慢速）	100kN	台班	184.07	200.11	16.04
66	电动卷扬机（单筒慢速）	200kN	台班	350.31	391.29	40.98
67	电动卷扬机（双筒慢速）	50kN	台班	137.82	149.07	11.25
68	双笼施工电梯	200m	台班	535.36	570.51	35.15
69	灰浆搅拌机	400L	台班	79.75	83.08	3.33
70	混凝土振捣器（平台式）		台班	19.92	20.80	0.88
71	混凝土振捣器（插入式）		台班	13.96	14.84	0.88
72	木工圆锯机	500mm	台班	25.27	30.54	5.27

序号	机 械	规格	单位	定额单价	实际单价	价差
73	木工压刨床	刨削宽度 单面 600mm	台班	36.98	43.26	6.28
74	木工压刨床	刨削宽度 三面 400mm	台班	83.42	94.93	11.51
75	摇臂钻床	钻孔直径 50mm	台班	119.95	122.12	2.17
76	剪板机	厚度×宽度 20mm×2000mm	台班	232.32	241.83	9.51
77	剪板机	厚度×宽度 20mm×2500mm	台班	256.39	269.00	12.61
78	剪板机	厚度×宽度 40mm×3100mm	台班	601.77	632.58	30.81
79	钢筋弯曲机	40mm	台班	24.38	27.19	2.81
80	型钢剪断机	500mm	台班	185.10	196.79	11.69
81	弯管机	WC27～108	台班	79.40	86.45	7.05
82	型钢调直机		台班	55.68	60.51	4.83
83	卷板机	板厚×宽度 20mm×2000mm	台班	177.41	191.50	14.09
84	卷板机	板厚×宽度 20mm×2500mm	台班	232.66	246.75	14.09
85	联合冲剪机	板厚 16mm	台班	263.27	266.13	2.86
86	管子切断机	150mm	台班	42.74	45.57	2.83
87	管子切断机	250mm	台班	52.71	57.65	4.94
88	管子切断套丝机	159mm	台班	20.34	21.08	0.74
89	电动煨弯机	100mm	台班	136.40	141.28	4.88
90	钢板校平机	30×2600	台班	281.32	296.70	15.38
91	刨边机	加工长度 12000mm	台班	607.95	624.63	16.68
92	坡口机	630mm	台班	381.94	391.83	9.89
93	电动单级离心清水泵	出口直径 150mm	台班	148.10	167.35	19.25

序号	机　械	规格	单位	定额单价	实际单价	价差
94	电动单级离心清水泵	出口直径200mm	台班	178.20	201.05	22.85
95	电动多级离心清水泵	出口直径100mm，扬程120m 以下	台班	252.60	292.24	39.64
96	电动多级离心清水泵	出口直径150mm，扬程180m 以下	台班	580.30	714.19	133.89
97	电动多级离心清水泵	出口直径200mm，扬程280m 以下	台班	1446.40	1817.76	371.36
98	泥浆泵	出口直径100mm	台班	265.60	317.15	51.55
99	真空泵	抽气速度204m³/h	台班	113.72	125.54	11.82
100	试压泵	25MPa	台班	72.26	75.62	3.36
101	试压泵	30MPa	台班	73.03	76.47	3.44
102	试压泵	80MPa	台班	85.80	89.83	4.03
103	液压注浆泵	HYB50-50-Ⅰ型	台班	196.75	200.18	3.43
104	井点喷射泵	喷射速度40m³/h	台班	158.37	189.13	30.76
105	交流电焊机	21kVA	台班	52.89	66.13	13.24
106	交流电焊机	30kVA	台班	72.94	92.10	19.16
107	对焊机	75kVA	台班	108.30	135.31	27.01
108	等离子切割机	电流　400A	台班	191.30	233.84	42.54
109	氩弧焊机	电流　500A	台班	101.13	116.67	15.54
110	半自动切割机	厚度　100mm	台班	78.49	82.88	4.39
111	点焊机（短臂）	50kVA	台班	85.80	108.48	22.68
112	热熔焊接机	SHD-160C	台班	268.83	282.45	13.62
113	逆变多功能焊机	D7-500	台班	145.30	162.88	17.58
114	电动空气压缩机	排气量0.6m³/min	台班	91.61	96.93	5.32

序号	机　　械	规格	单位	定额单价	实际单价	价差
115	电动空气压缩机	排气量 3m³/min	台班	175.09	198.71	23.62
116	电动空气压缩机	排气量 10m³/min	台班	408.05	496.65	88.60
117	爬模机		台班	2000.00	2071.64	71.64
118	冷却塔曲线电梯	QWT60	台班	301.93	328.30	26.37
119	冷却塔折臂塔式起重机	240t·m 以内	台班	1670.46	1720.22	49.76
120	轴流通风机	7.5kW	台班	38.50	47.29	8.79
121	抓斗	0.5m³	台班	120.10	129.33	9.23
122	拖轮	125kW	台班	1014.39	1008.87	−5.52
123	锚艇	88kW	台班	892.68	887.68	−5.00
124	超声波探伤机	CTS-22	台班	135.25	142.61	7.36
125	悬挂提升装置	LXD-200	台班	209.50	217.19	7.69
126	鼓风机	30m³/min	台班	315.60	377.13	61.53
127	挖泥船	120m³/h	台班	2299.97	2286.82	−13.15

附表25　宁夏电力建设建筑工程施工机械台班价差调整表

单位：元

序号	机　　械	规格	单位	定额单价	实际单价	价差
1	履带式推土机	75kW	台班	609.40	591.79	−17.61
2	履带式推土机	105kW	台班	771.69	752.35	−19.34
3	履带式推土机	135kW	台班	955.31	934.04	−21.27
4	拖式铲运机	3m³	台班	393.25	381.81	−11.44
5	轮胎式装载机	2m³	台班	673.40	652.13	−21.27
6	履带式拖拉机	75kW	台班	565.50	547.77	−17.73
7	履带式单斗挖掘机（液压）	1m³	台班	968.20	947.65	−20.55

序号	机 械	规格	单位	定额单价	实际单价	价差
8	光轮压路机（内燃）	12t	台班	379.11	368.64	-10.47
9	光轮压路机（内燃）	15t	台班	448.66	434.65	-14.01
10	振动压路机（机械式）	15t	台班	801.98	773.83	-28.15
11	振动压路机（液压式）	15t	台班	765.09	739.37	-25.72
12	轮胎压路机	9t	台班	367.00	361.06	-5.94
13	夯实机		台班	24.60	24.86	0.26
14	液压锻钎机	11.25kW	台班	199.17	200.44	1.27
15	磨钎机		台班	226.13	227.70	1.57
16	履带式柴油打桩机	锤重 3.5t	台班	1146.87	1131.23	-15.64
17	履带式柴油打桩机	锤重 7t	台班	2448.09	2429.37	-18.72
18	履带式柴油打桩机	锤重 8t	台班	2542.41	2523.03	-19.38
19	轨道式柴油打桩机	锤重 2.5t	台班	950.75	939.23	-11.52
20	轨道式柴油打桩机	锤重 3.5t	台班	1305.96	1291.69	-14.27
21	振动打拔桩机	40t	台班	901.42	896.20	-5.22
22	冲击成孔机		台班	334.47	335.09	0.62
23	履带式钻孔机	ϕ700	台班	552.43	545.09	-7.34
24	履带式长螺旋钻孔机		台班	481.65	485.08	3.43
25	液压钻机	XU-100	台班	131.10	103.39	-27.71
26	单重管旋喷机		台班	1124.08	1099.04	-25.04
27	履带式起重机	25t	台班	708.01	694.06	-13.95
28	履带式起重机	40t	台班	1288.86	1268.13	-20.73
29	履带式起重机	50t	台班	1780.48	1751.74	-28.74
30	履带式起重机	60t	台班	2214.64	2185.90	-28.74
31	履带式起重机	80t	台班	2860.30	2824.97	-35.33
32	履带式起重机	100t	台班	4370.25	4332.67	-37.58
33	履带式起重机	150t	台班	7376.20	7335.21	-40.99
34	汽车式起重机	5t	台班	365.82	377.97	12.15

序号	机 械	规格	单位	定额单价	实际单价	价差
35	汽车式起重机	8t	台班	532.59	525.72	−6.87
36	汽车式起重机	12t	台班	676.26	669.89	−6.37
37	汽车式起重机	16t	台班	838.83	831.94	−6.89
38	汽车式起重机	20t	台班	950.67	944.14	−6.53
39	汽车式起重机	25t	台班	1061.24	1055.45	−5.79
40	汽车式起重机	30t	台班	1303.75	1298.40	−5.35
41	汽车式起重机	50t	台班	3177.34	3175.40	−1.94
42	龙门式起重机	10t	台班	348.34	349.71	1.37
43	龙门式起重机	20t	台班	560.96	564.18	3.22
44	龙门式起重机	40t	台班	913.32	918.23	4.91
45	塔式起重机	1500kN·m	台班	4600.00	4612.22	12.22
46	塔式起重机	2500kN·m	台班	5400.00	5414.42	14.42
47	自升式塔式起重机	3000t·m	台班	7942.26	7966.55	24.29
48	炉顶式起重机	300t·m	台班	1255.68	1261.35	5.67
49	载重汽车	5t	台班	288.62	279.37	−9.25
50	载重汽车	6t	台班	309.41	300.07	−9.34
51	载重汽车	8t	台班	363.01	353.43	−9.58
52	自卸汽车	8t	台班	470.06	458.89	−11.17
53	自卸汽车	12t	台班	640.17	628.25	−11.92
54	平板拖车组	10t	台班	517.87	537.53	19.66
55	平板拖车组	20t	台班	791.70	783.75	−7.95
56	平板拖车组	30t	台班	946.95	940.15	−6.80
57	平板拖车组	40t	台班	1157.43	1152.43	−5.00
58	机动翻斗车	1t	台班	117.48	115.75	−1.73
59	管子拖车	24t	台班	1430.23	1396.82	−33.41
60	管子拖车	35t	台班	1812.39	1781.98	−30.41
61	洒水车	4000L	台班	357.77	392.72	34.95

序号	机 械	规格	单位	定额单价	实际单价	价差
62	电动卷扬机（单筒快速）	10kN	台班	98.95	99.46	0.51
63	电动卷扬机（单筒慢速）	30kN	台班	107.78	108.27	0.49
64	电动卷扬机（单筒慢速）	50kN	台班	116.18	116.70	0.52
65	电动卷扬机（单筒慢速）	100kN	台班	184.07	185.21	1.14
66	电动卷扬机（单筒慢速）	200kN	台班	350.31	353.21	2.90
67	电动卷扬机（双筒慢速）	50kN	台班	137.82	138.62	0.80
68	双笼施工电梯	200m	台班	535.36	537.85	2.49
69	灰浆搅拌机	400L	台班	79.75	79.99	0.24
70	混凝土振捣器（平台式）		台班	19.92	19.98	0.06
71	混凝土振捣器（插入式）		台班	13.96	14.02	0.06
72	木工圆锯机	500mm	台班	25.27	25.64	0.37
73	木工压刨床	刨削宽度 单面600mm	台班	36.98	37.43	0.45
74	木工压刨床	刨削宽度 三面400mm	台班	83.42	84.24	0.82
75	摇臂钻床	钻孔直径50mm	台班	119.95	120.10	0.15
76	剪板机	厚度×宽度20mm×2000mm	台班	232.32	232.99	0.67
77	剪板机	厚度×宽度20mm×2500mm	台班	256.39	257.28	0.89
78	剪板机	厚度×宽度40mm×3100mm	台班	601.77	603.95	2.18
79	钢筋弯曲机	40mm	台班	24.38	24.58	0.20
80	型钢剪断机	500mm	台班	185.10	185.93	0.83
81	弯管机	WC27～108	台班	79.40	79.90	0.50
82	型钢调直机		台班	55.68	56.02	0.34
83	卷板机	板厚×宽度20mm×2000mm	台班	177.41	178.41	1.00
84	卷板机	板厚×宽度20mm×2500mm	台班	232.66	233.66	1.00

序号	机　械	规格	单位	定额单价	实际单价	价差
85	联合冲剪机	板厚 16mm	台班	263.27	263.47	0.20
86	管子切断机	150mm	台班	42.74	42.94	0.20
87	管子切断机	250mm	台班	52.71	53.06	0.35
88	管子切断套丝机	159mm	台班	20.34	20.39	0.05
89	电动煨弯机	100mm	台班	136.40	136.75	0.35
90	钢板校平机	30×2600	台班	281.32	282.41	1.09
91	刨边机	加工长度 12000mm	台班	607.95	609.13	1.18
92	坡口机	630mm	台班	381.94	382.64	0.70
93	电动单级离心清水泵	出口直径 150mm	台班	148.10	149.46	1.36
94	电动单级离心清水泵	出口直径 200mm	台班	178.20	179.82	1.62
95	电动多级离心清水泵	出口直径 100mm，扬程 120m 以下	台班	252.60	255.41	2.81
96	电动多级离心清水泵	出口直径 150mm，扬程 180m 以下	台班	580.30	589.79	9.49
97	电动多级离心清水泵	出口直径 200mm，扬程 280m 以下	台班	1446.40	1472.71	26.31
98	泥浆泵	出口直径 100mm	台班	265.60	269.25	3.65
99	真空泵	抽气速度 204m³/h	台班	113.72	114.56	0.84
100	试压泵	25MPa	台班	72.26	72.50	0.24
101	试压泵	30MPa	台班	73.03	73.27	0.24
102	试压泵	80MPa	台班	85.80	86.09	0.29
103	液压注浆泵	HYB50-50-Ⅰ型	台班	196.75	196.99	0.24
104	井点喷射泵	喷射速度 40m³/h	台班	158.37	160.55	2.18

序号	机　　械	规　　格	单位	定额单价	实际单价	价差
105	交流电焊机	21kVA	台班	52.89	53.83	0.94
106	交流电焊机	30kVA	台班	72.94	74.30	1.36
107	对焊机	75kVA	台班	108.30	110.21	1.91
108	等离子切割机	电流　400A	台班	191.30	194.31	3.01
109	氩弧焊机	电流　500A	台班	101.13	102.23	1.10
110	半自动切割机	厚度　100mm	台班	78.49	78.80	0.31
111	点焊机（短臂）	50kVA	台班	85.80	87.41	1.61
112	热熔焊接机	SHD-160C	台班	268.83	269.80	0.97
113	逆变多功能焊机	D7-500	台班	145.30	146.55	1.25
114	电动空气压缩机	排气量 0.6m^3/min	台班	91.61	91.99	0.38
115	电动空气压缩机	排气量 3m^3/min	台班	175.09	176.76	1.67
116	电动空气压缩机	排气量 10m^3/min	台班	408.05	414.33	6.28
117	爬模机		台班	2000.00	2005.08	5.08
118	冷却塔曲线电梯	QWT60	台班	301.93	303.80	1.87
119	冷却塔折臂塔式起重机	240t·m 以内	台班	1670.46	1673.99	3.53
120	轴流通风机	7.5kW	台班	38.50	39.12	0.62
121	抓斗	0.5m^3	台班	120.10	120.75	0.65
122	拖轮	125kW	台班	1014.39	990.74	−23.65
123	锚艇	88kW	台班	892.68	871.28	−21.40
124	超声波探伤机	CTS-22	台班	135.25	135.77	0.52
125	悬挂提升装置	LXD-200	台班	209.50	210.04	0.54
126	鼓风机	30m^3/min	台班	315.60	319.96	4.36
127	挖泥船	120m^3/h	台班	2299.97	2243.67	−56.30

附表 26 青海省电力建设建筑工程施工机械台班价差调整表

单位：元

序号	机　　械	规格	单位	定额单价	实际单价	价差
1	履带式推土机	75kW	台班	609.40	607.21	−2.19
2	履带式推土机	105kW	台班	771.69	769.29	−2.40
3	履带式推土机	135kW	台班	955.31	952.67	−2.64
4	拖式铲运机	3m³	台班	393.25	391.83	−1.42
5	轮胎式装载机	2m³	台班	673.40	670.76	−2.64
6	履带式拖拉机	75kW	台班	565.50	563.30	−2.20
7	履带式单斗挖掘机（液压）	1m³	台班	968.20	965.65	−2.55
8	光轮压路机（内燃）	12t	台班	379.11	377.81	−1.30
9	光轮压路机（内燃）	15t	台班	448.66	446.92	−1.74
10	振动压路机（机械式）	15t	台班	801.98	798.49	−3.49
11	振动压路机（液压式）	15t	台班	765.09	761.90	−3.19
12	轮胎压路机	9t	台班	367.00	368.63	1.63
13	夯实机		台班	24.60	24.34	−0.26
14	液压锻钎机	11.25kW	台班	199.17	197.88	−1.29
15	磨钎机		台班	226.13	224.53	−1.60
16	履带式柴油打桩机	锤重 3.5t	台班	1146.87	1144.93	−1.94
17	履带式柴油打桩机	锤重 7t	台班	2448.09	2445.77	−2.32
18	履带式柴油打桩机	锤重 8t	台班	2542.41	2540.01	−2.40
19	轨道式柴油打桩机	锤重 2.5t	台班	950.75	947.50	−3.25
20	轨道式柴油打桩机	锤重 3.5t	台班	1305.96	1301.56	−4.40
21	振动打拔桩机	40t	台班	901.42	897.43	−3.99
22	冲击成孔机		台班	334.47	333.84	−0.63
23	履带式钻孔机	φ700	台班	552.43	547.60	−4.83
24	履带式长螺旋钻孔机		台班	481.65	478.16	−3.49
25	液压钻机	XU-100	台班	131.10	127.66	−3.44

序号	机械	规格	单位	定额单价	实际单价	价差
26	单重管旋喷机		台班	1124.08	1120.97	−3.11
27	履带式起重机	25t	台班	708.01	706.28	−1.73
28	履带式起重机	40t	台班	1288.86	1286.29	−2.57
29	履带起重机	50t	台班	1780.48	1776.91	−3.57
30	履带起重机	60t	台班	2214.64	2211.07	−3.57
31	履带起重机	80t	台班	2860.30	2855.92	−4.38
32	履带起重机	100t	台班	4370.25	4365.59	−4.66
33	履带起重机	150t	台班	7376.20	7371.11	−5.09
34	汽车式起重机	5t	台班	365.82	384.67	18.85
35	汽车式起重机	8t	台班	532.59	533.84	1.25
36	汽车式起重机	12t	台班	676.26	678.62	2.36
37	汽车式起重机	16t	台班	838.83	842.18	3.35
38	汽车式起重机	20t	台班	950.67	955.12	4.45
39	汽车式起重机	25t	台班	1061.24	1067.09	5.85
40	汽车式起重机	30t	台班	1303.75	1310.97	7.22
41	汽车式起重机	50t	台班	3177.34	3190.24	12.90
42	龙门式起重机	10t	台班	348.34	346.94	−1.40
43	龙门式起重机	20t	台班	560.96	557.67	−3.29
44	龙门式起重机	40t	台班	913.32	908.31	−5.01
45	塔式起重机	1500kN·m	台班	4600.00	4587.54	−12.46
46	塔式起重机	2500kN·m	台班	5400.00	5385.30	−14.70
47	自升式塔式起重机	3000t·m	台班	7942.26	7917.50	−24.76
48	炉顶式起重机	300t·m	台班	1255.68	1249.90	−5.78
49	载重汽车	5t	台班	288.62	288.57	−0.05
50	载重汽车	6t	台班	309.41	309.56	0.15
51	载重汽车	8t	台班	363.01	363.57	0.56
52	自卸汽车	8t	台班	470.06	470.59	0.53

序号	机　械	规格	单位	定额单价	实际单价	价差
53	自卸汽车	12t	台班	640.17	641.56	1.39
54	平板拖车组	10t	台班	517.87	547.73	29.86
55	平板拖车组	20t	台班	791.70	796.72	5.02
56	平板拖车组	30t	台班	946.95	955.12	8.17
57	平板拖车组	40t	台班	1157.43	1168.82	11.39
58	机动翻斗车	1t	台班	117.48	117.48	0.00
59	管子拖车	24t	台班	1430.23	1431.82	1.59
60	管子拖车	35t	台班	1812.39	1816.98	4.59
61	洒水车	4000L	台班	357.77	400.48	42.71
62	电动卷扬机（单筒快速）	10kN	台班	98.95	98.43	−0.52
63	电动卷扬机（单筒慢速）	30kN	台班	107.78	107.28	−0.50
64	电动卷扬机（单筒慢速）	50kN	台班	116.18	115.65	−0.53
65	电动卷扬机（单筒慢速）	100kN	台班	184.07	182.91	−1.16
66	电动卷扬机（单筒慢速）	200kN	台班	350.31	347.35	−2.96
67	电动卷扬机（双筒慢速）	50kN	台班	137.82	137.01	−0.81
68	双笼施工电梯	200m	台班	535.36	532.82	−2.54
69	灰浆搅拌机	400L	台班	79.75	79.51	−0.24
70	混凝土振捣器（平台式）		台班	19.92	19.86	−0.06
71	混凝土振捣器（插入式）		台班	13.96	13.90	−0.06
72	木工圆锯机	500mm	台班	25.27	24.89	−0.38
73	木工压刨床	刨削宽度　单面 600mm	台班	36.98	36.53	−0.45
74	木工压刨床	刨削宽度　三面 400mm	台班	83.42	82.59	−0.83
75	摇臂钻床	钻孔直径 50mm	台班	119.95	119.79	−0.16
76	剪板机	厚度×宽度 20mm×2000mm	台班	232.32	231.63	−0.69

序号	机 械	规格	单位	定额单价	实际单价	价差
77	剪板机	厚度×宽度 20mm×2500mm	台班	256.39	255.48	−0.91
78	剪板机	厚度×宽度 40mm×3100mm	台班	601.77	599.55	−2.22
79	钢筋弯曲机	40mm	台班	24.38	24.18	−0.20
80	型钢剪断机	500mm	台班	185.10	184.26	−0.84
81	弯管机	WC27～108	台班	79.40	78.89	−0.51
82	型钢调直机		台班	55.68	55.33	−0.35
83	卷板机	板厚×宽度 20mm×2000mm	台班	177.41	176.39	−1.02
84	卷板机	板厚×宽度 20mm×2500mm	台班	232.66	231.64	−1.02
85	联合冲剪机	板厚 16mm	台班	263.27	263.06	−0.21
86	管子切断机	150mm	台班	42.74	42.54	−0.20
87	管子切断机	250mm	台班	52.71	52.35	−0.36
88	管子切断套丝机	159mm	台班	20.34	20.29	−0.05
89	电动煨弯机	100mm	台班	136.40	136.05	−0.35
90	钢板校平机	30×2600	台班	281.32	280.21	−1.11
91	刨边机	加工长度 12000mm	台班	607.95	606.75	−1.20
92	坡口机	630mm	台班	381.94	381.23	−0.71
93	电动单级离心清水泵	出口直径 150mm	台班	148.10	146.71	−1.39
94	电动单级离心清水泵	出口直径 200mm	台班	178.20	176.55	−1.65
95	电动多级离心清水泵	出口直径 100mm，扬程 120m 以下	台班	252.60	249.74	−2.86
96	电动多级离心清水泵	出口直径 150mm，扬程 180m 以下	台班	580.30	570.63	−9.67

序号	机　　械	规格	单位	定额单价	实际单价	价差
97	电动多级离心清水泵	出口直径200mm，扬程280m以下	台班	1446.40	1419.58	−26.82
98	泥浆泵	出口直径100mm	台班	265.60	261.88	−3.72
99	真空泵	抽气速度204m³/h	台班	113.72	112.87	−0.85
100	试压泵	25MPa	台班	72.26	72.02	−0.24
101	试压泵	30MPa	台班	73.03	72.78	−0.25
102	试压泵	80MPa	台班	85.80	85.51	−0.29
103	液压注浆泵	HYB50-50-Ⅰ型	台班	196.75	196.50	−0.25
104	井点喷射泵	喷射速度40m³/h	台班	158.37	156.15	−2.22
105	交流电焊机	21kVA	台班	52.89	51.93	−0.96
106	交流电焊机	30kVA	台班	72.94	71.56	−1.38
107	对焊机	75kVA	台班	108.30	106.35	−1.95
108	等离子切割机	电流　400A	台班	191.30	188.23	−3.07
109	氩弧焊机	电流　500A	台班	101.13	100.01	−1.12
110	半自动切割机	厚度　100mm	台班	78.49	78.17	−0.32
111	点焊机（短臂）	50kVA	台班	85.80	84.16	−1.64
112	热熔焊接机	SHD-160C	台班	268.83	267.85	−0.98
113	逆变多功能焊机	D7-500	台班	145.30	144.03	−1.27
114	电动空气压缩机	排气量0.6m³/min	台班	91.61	91.23	−0.38
115	电动空气压缩机	排气量3m³/min	台班	175.09	173.38	−1.71
116	电动空气压缩机	排气量10m³/min	台班	408.05	401.65	−6.40
117	爬模机		台班	2000.00	1994.83	−5.17
118	冷却塔曲线电梯	QWT60	台班	301.93	300.03	−1.90

序号	机 械	规格	单位	定额单价	实际单价	价差
119	冷却塔折臂塔式起重机	240t·m 以内	台班	1670.46	1666.87	−3.59
120	轴流通风机	7.5kW	台班	38.50	37.87	−0.63
121	抓斗	0.5m³	台班	120.10	119.43	−0.67
122	拖轮	125kW	台班	1014.39	1011.46	−2.93
123	锚艇	88kW	台班	892.68	890.02	−2.66
124	超声波探伤机	CTS-22	台班	135.25	134.72	−0.53
125	悬挂提升装置	LXD-200	台班	209.50	208.94	−0.56
126	鼓风机	30m³/min	台班	315.60	311.16	−4.44
127	挖泥船	120m³/h	台班	2299.97	2292.98	−6.99

附表 27　新疆电力建设建筑工程施工机械台班价差调整表

单位：元

序号	机 械	规格	单位	定额单价	实际单价	价差
1	履带式推土机	75kW	台班	609.40	596.29	−13.11
2	履带式推土机	105kW	台班	771.69	757.29	−14.40
3	履带式推土机	135kW	台班	955.31	939.48	−15.83
4	拖式铲运机	3m³	台班	393.25	384.73	−8.52
5	轮胎式装载机	2m³	台班	673.40	657.56	−15.84
6	履带式拖拉机	75kW	台班	565.50	552.30	−13.20
7	履带式单斗挖掘机（液压）	1m³	台班	968.20	952.90	−15.30
8	光轮压路机（内燃）	12t	台班	379.11	371.32	−7.79
9	光轮压路机（内燃）	15t	台班	448.66	438.23	−10.43
10	振动压路机（机械式）	15t	台班	801.98	781.02	−20.96
11	振动压路机（液压式）	15t	台班	765.09	745.94	−19.15
12	轮胎压路机	9t	台班	367.00	363.26	−3.74

序号	机　械	规格	单位	定额单价	实际单价	价差
13	夯实机		台班	24.60	24.37	−0.23
14	液压锻钎机	11.25kW	台班	199.17	198.04	−1.13
15	磨钎机		台班	226.13	224.74	−1.39
16	履带式柴油打桩机	锤重 3.5t	台班	1146.87	1135.23	−11.64
17	履带式柴油打桩机	锤重 7t	台班	2448.09	2434.15	−13.94
18	履带式柴油打桩机	锤重 8t	台班	2542.41	2527.98	−14.43
19	轨道式柴油打桩机	锤重 2.5t	台班	950.75	939.58	−11.17
20	轨道式柴油打桩机	锤重 3.5t	台班	1305.96	1291.58	−14.38
21	振动打拔桩机	40t	台班	901.42	892.78	−8.64
22	冲击成孔机		台班	334.47	333.92	−0.55
23	履带式钻孔机	$\phi 700$	台班	552.43	541.38	−11.05
24	履带式长螺旋钻孔机		台班	481.65	478.61	−3.04
25	液压钻机	XU-100	台班	131.10	110.47	−20.63
26	单重管旋喷机		台班	1124.08	1105.44	−18.64
27	履带式起重机	25t	台班	708.01	697.63	−10.38
28	履带式起重机	40t	台班	1288.86	1273.43	−15.43
29	履带式起重机	50t	台班	1780.48	1759.08	−21.40
30	履带式起重机	60t	台班	2214.64	2193.24	−21.40
31	履带式起重机	80t	台班	2860.30	2834.00	−26.30
32	履带式起重机	100t	台班	4370.25	4342.27	−27.98
33	履带式起重机	150t	台班	7376.20	7345.68	−30.52
34	汽车式起重机	5t	台班	365.82	383.01	17.19
35	汽车式起重机	8t	台班	532.59	528.09	−4.50
36	汽车式起重机	12t	台班	676.26	672.44	−3.82
37	汽车式起重机	16t	台班	838.83	834.92	−3.91
38	汽车式起重机	20t	台班	950.67	947.34	−3.33
39	汽车式起重机	25t	台班	1061.24	1058.85	−2.39

序号	机　械	规格	单位	定额单价	实际单价	价差
40	汽车式起重机	30t	台班	1303.75	1302.06	−1.69
41	汽车式起重机	50t	台班	3177.34	3179.73	2.39
42	龙门式起重机	10t	台班	348.34	347.12	−1.22
43	龙门式起重机	20t	台班	560.96	558.10	−2.86
44	龙门式起重机	40t	台班	913.32	908.97	−4.35
45	塔式起重机	1500kN·m	台班	4600.00	4589.17	−10.83
46	塔式起重机	2500kN·m	台班	5400.00	5387.22	−12.78
47	自升式塔式起重机	3000t·m	台班	7942.26	7920.73	−21.53
48	炉顶式起重机	300t·m	台班	1255.68	1250.66	−5.02
49	载重汽车	5t	台班	288.62	282.05	−6.57
50	载重汽车	6t	台班	309.41	302.84	−6.57
51	载重汽车	8t	台班	363.01	356.39	−6.62
52	自卸汽车	8t	台班	470.06	462.30	−7.76
53	自卸汽车	12t	台班	640.17	632.13	−8.04
54	平板拖车组	10t	台班	517.87	545.20	27.33
55	平板拖车组	20t	台班	791.70	787.53	−4.17
56	平板拖车组	30t	台班	946.95	944.52	−2.43
57	平板拖车组	40t	台班	1157.43	1157.21	−0.22
58	机动翻斗车	1t	台班	117.48	116.26	−1.22
59	管子拖车	24t	台班	1430.23	1407.03	−23.20
60	管子拖车	35t	台班	1812.39	1792.19	−20.20
61	洒水车	4000L	台班	357.77	398.55	40.78
62	电动卷扬机（单筒快速）	10kN	台班	98.95	98.50	−0.45
63	电动卷扬机（单筒慢速）	30kN	台班	107.78	107.35	−0.43
64	电动卷扬机（单筒慢速）	50kN	台班	116.18	115.72	−0.46
65	电动卷扬机（单筒慢速）	100kN	台班	184.07	183.06	−1.01
66	电动卷扬机（单筒慢速）	200kN	台班	350.31	347.74	−2.57

序号	机　　械	规格	单位	定额单价	实际单价	价差
67	电动卷扬机（双筒慢速）	50kN	台班	137.82	137.11	−0.71
68	双笼施工电梯	200m	台班	535.36	533.15	−2.21
69	灰浆搅拌机	400L	台班	79.75	79.54	−0.21
70	混凝土振捣器（平台式）		台班	19.92	19.86	−0.06
71	混凝土振捣器（插入式）		台班	13.96	13.90	−0.06
72	木工圆锯机	500mm	台班	25.27	24.94	−0.33
73	木工压刨床	刨削宽度　单面 600mm	台班	36.98	36.59	−0.39
74	木工压刨床	刨削宽度　三面 400mm	台班	83.42	82.70	−0.72
75	摇臂钻床	钻孔直径 50mm	台班	119.95	119.81	−0.14
76	剪板机	厚度×宽度 20mm×2000mm	台班	232.32	231.72	−0.60
77	剪板机	厚度×宽度 20mm×2500mm	台班	256.39	255.60	−0.79
78	剪板机	厚度×宽度 40mm×3100mm	台班	601.77	599.84	−1.93
79	钢筋弯曲机	40mm	台班	24.38	24.20	−0.18
80	型钢剪断机	500mm	台班	185.10	184.37	−0.73
81	弯管机	WC27～108	台班	79.40	78.96	−0.44
82	型钢调直机		台班	55.68	55.38	−0.30
83	卷板机	板厚×宽度 20mm×2000mm	台班	177.41	176.53	−0.88
84	卷板机	板厚×宽度 20mm×2500mm	台班	232.66	231.78	−0.88
85	联合冲剪机	板厚　16mm	台班	263.27	263.09	−0.18
86	管子切断机	150mm	台班	42.74	42.56	−0.18
87	管子切断机	250mm	台班	52.71	52.40	−0.31
88	管子切断套丝机	159mm	台班	20.34	20.29	−0.05
89	电动煨弯机	100mm	台班	136.40	136.09	−0.31

序号	机 械	规格	单位	定额单价	实际单价	价差
90	钢板校平机	30×2600	台班	281.32	280.35	-0.97
91	刨边机	加工长度12000mm	台班	607.95	606.90	-1.05
92	坡口机	630mm	台班	381.94	381.32	-0.62
93	电动单级离心清水泵	出口直径150mm	台班	148.10	146.89	-1.21
94	电动单级离心清水泵	出口直径200mm	台班	178.20	176.76	-1.44
95	电动多级离心清水泵	出口直径100mm，扬程120m以下	台班	252.60	250.11	-2.49
96	电动多级离心清水泵	出口直径150mm，扬程180m以下	台班	580.30	571.89	-8.41
97	电动多级离心清水泵	出口直径200mm，扬程280m以下	台班	1446.40	1423.08	-23.32
98	泥浆泵	出口直径100mm	台班	265.60	262.36	-3.24
99	真空泵	抽气速度204m³/h	台班	113.72	112.98	-0.74
100	试压泵	25MPa	台班	72.26	72.05	-0.21
101	试压泵	30MPa	台班	73.03	72.81	-0.22
102	试压泵	80MPa	台班	85.80	85.55	-0.25
103	液压注浆泵	HYB50-50-Ⅰ型	台班	196.75	196.53	-0.22
104	井点喷射泵	喷射速度40m³/h	台班	158.37	156.44	-1.93
105	交流电焊机	21kVA	台班	52.89	52.06	-0.83
106	交流电焊机	30kVA	台班	72.94	71.74	-1.20
107	对焊机	75kVA	台班	108.30	106.60	-1.70
108	等离子切割机	电流 400A	台班	191.30	188.63	-2.67
109	氩弧焊机	电流 500A	台班	101.13	100.15	-0.98
110	半自动切割机	厚度 100mm	台班	78.49	78.21	-0.28

序号	机 械	规格	单位	定额单价	实际单价	价差
111	点焊机（短臂）	50kVA	台班	85.80	84.38	-1.42
112	热熔焊接机	SHD-160C	台班	268.83	267.97	-0.86
113	逆变多功能焊机	D7-500	台班	145.30	144.20	-1.10
114	电动空气压缩机	排气量 0.6m³/min	台班	91.61	91.28	-0.33
115	电动空气压缩机	排气量 3m³/min	台班	175.09	173.61	-1.48
116	电动空气压缩机	排气量 10m³/min	台班	408.05	402.49	-5.56
117	爬模机		台班	2000.00	1995.50	-4.50
118	冷却塔曲线电梯	QWT60	台班	301.93	300.27	-1.66
119	冷却塔折臂塔式起重机	240t·m 以内	台班	1670.46	1667.33	-3.13
120	轴流通风机	7.5kW	台班	38.50	37.95	-0.55
121	抓斗	0.5m³	台班	120.10	119.52	-0.58
122	拖轮	125kW	台班	1014.39	996.78	-17.61
123	锚艇	88kW	台班	892.68	876.75	-15.93
124	超声波探伤机	CTS-22	台班	135.25	134.79	-0.46
125	悬挂提升装置	LXD-200	台班	209.50	209.02	-0.48
126	鼓风机	30m³/min	台班	315.60	311.74	-3.86
127	挖泥船	120m³/h	台班	2299.97	2258.05	-41.92

附表28 广东省电力建设建筑工程施工机械台班价差调整表

单位：元

序号	机 械	规格	单位	定额单价	实际单价	价差
1	履带式推土机	75kW	台班	609.40	620.71	11.31
2	履带式推土机	105kW	台班	771.69	784.11	12.42
3	履带式推土机	135kW	台班	955.31	968.97	13.66

序号	机　械	规格	单位	定额单价	实际单价	价差
4	拖式铲运机	3m³	台班	393.25	400.60	7.35
5	轮胎式装载机	2m³	台班	673.40	687.07	13.67
6	履带式拖拉机	75kW	台班	565.50	576.89	11.39
7	履带式单斗挖掘机（液压）	1m³	台班	968.20	981.40	13.20
8	光轮压路机（内燃）	12t	台班	379.11	385.83	6.72
9	光轮压路机（内燃）	15t	台班	448.66	457.66	9.00
10	振动压路机（机械式）	15t	台班	801.98	820.06	18.08
11	振动压路机（液压式）	15t	台班	765.09	781.61	16.52
12	轮胎压路机	9t	台班	367.00	376.87	9.87
13	夯实机		台班	24.60	26.43	1.83
14	液压锻钎机	11.25kW	台班	199.17	208.15	8.98
15	磨钎机		台班	226.13	237.22	11.09
16	履带式柴油打桩机	锤重 3.5t	台班	1146.87	1156.91	10.04
17	履带式柴油打桩机	锤重 7t	台班	2448.09	2460.12	12.03
18	履带式柴油打桩机	锤重 8t	台班	2542.41	2554.86	12.45
19	轨道式柴油打桩机	锤重 2.5t	台班	950.75	970.39	19.64
20	轨道式柴油打桩机	锤重 3.5t	台班	1305.96	1332.88	26.92
21	振动打拔桩机	40t	台班	901.42	927.27	25.85
22	冲击成孔机		台班	334.47	338.87	4.40
23	履带式钻孔机	ϕ700	台班	552.43	583.54	31.11
24	履带式长螺旋钻孔机		台班	481.65	505.85	24.20
25	液压钻机	XU-100	台班	131.10	148.90	17.80
26	单重管旋喷机		台班	1124.08	1140.16	16.08
27	履带起重机	25t	台班	708.01	716.97	8.96
28	履带起重机	40t	台班	1288.86	1302.17	13.31
29	履带起重机	50t	台班	1780.48	1798.94	18.46

序号	机　械	规格	单位	定额单价	实际单价	价差
30	履带式起重机	60t	台班	2214.64	2233.10	18.46
31	履带式起重机	80t	台班	2860.30	2882.99	22.69
32	履带式起重机	100t	台班	4370.25	4394.39	24.14
33	履带式起重机	150t	台班	7376.20	7402.53	26.33
34	汽车式起重机	5t	台班	365.82	400.58	34.76
35	汽车式起重机	8t	台班	532.59	542.39	9.80
36	汽车式起重机	12t	台班	676.26	688.42	12.16
37	汽车式起重机	16t	台班	838.83	854.02	15.19
38	汽车式起重机	20t	台班	950.67	968.32	17.65
39	汽车式起重机	25t	台班	1061.24	1081.77	20.53
40	汽车式起重机	30t	台班	1303.75	1327.37	23.62
41	汽车式起重机	50t	台班	3177.34	3212.22	34.88
42	龙门式起重机	10t	台班	348.34	358.05	9.71
43	龙门式起重机	20t	台班	560.96	583.74	22.78
44	龙门式起重机	40t	台班	913.32	948.03	34.71
45	塔式起重机	1500kN·m	台班	4600.00	4686.35	86.35
46	塔式起重机	2500kN·m	台班	5400.00	5501.86	101.86
47	自升式塔式起重机	3000t·m	台班	7942.26	8113.86	171.60
48	炉顶式起重机	300t·m	台班	1255.68	1295.73	40.05
49	载重汽车	5t	台班	288.62	297.36	8.74
50	载重汽车	6t	台班	309.41	318.77	9.36
51	载重汽车	8t	台班	363.01	373.65	10.64
52	自卸汽车	8t	台班	470.06	482.13	12.07
53	自卸汽车	12t	台班	640.17	655.17	15.00
54	平板拖车组	10t	台班	517.87	572.67	54.80
55	平板拖车组	20t	台班	791.70	812.18	20.48
56	平板拖车组	30t	台班	946.95	974.38	27.43

序号	机 械	规格	单位	定额单价	实际单价	价差
57	平板拖车组	40t	台班	1157.43	1191.39	33.96
58	机动翻斗车	1t	台班	117.48	119.13	1.65
59	管子拖车	24t	台班	1430.23	1466.37	36.14
60	管子拖车	35t	台班	1812.39	1853.33	40.94
61	洒水车	4000L	台班	357.77	418.47	60.70
62	电动卷扬机（单筒快速）	10kN	台班	98.95	102.57	3.62
63	电动卷扬机（单筒慢速）	30kN	台班	107.78	111.25	3.47
64	电动卷扬机（单筒慢速）	50kN	台班	116.18	119.88	3.70
65	电动卷扬机（单筒慢速）	100kN	台班	184.07	192.10	8.03
66	电动卷扬机（单筒慢速）	200kN	台班	350.31	370.83	20.52
67	电动卷扬机（双筒慢速）	50kN	台班	137.82	143.45	5.63
68	双笼施工电梯	200m	台班	535.36	552.95	17.59
69	灰浆搅拌机	400L	台班	79.75	81.42	1.67
70	混凝土振捣器（平台式）		台班	19.92	20.36	0.44
71	混凝土振捣器（插入式）		台班	13.96	14.40	0.44
72	木工圆锯机	500mm	台班	25.27	27.91	2.64
73	木工压刨床	刨削宽度 单面 600mm	台班	36.98	40.13	3.15
74	木工压刨床	刨削宽度 三面 400mm	台班	83.42	89.18	5.76
75	摇臂钻床	钻孔直径 50mm	台班	119.95	121.04	1.09
76	剪板机	厚度×宽度 20mm×2000mm	台班	232.32	237.08	4.76
77	剪板机	厚度×宽度 20mm×2500mm	台班	256.39	262.70	6.31
78	剪板机	厚度×宽度 40mm×3100mm	台班	601.77	617.19	15.42
79	钢筋弯曲机	40mm	台班	24.38	25.79	1.41
80	型钢剪断机	500mm	台班	185.10	190.95	5.85

序号	机 械	规格	单位	定额单价	实际单价	价差
81	弯管机	WC27～108	台班	79.40	82.93	3.53
82	型钢调直机		台班	55.68	58.10	2.42
83	卷板机	板厚×宽度 20mm×2000mm	台班	177.41	184.46	7.05
84	卷板机	板厚×宽度 20mm×2500mm	台班	232.66	239.71	7.05
85	联合冲剪机	板厚 16mm	台班	263.27	264.70	1.43
86	管子切断机	150mm	台班	42.74	44.16	1.42
87	管子切断机	250mm	台班	52.71	55.19	2.48
88	管子切断套丝机	159mm	台班	20.34	20.71	0.37
89	电动煨弯机	100mm	台班	136.40	138.84	2.44
90	钢板校平机	30×2600	台班	281.32	289.02	7.70
91	刨边机	加工长度 12000mm	台班	607.95	616.30	8.35
92	坡口机	630mm	台班	381.94	386.89	4.95
93	电动单级离心清水泵	出口直径 150mm	台班	148.10	157.74	9.64
94	电动单级离心清水泵	出口直径 200mm	台班	178.20	189.64	11.44
95	电动多级离心清水泵	出口直径 100mm，扬程 120m 以下	台班	252.60	272.44	19.84
96	电动多级离心清水泵	出口直径 150mm，扬程 180m 以下	台班	580.30	647.32	67.02
97	电动多级离心清水泵	出口直径 200mm，扬程 280m 以下	台班	1446.40	1632.30	185.90
98	泥浆泵	出口直径 100mm	台班	265.60	291.41	25.81
99	真空泵	抽气速度 204m³/h	台班	113.72	119.64	5.92

序号	机 械	规格	单位	定额单价	实际单价	价差
100	试压泵	25MPa	台班	72.26	73.94	1.68
101	试压泵	30MPa	台班	73.03	74.75	1.72
102	试压泵	80MPa	台班	85.80	87.82	2.02
103	液压注浆泵	HYB50-50-Ⅰ型	台班	196.75	198.47	1.72
104	井点喷射泵	喷射速度 40m³/h	台班	158.37	173.77	15.40
105	交流电焊机	21kVA	台班	52.89	59.52	6.63
106	交流电焊机	30kVA	台班	72.94	82.53	9.59
107	对焊机	75kVA	台班	108.30	121.82	13.52
108	等离子切割机	电流 400A	台班	191.30	212.60	21.30
109	氩弧焊机	电流 500A	台班	101.13	108.91	7.78
110	半自动切割机	厚度 100mm	台班	78.49	80.69	2.20
111	点焊机（短臂）	50kVA	台班	85.80	97.15	11.35
112	热熔焊接机	SHD-160C	台班	268.83	275.65	6.82
113	逆变多功能焊机	D7-500	台班	145.30	154.10	8.80
114	电动空气压缩机	排气量 0.6m³/min	台班	91.61	94.27	2.66
115	电动空气压缩机	排气量 3m³/min	台班	175.09	186.92	11.83
116	电动空气压缩机	排气量 10m³/min	台班	408.05	452.40	44.35
117	爬模机		台班	2000.00	2035.86	35.86
118	冷却塔曲线电梯	QWT60	台班	301.93	315.13	13.20
119	冷却塔折臂塔式起重机	240t·m 以内	台班	1670.46	1695.37	24.91
120	轴流通风机	7.5kW	台班	38.50	42.90	4.40
121	抓斗	0.5m³	台班	120.10	124.72	4.62
122	拖轮	125kW	台班	1014.39	1029.58	15.19
123	锚艇	88kW	台班	892.68	906.42	13.74

序号	机　械	规格	单位	定额单价	实际单价	价差
124	超声波探伤机	CTS-22	台班	135.25	138.94	3.69
125	悬挂提升装置	LXD-200	台班	209.50	213.35	3.85
126	鼓风机	30m³/min	台班	315.60	346.40	30.80
127	挖泥船	120m³/h	台班	2299.97	2336.13	36.16

附表29　广西电力建设建筑工程施工机械台班价差调整表

单位：元

序号	机　械	规格	单位	定额单价	实际单价	价差
1	履带式推土机	75kW	台班	609.40	614.28	4.88
2	履带式推土机	105kW	台班	771.69	777.06	5.37
3	履带式推土机	135kW	台班	955.31	961.21	5.90
4	拖式铲运机	3m³	台班	393.25	396.42	3.17
5	轮胎式装载机	2m³	台班	673.40	679.30	5.90
6	履带式拖拉机	75kW	台班	565.50	570.42	4.92
7	履带式单斗挖掘机（液压）	1m³	台班	968.20	973.90	5.70
8	光轮压路机（内燃）	12t	台班	379.11	382.01	2.90
9	光轮压路机（内燃）	15t	台班	448.66	452.55	3.89
10	振动压路机（机械式）	15t	台班	801.98	809.79	7.81
11	振动压路机（液压式）	15t	台班	765.09	772.22	7.13
12	轮胎压路机	9t	台班	367.00	372.10	5.10
13	夯实机		台班	24.60	26.76	2.16
14	液压锻钎机	11.25kW	台班	199.17	209.78	10.61
15	磨钎机		台班	226.13	239.23	13.10
16	履带式柴油打桩机	锤重 3.5t	台班	1146.87	1151.21	4.34
17	履带式柴油打桩机	锤重 7t	台班	2448.09	2453.28	5.19

序号	机　　械	规格	单位	定额单价	实际单价	价差
18	履带式柴油打桩机	锤重 8t	台班	2542.41	2547.79	5.38
19	轨道式柴油打桩机	锤重 2.5t	台班	950.75	967.65	16.90
20	轨道式柴油打桩机	锤重 3.5t	台班	1305.96	1329.80	23.84
21	振动打拔桩机	40t	台班	901.42	928.05	26.63
22	冲击成孔机		台班	334.47	339.67	5.20
23	履带式钻孔机	ϕ700	台班	552.43	584.02	31.59
24	履带式长螺旋钻孔机		台班	481.65	510.25	28.60
25	液压钻机	XU-100	台班	131.10	138.79	7.69
26	单重管旋喷机		台班	1124.08	1131.02	6.94
27	履带式起重机	25t	台班	708.01	711.88	3.87
28	履带式起重机	40t	台班	1288.86	1294.61	5.75
29	履带式起重机	50t	台班	1780.48	1788.45	7.97
30	履带式起重机	60t	台班	2214.64	2222.61	7.97
31	履带式起重机	80t	台班	2860.30	2870.10	9.80
32	履带式起重机	100t	台班	4370.25	4380.67	10.42
33	履带式起重机	150t	台班	7376.20	7387.57	11.37
34	汽车式起重机	5t	台班	365.82	389.04	23.22
35	汽车式起重机	8t	台班	532.59	537.56	4.97
36	汽车式起重机	12t	台班	676.26	682.62	6.36
37	汽车式起重机	16t	台班	838.83	846.87	8.04
38	汽车式起重机	20t	台班	950.67	960.15	9.48
39	汽车式起重机	25t	台班	1061.24	1072.43	11.19
40	汽车式起重机	30t	台班	1303.75	1316.73	12.98
41	汽车式起重机	50t	台班	3177.34	3197.04	19.70
42	龙门式起重机	10t	台班	348.34	359.82	11.48
43	龙门式起重机	20t	台班	560.96	587.88	26.92
44	龙门式起重机	40t	台班	913.32	954.34	41.02

序号	机 械	规格	单位	定额单价	实际单价	价差
45	塔式起重机	1500kN·m	台班	4600.00	4702.05	102.05
46	塔式起重机	2500kN·m	台班	5400.00	5520.38	120.38
47	自升式塔式起重机	3000t·m	台班	7942.26	8145.06	202.80
48	炉顶式起重机	300t·m	台班	1255.68	1303.01	47.33
49	载重汽车	5t	台班	288.62	292.78	4.16
50	载重汽车	6t	台班	309.41	313.92	4.51
51	载重汽车	8t	台班	363.01	368.22	5.21
52	自卸汽车	8t	台班	470.06	475.95	5.89
53	自卸汽车	12t	台班	640.17	647.66	7.49
54	平板拖车组	10t	台班	517.87	554.40	36.53
55	平板拖车组	20t	台班	791.70	802.66	10.96
56	平板拖车组	30t	台班	946.95	961.97	15.02
57	平板拖车组	40t	台班	1157.43	1176.33	18.90
58	机动翻斗车	1t	台班	117.48	118.27	0.79
59	管子拖车	24t	台班	1430.23	1447.86	17.63
60	管子拖车	35t	台班	1812.39	1833.02	20.63
61	洒水车	4000L	台班	357.77	405.54	47.77
62	电动卷扬机（单筒快速）	10kN	台班	98.95	103.23	4.28
63	电动卷扬机（单筒慢速）	30kN	台班	107.78	111.88	4.10
64	电动卷扬机（单筒慢速）	50kN	台班	116.18	120.55	4.37
65	电动卷扬机（单筒慢速）	100kN	台班	184.07	193.56	9.49
66	电动卷扬机（单筒慢速）	200kN	台班	350.31	374.56	24.25
67	电动卷扬机（双筒慢速）	50kN	台班	137.82	144.48	6.66
68	双笼施工电梯	200m	台班	535.36	556.15	20.79
69	灰浆搅拌机	400L	台班	79.75	81.72	1.97
70	混凝土振捣器（平台式）		台班	19.92	20.44	0.52
71	混凝土振捣器（插入式）		台班	13.96	14.48	0.52

序号	机　械	规格	单位	定额单价	实际单价	价差
72	木工圆锯机	500mm	台班	25.27	28.39	3.12
73	木工压刨床	刨削宽度　单面 600mm	台班	36.98	40.70	3.72
74	木工压刨床	刨削宽度　三面 400mm	台班	83.42	90.23	6.81
75	摇臂钻床	钻孔直径 50mm	台班	119.95	121.23	1.28
76	剪板机	厚度×宽度 20mm×2000mm	台班	232.32	237.94	5.62
77	剪板机	厚度×宽度 20mm×2500mm	台班	256.39	263.85	7.46
78	剪板机	厚度×宽度 40mm×3100mm	台班	601.77	620.00	18.23
79	钢筋弯曲机	40mm	台班	24.38	26.04	1.66
80	型钢剪断机	500mm	台班	185.10	192.02	6.92
81	弯管机	WC27～108	台班	79.40	83.57	4.17
82	型钢调直机		台班	55.68	58.54	2.86
83	卷板机	板厚×宽度 20mm×2000mm	台班	177.41	185.74	8.33
84	卷板机	板厚×宽度 20mm×2500mm	台班	232.66	240.99	8.33
85	联合冲剪机	板厚 16mm	台班	263.27	264.96	1.69
86	管子切断机	150mm	台班	42.74	44.42	1.68
87	管子切断机	250mm	台班	52.71	55.64	2.93
88	管子切断套丝机	159mm	台班	20.34	20.78	0.44
89	电动煨弯机	100mm	台班	136.40	139.29	2.89
90	钢板校平机	30×2600	台班	281.32	290.42	9.10
91	刨边机	加工长度 12000mm	台班	607.95	617.82	9.87
92	坡口机	630mm	台班	381.94	387.79	5.85
93	电动单级离心清水泵	出口直径 150mm	台班	148.10	159.49	11.39

序号	机　　械	规格	单位	定额单价	实际单价	价差
94	电动单级离心清水泵	出口直径 200mm	台班	178.20	191.72	13.52
95	电动多级离心清水泵	出口直径 100mm，扬程 120m 以下	台班	252.60	276.05	23.45
96	电动多级离心清水泵	出口直径 150mm，扬程 180m 以下	台班	580.30	659.51	79.21
97	电动多级离心清水泵	出口直径 200mm，扬程 280m 以下	台班	1446.40	1666.10	219.70
98	泥浆泵	出口直径 100mm	台班	265.60	296.10	30.50
99	真空泵	抽气速度 204m^3/h	台班	113.72	120.71	6.99
100	试压泵	25MPa	台班	72.26	74.25	1.99
101	试压泵	30MPa	台班	73.03	75.07	2.04
102	试压泵	80MPa	台班	85.80	88.19	2.39
103	液压注浆泵	HYB50-50-Ⅰ型	台班	196.75	198.78	2.03
104	井点喷射泵	喷射速度 40m^3/h	台班	158.37	176.57	18.20
105	交流电焊机	21kVA	台班	52.89	60.73	7.84
106	交流电焊机	30kVA	台班	72.94	84.28	11.34
107·	对焊机	75kVA	台班	108.30	124.28	15.98
108	等离子切割机	电流　400A	台班	191.30	216.47	25.17
109	氩弧焊机	电流　500A	台班	101.13	110.32	9.19
110	半自动切割机	厚度　100mm	台班	78.49	81.09	2.60
111	点焊机（短臂）	50kVA	台班	85.80	99.22	13.42
112	热熔焊接机	SHD-160C	台班	268.83	276.89	8.06
113	逆变多功能焊机	D7-500	台班	145.30	155.70	10.40
114	电动空气压缩机	排气量 0.6m^3/min	台班	91.61	94.76	3.15

序号	机 械	规格	单位	定额单价	实际单价	价差
115	电动空气压缩机	排气量 3m³/min	台班	175.09	189.07	13.98
116	电动空气压缩机	排气量 10m³/min	台班	408.05	460.47	52.42
117	爬模机		台班	2000.00	2042.38	42.38
118	冷却塔曲线电梯	QWT60	台班	301.93	317.53	15.60
119	冷却塔折臂塔式起重机	240t·m 以内	台班	1670.46	1699.90	29.44
120	轴流通风机	7.5kW	台班	38.50	43.70	5.20
121	抓斗	0.5m³	台班	120.10	125.56	5.46
122	拖轮	125kW	台班	1014.39	1020.95	6.56
123	锚艇	88kW	台班	892.68	898.62	5.94
124	超声波探伤机	CTS-22	台班	135.25	139.61	4.35
125	悬挂提升装置	LXD-200	台班	209.50	214.05	4.55
126	鼓风机	30m³/min	台班	315.60	352.00	36.40
127	挖泥船	120m³/h	台班	2299.97	2315.59	15.62

附表30 贵州省电力建设建筑工程施工机械台班价差调整表

单位：元

序号	机 械	规格	单位	定额单价	实际单价	价差
1	履带式推土机	75kW	台班	609.40	607.86	−1.54
2	履带式推土机	105kW	台班	771.69	770.00	−1.69
3	履带式推土机	135kW	台班	955.31	953.45	−1.86
4	拖式铲运机	3m³	台班	393.25	392.25	−1.00
5	轮胎式装载机	2m³	台班	673.40	671.54	−1.86
6	履带式拖拉机	75kW	台班	565.50	563.95	−1.55
7	履带式单斗挖掘机（液压）	1m³	台班	968.20	966.40	−1.80

序号	机　械	规格	单位	定额单价	实际单价	价差
8	光轮压路机（内燃）	12t	台班	379.11	378.19	−0.92
9	光轮压路机（内燃）	15t	台班	448.66	447.43	−1.23
10	振动压路机（机械式）	15t	台班	801.98	799.51	−2.47
11	振动压路机（液压式）	15t	台班	765.09	762.84	−2.25
12	轮胎压路机	9t	台班	367.00	368.94	1.94
13	夯实机		台班	24.60	25.76	1.16
14	液压锻钎机	11.25kW	台班	199.17	204.88	5.71
15	磨钎机		台班	226.13	233.19	7.06
16	履带式柴油打桩机	锤重 3.5t	台班	1146.87	1145.50	−1.37
17	履带式柴油打桩机	锤重 7t	台班	2448.09	2446.45	−1.64
18	履带式柴油打桩机	锤重 8t	台班	2542.41	2540.71	−1.70
19	轨道式柴油打桩机	锤重 2.5t	台班	950.75	956.74	5.99
20	轨道式柴油打桩机	锤重 3.5t	台班	1305.96	1314.87	8.91
21	振动打拔桩机	40t	台班	901.42	913.83	12.41
22	冲击成孔机		台班	334.47	337.27	2.80
23	履带式钻孔机	φ700	台班	552.43	566.89	14.46
24	履带式长螺旋钻孔机		台班	481.65	497.05	15.40
25	液压钻机	XU-100	台班	131.10	128.67	−2.43
26	单重管旋喷机		台班	1124.08	1121.89	−2.19
27	履带式起重机	25t	台班	708.01	706.79	−1.22
28	履带式起重机	40t	台班	1288.86	1287.04	−1.82
29	履带式起重机	50t	台班	1780.48	1777.96	−2.52
30	履带式起重机	60t	台班	2214.64	2212.12	−2.52
31	履带式起重机	80t	台班	2860.30	2857.21	−3.09
32	履带式起重机	100t	台班	4370.25	4366.96	−3.29
33	履带式起重机	150t	台班	7376.20	7372.61	−3.59
34	汽车式起重机	5t	台班	365.82	391.38	25.56

序号	机　　械	规格	单位	定额单价	实际单价	价差
35	汽车式起重机	8t	台班	532.59	534.18	1.59
36	汽车式起重机	12t	台班	676.26	678.99	2.73
37	汽车式起重机	16t	台班	838.83	842.61	3.78
38	汽车式起重机	20t	台班	950.67	955.57	4.90
39	汽车式起重机	25t	台班	1061.24	1067.58	6.34
40	汽车式起重机	30t	台班	1303.75	1311.49	7.74
41	汽车式起重机	50t	台班	3177.34	3190.86	13.52
42	龙门式起重机	10t	台班	348.34	354.52	6.18
43	龙门式起重机	20t	台班	560.96	575.46	14.50
44	龙门式起重机	40t	台班	913.32	935.41	22.08
45	塔式起重机	1500kN・m	台班	4600.00	4654.95	54.95
46	塔式起重机	2500kN・m	台班	5400.00	5464.82	64.82
47	自升式塔式起重机	3000t・m	台班	7942.26	8051.46	109.20
48	炉顶式起重机	300t・m	台班	1255.68	1281.17	25.49
49	载重汽车	5t	台班	288.62	288.95	0.33
50	载重汽车	6t	台班	309.41	309.96	0.55
51	载重汽车	8t	台班	363.01	364.00	0.99
52	自卸汽车	8t	台班	470.06	471.07	1.01
53	自卸汽车	12t	台班	640.17	642.11	1.94
54	平板拖车组	10t	台班	517.87	557.95	40.08
55	平板拖车组	20t	台班	791.70	797.26	5.56
56	平板拖车组	30t	台班	946.95	955.74	8.79
57	平板拖车组	40t	台班	1157.43	1169.51	12.08
58	机动翻斗车	1t	台班	117.48	117.55	0.07
59	管子拖车	24t	台班	1430.23	1433.28	3.05
60	管子拖车	35t	台班	1812.39	1818.44	6.05
61	洒水车	4000L	台班	357.77	408.25	50.48

序号	机 械	规格	单位	定额单价	实际单价	价差
62	电动卷扬机（单筒快速）	10kN	台班	98.95	101.25	2.30
63	电动卷扬机（单筒慢速）	30kN	台班	107.78	109.99	2.21
64	电动卷扬机（单筒慢速）	50kN	台班	116.18	118.53	2.35
65	电动卷扬机（单筒慢速）	100kN	台班	184.07	189.18	5.11
66	电动卷扬机（单筒慢速）	200kN	台班	350.31	363.37	13.06
67	电动卷扬机（双筒慢速）	50kN	台班	137.82	141.40	3.58
68	双笼施工电梯	200m	台班	535.36	546.56	11.20
69	灰浆搅拌机	400L	台班	79.75	80.81	1.06
70	混凝土振捣器（平台式）		台班	19.92	20.20	0.28
71	混凝土振捣器（插入式）		台班	13.96	14.24	0.28
72	木工圆锯机	500mm	台班	25.27	26.95	1.68
73	木工压刨床	刨削宽度 单面 600mm	台班	36.98	38.98	2.00
74	木工压刨床	刨削宽度 三面 400mm	台班	83.42	87.09	3.67
75	摇臂钻床	钻孔直径 50mm	台班	119.95	120.64	0.69
76	剪板机	厚度×宽度 20mm×2000mm	台班	232.32	235.35	3.03
77	剪板机	厚度×宽度 20mm×2500mm	台班	256.39	260.41	4.02
78	剪板机	厚度×宽度 40mm×3100mm	台班	601.77	611.58	9.81
79	钢筋弯曲机	40mm	台班	24.38	25.28	0.90
80	型钢剪断机	500mm	台班	185.10	188.82	3.72
81	弯管机	WC27～108	台班	79.40	81.65	2.25
82	型钢调直机		台班	55.68	57.22	1.54
83	卷板机	板厚×宽度 20mm×2000mm	台班	177.41	181.90	4.49
84	卷板机	板厚×宽度 20mm×2500mm	台班	232.66	237.15	4.49

序号	机 械	规格	单位	定额单价	实际单价	价差
85	联合冲剪机	板厚 16mm	台班	263.27	264.18	0.91
86	管子切断机	150mm	台班	42.74	43.64	0.90
87	管子切断机	250mm	台班	52.71	54.29	1.58
88	管子切断套丝机	159mm	台班	20.34	20.58	0.24
89	电动煨弯机	100mm	台班	136.40	137.95	1.55
90	钢板校平机	30×2600	台班	281.32	286.22	4.90
91	刨边机	加工长度 12000mm	台班	607.95	613.26	5.31
92	坡口机	630mm	台班	381.94	385.09	3.15
93	电动单级离心清水泵	出口直径 150mm	台班	148.10	154.23	6.13
94	电动单级离心清水泵	出口直径 200mm	台班	178.20	185.48	7.28
95	电动多级离心清水泵	出口直径 100mm，扬程 120m 以下	台班	252.60	265.23	12.63
96	电动多级离心清水泵	出口直径 150mm，扬程 180m 以下	台班	580.30	622.95	42.65
97	电动多级离心清水泵	出口直径 200mm，扬程 280m 以下	台班	1446.40	1564.70	118.30
98	泥浆泵	出口直径 100mm	台班	265.60	282.02	16.42
99	真空泵	抽气速度 204m³/h	台班	113.72	117.49	3.77
100	试压泵	25MPa	台班	72.26	73.33	1.07
101	试压泵	30MPa	台班	73.03	74.13	1.10
102	试压泵	80MPa	台班	85.80	87.09	1.29
103	液压注浆泵	HYB50-50-Ⅰ型	台班	196.75	197.84	1.09
104	井点喷射泵	喷射速度 40m³/h	台班	158.37	168.17	9.80

续表

序号	机 械	规格	单位	定额单价	实际单价	价差
105	交流电焊机	21kVA	台班	52.89	57.11	4.22
106	交流电焊机	30kVA	台班	72.94	79.04	6.10
107	对焊机	75kVA	台班	108.30	116.90	8.60
108	等离子切割机	电流 400A	台班	191.30	204.85	13.55
109	氩弧焊机	电流 500A	台班	101.13	106.08	4.95
110	半自动切割机	厚度 100mm	台班	78.49	79.89	1.40
111	点焊机（短臂）	50kVA	台班	85.80	93.03	7.23
112	热熔焊接机	SHD-160C	台班	268.83	273.17	4.34
113	逆变多功能焊机	D7-500	台班	145.30	150.90	5.60
114	电动空气压缩机	排气量 0.6m³/min	台班	91.61	93.30	1.69
115	电动空气压缩机	排气量 3m³/min	台班	175.09	182.62	7.53
116	电动空气压缩机	排气量 10m³/min	台班	408.05	436.27	28.22
117	爬模机		台班	2000.00	2022.82	22.82
118	冷却塔曲线电梯	QWT60	台班	301.93	310.33	8.40
119	冷却塔折臂塔式起重机	240t·m 以内	台班	1670.46	1686.31	15.85
120	轴流通风机	7.5kW	台班	38.50	41.30	2.80
121	抓斗	0.5m³	台班	120.10	123.04	2.94
122	拖轮	125kW	台班	1014.39	1012.32	−2.07
123	锚艇	88kW	台班	892.68	890.81	1.87
124	超声波探伤机	CTS-22	台班	135.25	137.60	2.35
125	悬挂提升装置	LXD-200	台班	209.50	211.95	2.45
126	鼓风机	30m³/min	台班	315.60	335.20	19.60
127	挖泥船	120m³/h	台班	2299.97	2295.04	−4.93

附表 31　云南省电力建设建筑工程施工机械台班价差调整表

单位：元

序号	机 械	规格	单位	定额单价	实际单价	价差
1	履带式推土机	75kW	台班	609.40	616.86	7.46
2	履带式推土机	105kW	台班	771.69	779.88	8.19
3	履带式推土机	135kW	台班	955.31	964.31	9.00
4	拖式铲运机	3m³	台班	393.25	398.09	4.84
5	轮胎式装载机	2m³	台班	673.40	682.41	9.01
6	履带式拖拉机	75kW	台班	565.50	573.00	7.50
7	履带式单斗挖掘机（液压）	1m³	台班	968.20	976.90	8.70
8	光轮压路机（内燃）	12t	台班	379.11	383.54	4.43
9	光轮压路机（内燃）	15t	台班	448.66	454.59	5.93
10	振动压路机（机械式）	15t	台班	801.98	813.90	11.92
11	振动压路机（液压式）	15t	台班	765.09	775.98	10.89
12	轮胎压路机	9t	台班	367.00	373.36	6.36
13	夯实机		台班	24.60	26.09	1.49
14	液压锻钎机	11.25kW	台班	199.17	206.51	7.34
15	磨钎机		台班	226.13	235.20	9.07
16	履带式柴油打桩机	锤重 3.5t	台班	1146.87	1153.49	6.62
17	履带式柴油打桩机	锤重 7t	台班	2448.09	2456.02	7.93
18	履带式柴油打桩机	锤重 8t	台班	2542.41	2550.61	8.20
19	轨道式柴油打桩机	锤重 2.5t	台班	950.75	965.48	14.73
20	轨道式柴油打桩机	锤重 3.5t	台班	1305.96	1326.30	20.34
21	振动打拔桩机	40t	台班	901.42	921.74	20.32
22	冲击成孔机		台班	334.47	338.07	3.60
23	履带式钻孔机	φ700	台班	552.43	576.79	24.36
24	履带式长螺旋钻孔机		台班	481.65	501.45	19.80
25	液压钻机	XU-100	台班	131.10	142.83	11.73

序号	机　械	规格	单位	定额单价	实际单价	价差
26	单重管旋喷机		台班	1124.08	1134.68	10.60
27	履带式起重机	25t	台班	708.01	713.91	5.90
28	履带式起重机	40t	台班	1288.86	1297.63	8.77
29	履带式起重机	50t	台班	1780.48	1792.65	12.17
30	履带式起重机	60t	台班	2214.64	2226.81	12.17
31	履带式起重机	80t	台班	2860.30	2875.26	14.96
32	履带式起重机	100t	台班	4370.25	4386.16	15.91
33	履带式起重机	150t	台班	7376.20	7393.55	17.35
34	汽车式起重机	5t	台班	365.82	390.54	24.72
35	汽车式起重机	8t	台班	532.59	538.92	6.33
36	汽车式起重机	12t	台班	676.26	684.08	7.82
37	汽车式起重机	16t	台班	838.83	848.58	9.75
38	汽车式起重机	20t	台班	950.67	961.97	11.30
39	汽车式起重机	25t	台班	1061.24	1074.36	13.12
40	汽车式起重机	30t	台班	1303.75	1318.83	15.08
41	汽车式起重机	50t	台班	3177.34	3199.51	22.17
42	龙门式起重机	10t	台班	348.34	356.29	7.95
43	龙门式起重机	20t	台班	560.96	579.60	18.64
44	龙门式起重机	40t	台班	913.32	941.72	28.40
45	塔式起重机	1500kN・m	台班	4600.00	4670.65	70.65
46	塔式起重机	2500kN・m	台班	5400.00	5483.34	83.34
47	自升式塔式起重机	3000t・m	台班	7942.26	8082.66	140.40
48	炉顶式起重机	300t・m	台班	1255.68	1288.45	32.77
49	载重汽车	5t	台班	288.62	294.32	5.70
50	载重汽车	6t	台班	309.41	315.50	6.09
51	载重汽车	8t	台班	363.01	369.91	6.90
52	自卸汽车	8t	台班	470.06	477.89	7.83

序号	机 械	规格	单位	定额单价	实际单价	价差
53	自卸汽车	12t	台班	640.17	649.88	9.71
54	平板拖车组	10t	台班	517.87	556.67	38.80
55	平板拖车组	20t	台班	791.70	804.83	13.13
56	平板拖车组	30t	台班	946.95	964.47	17.52
57	平板拖车组	40t	台班	1157.43	1179.07	21.64
58	机动翻斗车	1t	台班	117.48	118.55	1.07
59	管子拖车	24t	台班	1430.23	1453.69	23.46
60	管子拖车	35t	台班	1812.39	1838.85	26.46
61	洒水车	4000L	台班	357.77	407.27	49.50
62	电动卷扬机（单筒快速）	10kN	台班	98.95	101.91	2.96
63	电动卷扬机（单筒慢速）	30kN	台班	107.78	110.62	2.83
64	电动卷扬机（单筒慢速）	50kN	台班	116.18	119.20	3.02
65	电动卷扬机（单筒慢速）	100kN	台班	184.07	190.64	6.57
66	电动卷扬机（单筒慢速）	200kN	台班	350.31	367.10	16.79
67	电动卷扬机（双筒慢速）	50kN	台班	137.82	142.43	4.61
68	双笼施工电梯	200m	台班	535.36	549.75	14.39
69	灰浆搅拌机	400L	台班	79.75	81.12	1.37
70	混凝土振捣器（平台式）		台班	19.92	20.28	0.36
71	混凝土振捣器（插入式）		台班	13.96	14.32	0.36
72	木工圆锯机	500mm	台班	25.27	27.43	2.16
73	木工压刨床	刨削宽度　单面 600mm	台班	36.98	39.55	2.57
74	木工压刨床	刨削宽度　三面 400mm	台班	83.42	88.14	4.72
75	摇臂钻床	钻孔直径 50mm	台班	119.95	120.84	0.89
76	剪板机	厚度×宽度 20mm×2000mm	台班	232.32	236.21	3.89
77	剪板机	厚度×宽度 20mm×2500mm	台班	256.39	261.55	5.16

序号	机　械	规　格	单位	定额单价	实际单价	价差
78	剪板机	厚度×宽度 40mm×3100mm	台班	601.77	614.39	12.62
79	钢筋弯曲机	40mm	台班	24.38	25.53	1.15
80	型钢剪断机	500mm	台班	185.10	189.89	4.79
81	弯管机	WC27～108	台班	79.40	82.29	2.89
82	型钢调直机		台班	55.68	57.66	1.98
83	卷板机	板厚×宽度 20mm×2000mm	台班	177.41	183.18	5.77
84	卷板机	板厚×宽度 20mm×2500mm	台班	232.66	238.43	5.77
85	联合冲剪机	板厚 16mm	台班	263.27	264.44	1.17
86	管子切断机	150mm	台班	42.74	43.90	1.16
87	管子切断机	250mm	台班	52.71	54.74	2.03
88	管子切断套丝机	159mm	台班	20.34	20.64	0.30
89	电动煨弯机	100mm	台班	136.40	138.40	2.00
90	钢板校平机	30×2600	台班	281.32	287.62	6.30
91	刨边机	加工长度 12000mm	台班	607.95	614.78	6.83
92	坡口机	630mm	台班	381.94	385.99	4.05
93	电动单级离心清水泵	出口直径 150mm	台班	148.10	155.98	7.88
94	电动单级离心清水泵	出口直径 200mm	台班	178.20	187.56	9.36
95	电动多级离心清水泵	出口直径 100mm，扬程 120m 以下	台班	252.60	268.84	16.24
96	电动多级离心清水泵	出口直径 150mm，扬程 180m 以下	台班	580.30	635.14	54.84
97	电动多级离心清水泵	出口直径 200mm，扬程 280m 以下	台班	1446.40	1598.50	152.10

序号	机械	规格	单位	定额单价	实际单价	价差
98	泥浆泵	出口直径 100mm	台班	265.60	286.71	21.11
99	真空泵	抽气速度 204m³/h	台班	113.72	118.56	4.84
100	试压泵	25MPa	台班	72.26	73.64	1.38
101	试压泵	30MPa	台班	73.03	74.44	1.41
102	试压泵	80MPa	台班	85.80	87.45	1.65
103	液压注浆泵	HYB50-50-Ⅰ型	台班	196.75	198.16	1.41
104	井点喷射泵	喷射速度 40m³/h	台班	158.37	170.97	12.60
105	交流电焊机	21kVA	台班	52.89	58.31	5.42
106	交流电焊机	30kVA	台班	72.94	80.79	7.85
107	对焊机	75kVA	台班	108.30	119.36	11.06
108	等离子切割机	电流 400A	台班	191.30	208.72	17.42
109	氩弧焊机	电流 500A	台班	101.13	107.49	6.36
110	半自动切割机	厚度 100mm	台班	78.49	80.29	1.80
111	点焊机（短臂）	50kVA	台班	85.80	95.09	9.29
112	热熔焊接机	SHD-160C	台班	268.83	274.41	5.58
113	逆变多功能焊机	D7-500	台班	145.30	152.50	7.20
114	电动空气压缩机	排气量 0.6m³/min	台班	91.61	93.79	2.18
115	电动空气压缩机	排气量 3m³/min	台班	175.09	184.77	9.67
116	电动空气压缩机	排气量 10m³/min	台班	408.05	444.34	36.29
117	爬模机		台班	2000.00	2029.34	29.34
118	冷却塔曲线电梯	QWT60	台班	301.93	312.73	10.80
119	冷却塔折臂塔式起重机	240t·m 以内	台班	1670.46	1690.84	20.38
120	轴流通风机	7.5kW	台班	38.50	42.10	3.60

序号	机 械	规格	单位	定额单价	实际单价	价差
121	抓斗	0.5m³	台班	120.10	123.88	3.78
122	拖轮	125kW	台班	1014.39	1024.40	10.01
123	锚艇	88kW	台班	892.68	901.74	9.06
124	超声波探伤机	CTS-22	台班	135.25	138.27	3.01
125	悬挂提升装置	LXD-200	台班	209.50	212.65	3.15
126	鼓风机	30m³/min	台班	315.60	340.80	25.20
127	挖泥船	120m³/h	台班	2299.97	2323.81	23.84

附表32 海南省电力建设建筑工程施工机械台班价差调整表

单位：元

序号	机 械	规格	单位	定额单价	实际单价	价差
1	履带式推土机	75kW	台班	609.40	614.93	5.53
2	履带式推土机	105kW	台班	771.69	777.76	6.07
3	履带式推土机	135kW	台班	955.31	961.99	6.68
4	拖式铲运机	3m³	台班	393.25	396.84	3.59
5	轮胎式装载机	2m³	台班	673.40	680.08	6.68
6	履带式拖拉机	75kW	台班	565.50	571.06	5.56
7	履带式单斗挖掘机（液压）	1m³	台班	968.20	974.65	6.45
8	光轮压路机（内燃）	12t	台班	379.11	382.40	3.29
9	光轮压路机（内燃）	15t	台班	448.66	453.06	4.40
10	振动压路机（机械式）	15t	台班	801.98	810.82	8.84
11	振动压路机（液压式）	15t	台班	765.09	773.16	8.07
12	轮胎压路机	9t	台班	367.00	372.41	5.41
13	夯实机		台班	24.60	26.59	1.99
14	液压锻钎机	11.25kW	台班	199.17	208.96	9.79
15	磨钎机		台班	226.13	238.23	12.10

序号	机　械	规格	单位	定额单价	实际单价	价差
16	履带式柴油打桩机	锤重 3.5t	台班	1146.87	1151.78	4.91
17	履带式柴油打桩机	锤重 7t	台班	2448.09	2453.97	5.88
18	履带式柴油打桩机	锤重 8t	台班	2542.41	2548.49	6.08
19	轨道式柴油打桩机	锤重 2.5t	台班	950.75	967.11	16.36
20	轨道式柴油打桩机	锤重 3.5t	台班	1305.96	1328.92	22.96
21	振动打拔桩机	40t	台班	901.42	926.48	25.06
22	冲击成孔机		台班	334.47	339.27	4.80
23	履带式钻孔机	ϕ700	台班	552.43	582.21	29.78
24	履带式长螺旋钻孔机		台班	481.65	508.05	26.40
25	液压钻机	XU-100	台班	131.10	139.80	8.70
26	单重管旋喷机		台班	1124.08	1131.94	7.86
27	履带式起重机	25t	台班	708.01	712.39	4.38
28	履带式起重机	40t	台班	1288.86	1295.37	6.51
29	履带式起重机	50t	台班	1780.48	1789.50	9.02
30	履带式起重机	60t	台班	2214.64	2223.66	9.02
31	履带式起重机	80t	台班	2860.30	2871.39	11.09
32	履带式起重机	100t	台班	4370.25	4382.04	11.79
33	履带式起重机	150t	台班	7376.20	7389.07	12.87
34	汽车式起重机	5t	台班	365.82	421.08	55.26
35	汽车式起重机	8t	台班	532.59	537.90	5.31
36	汽车式起重机	12t	台班	676.26	682.99	6.73
37	汽车式起重机	16t	台班	838.83	847.30	8.47
38	汽车式起重机	20t	台班	950.67	960.60	9.93
39	汽车式起重机	25t	台班	1061.24	1072.91	11.67
40	汽车式起重机	30t	台班	1303.75	1317.25	13.50
41	汽车式起重机	50t	台班	3177.34	3197.66	20.32
42	龙门式起重机	10t	台班	348.34	358.93	10.59

序号	机械	规格	单位	定额单价	实际单价	价差
43	龙门式起重机	20t	台班	560.96	585.81	24.85
44	龙门式起重机	40t	台班	913.32	951.18	37.86
45	塔式起重机	1500kN·m	台班	4600.00	4694.20	94.20
46	塔式起重机	2500kN·m	台班	5400.00	5511.12	111.12
47	自升式塔式起重机	3000t·m	台班	7942.26	8129.46	187.20
48	炉顶式起重机	300t·m	台班	1255.68	1299.37	43.69
49	载重汽车	5t	台班	288.62	293.17	4.55
50	载重汽车	6t	台班	309.41	314.31	4.90
51	载重汽车	8t	台班	363.01	368.64	5.63
52	自卸汽车	8t	台班	470.06	476.43	6.37
53	自卸汽车	12t	台班	640.17	648.21	8.04
54	平板拖车组	10t	台班	517.87	603.20	85.33
55	平板拖车组	20t	台班	791.70	803.20	11.50
56	平板拖车组	30t	台班	946.95	962.60	15.65
57	平板拖车组	40t	台班	1157.43	1177.02	19.59
58	机动翻斗车	1t	台班	117.48	118.34	0.86
59	管子拖车	24t	台班	1430.23	1449.32	19.09
60	管子拖车	35t	台班	1812.39	1834.48	22.09
61	洒水车	4000L	台班	357.77	442.66	84.89
62	电动卷扬机（单筒快速）	10kN	台班	98.95	102.90	3.95
63	电动卷扬机（单筒慢速）	30kN	台班	107.78	111.56	3.78
64	电动卷扬机（单筒慢速）	50kN	台班	116.18	120.21	4.03
65	电动卷扬机（单筒慢速）	100kN	台班	184.07	192.83	8.76
66	电动卷扬机（单筒慢速）	200kN	台班	350.31	372.69	22.38
67	电动卷扬机（双筒慢速）	50kN	台班	137.82	143.96	6.14
68	双笼施工电梯	200m	台班	535.36	554.55	19.19
69	灰浆搅拌机	400L	台班	79.75	81.57	1.82

序号	机　　械	规格	单位	定额单价	实际单价	价差
70	混凝土振捣器（平台式）		台班	19.92	20.40	0.48
71	混凝土振捣器（插入式）		台班	13.96	14.44	0.48
72	木工圆锯机	500mm	台班	25.27	28.15	2.88
73	木工压刨床	刨削宽度　单面 600mm	台班	36.98	40.41	3.43
74	木工压刨床	刨削宽度　三面 400mm	台班	83.42	89.71	6.29
75	摇臂钻床	钻孔直径 50mm	台班	119.95	121.13	1.18
76	剪板机	厚度×宽度 20mm×2000mm	台班	232.32	237.51	5.19
77	剪板机	厚度×宽度 20mm×2500mm	台班	256.39	263.27	6.88
78	剪板机	厚度×宽度 40mm×3100mm	台班	601.77	618.59	16.82
79	钢筋弯曲机	40mm	台班	24.38	25.92	1.54
80	型钢剪断机	500mm	台班	185.10	191.48	6.38
81	弯管机	WC27～108	台班	79.40	83.25	3.85
82	型钢调直机		台班	55.68	58.32	2.64
83	卷板机	板厚×宽度 20mm×2000mm	台班	177.41	185.10	7.69
84	卷板机	板厚×宽度 20mm×2500mm	台班	232.66	240.35	7.69
85	联合冲剪机	板厚　16mm	台班	263.27	264.83	1.56
86	管子切断机	150mm	台班	42.74	44.29	1.55
87	管子切断机	250mm	台班	52.71	55.41	2.70
88	管子切断套丝机	159mm	台班	20.34	20.74	0.40
89	电动煨弯机	100mm	台班	136.40	139.06	2.66
90	钢板校平机	30×2600	台班	281.32	289.72	8.40
91	刨边机	加工长度 12000mm	台班	607.95	617.06	9.11

序号	机 械	规格	单位	定额单价	实际单价	价差
92	坡口机	630mm	台班	381.94	387.34	5.40
93	电动单级离心清水泵	出口直径150mm	台班	148.10	158.61	10.51
94	电动单级离心清水泵	出口直径200mm	台班	178.20	190.68	12.48
95	电动多级离心清水泵	出口直径100mm，扬程120m 以下	台班	252.60	274.25	21.65
96	电动多级离心清水泵	出口直径150mm，扬程180m 以下	台班	580.30	653.42	73.12
97	电动多级离心清水泵	出口直径200mm，扬程280m 以下	台班	1446.40	1649.20	202.80
98	泥浆泵	出口直径100mm	台班	265.60	293.75	28.15
99	真空泵	抽气速度204m³/h	台班	113.72	120.18	6.46
100	试压泵	25MPa	台班	72.26	74.10	1.84
101	试压泵	30MPa	台班	73.03	74.91	1.88
102	试压泵	80MPa	台班	85.80	88.00	2.20
103	液压注浆泵	HYB50-50-Ⅰ型	台班	196.75	198.63	1.88
104	井点喷射泵	喷射速度40m³/h	台班	158.37	175.17	16.80
105	交流电焊机	21kVA	台班	52.89	60.12	7.23
106	交流电焊机	30kVA	台班	72.94	83.40	10.46
107	对焊机	75kVA	台班	108.30	123.05	14.75
108	等离子切割机	电流 400A	台班	191.30	214.53	23.23
109	氩弧焊机	电流 500A	台班	101.13	109.61	8.48
110	半自动切割机	厚度 100mm	台班	78.49	80.89	2.40
111	点焊机（短臂）	50kVA	台班	85.80	98.19	12.39
112	热熔焊接机	SHD-160C	台班	268.83	276.27	7.44

序号	机械	规格	单位	定额单价	实际单价	价差
113	逆变多功能焊机	D7-500	台班	145.30	154.90	9.60
114	电动空气压缩机	排气量 0.6m³/min	台班	91.61	94.51	2.90
115	电动空气压缩机	排气量 3m³/min	台班	175.09	187.99	12.90
116	电动空气压缩机	排气量 10m³/min	台班	408.05	456.43	48.38
117	爬模机		台班	2000.00	2039.12	39.12
118	冷却塔曲线电梯	QWT60	台班	301.93	316.33	14.40
119	冷却塔折臂塔式起重机	240t·m 以内	台班	1670.46	1697.64	27.18
120	轴流通风机	7.5kW	台班	38.50	43.30	4.80
121	抓斗	0.5m³	台班	120.10	125.14	5.04
122	拖轮	125kW	台班	1014.39	1021.81	7.42
123	锚艇	88kW	台班	892.68	899.40	6.72
124	超声波探伤机	CTS-22	台班	135.25	139.27	4.02
125	悬挂提升装置	LXD-200	台班	209.50	213.70	4.20
126	鼓风机	30m³/min	台班	315.60	349.20	33.60
127	挖泥船	120m³/h	台班	2299.97	2317.64	17.67

11. 关于发布 2006 版电力建设工程概预算定额 2015 年价格水平调整的通知

定额〔2015〕45 号

各有关单位：

依据《电力建设工程概预算定额价格水平调整办法》（电定总造〔2007〕14 号）的规定，电力工程造价与定额管理总站根据各地区的实际情况，完成了 2015 年度电力建设工程概预算定额材料和施工机械费价差调整测算工作，现予发布，请遵照执行。

在编制建设预算时，根据本次调整系数计算的材料和施工机械费价差只计取税金，汇总计入"编制年价差"。该价差应作为建筑、安装工程费的组成部分。

附件：1. 电网安装工程概预算定额材机调整系数汇总表
      2. 发电安装工程概预算定额材机调整系数汇总表
      3. 电力建设建筑工程概预算定额施工机械台班价差调整汇总表

电力工程造价与定额管理总站（印）
2015 年 12 月 14 日

附件1:

电网安装工程概预算定额
材机调整系数汇总表

省份和地区	工程类别	110kV 及以下	220kV	330kV	500kV	750kV	1000kV
北京	变电工程	15.87	19.82		18.28		15.69
	送电工程	39.79	38.92		31.57		26.04
天津	变电工程	16.17	21.47		18.97		16.05
	送电工程	37.82	35.90		29.30		24.84
河北南部	变电工程	16.35	19.09		17.33		16.24
	送电工程	36.87	36.24		29.07		26.89
河北北部	变电工程	16.74	20.54		19.02		16.54
	送电工程	41.15	39.06		34.66		25.11
山西	变电工程	16.56	17.99		17.00		14.22
	送电工程	35.71	33.12		27.94		21.69
山东	变电工程	16.59	18.22		17.02		15.27
	送电工程	37.57	34.64		31.60		23.07
内蒙古东部	变电工程	14.90	18.21		16.59		14.82
	送电工程	37.55	33.24		28.63		22.73
内蒙古西部（含锡盟）	变电工程	16.14	17.95		16.33		14.56
	送电工程	36.48	32.92		28.54		22.64
辽宁	变电工程	19.59	22.96		21.24		
	送电工程	35.28	32.59		28.25		
吉林	变电工程	18.09	22.47		21.92		
	送电工程	35.07	32.99		27.70		

省份和地区	工程类别	110kV 及以下	220kV	330kV	500kV	750kV	1000kV
黑龙江	变电工程	18.71	24.18		19.71		
	送电工程	34.30	31.95		26.81		
上海	变电工程	15.94	20.40		18.36		16.17
	送电工程	39.22	38.37		37.54		32.61
江苏	变电工程	16.04	20.39		18.68		17.62
	送电工程	37.58	34.89		28.30		25.96
浙江	变电工程	16.81	20.01		17.86		16.60
	送电工程	35.88	34.84		29.67		23.40
安徽	变电工程	18.70	22.48		21.30		18.22
	送电工程	33.97	33.63		27.32		24.77
福建	变电工程	17.31	19.17		17.96		16.22
	送电工程	35.80	33.66		28.18		23.27
河南	变电工程	15.33	18.60		17.74		15.20
	送电工程	35.35	33.95		26.38		21.40
湖北	变电工程	16.14	19.85		18.43		15.31
	送电工程	38.54	37.10		26.40		24.21
湖南	变电工程	17.96	21.68		20.88		17.40
	送电工程	38.84	34.77		29.10		20.99
江西	变电工程	16.54	20.66		18.91		16.42
	送电工程	36.45	33.32		28.27		22.67
四川	变电工程	17.31	21.12		18.98		17.26
	送电工程	38.90	38.36		32.02		25.90
重庆	变电工程	17.39	22.18		21.11		16.14
	送电工程	39.12	38.37		32.74		24.93
陕西	变电工程	15.72	18.33	17.69		16.75	13.34
	送电工程	36.00	33.53	28.27		23.39	21.79
甘肃（武威以东）	变电工程	13.97	17.09	15.98		15.08	11.96
	送电工程	36.92	34.07	29.69		23.79	22.16

省份和地区	工程类别	110kV 及以下	220kV	330kV	500kV	750kV	1000kV
甘肃（武威及以西）	变电工程	15.06	17.52	15.90		15.01	12.02
	送电工程	34.68	34.12	29.57		25.57	23.82
宁夏	变电工程	15.79	18.84	17.25		17.12	13.63
	送电工程	37.67	35.50	28.84		24.84	23.14
青海	变电工程	20.84	24.23	23.66		22.44	
	送电工程	40.84	39.44	33.36		30.63	
新疆	变电工程	22.02	26.71	26.52		21.58	17.19
	送电工程	40.79	39.12	37.84		29.82	27.78
广东	变电工程	24.31	26.36		25.58		20.16
	送电工程	38.55	36.55		29.94		27.83
广西	变电工程	15.52	19.47		17.47		14.89
	送电工程	35.60	33.88		30.03		25.80
云南	变电工程	16.04	16.83		15.88		12.87
	送电工程	34.59	33.51		26.54		25.52
贵州	变电工程	17.28	19.68		18.03		
	送电工程	37.93	35.76		28.70		
海南	变电工程	13.62	16.63		13.69		
	送电工程	36.14	31.15		24.64		

附件 2:

发电安装工程概预算定额
材机调整系数汇总表

地区	项目名称	机 组 容 量						
		135MW	200MW	300MW		600MW		1000MW
				空冷	湿冷	空冷	湿冷	
北京	热力系统	15.59	14.53	14.00		13.07		16.58
	燃料供应系统	20.80	19.57	19.06		14.81		17.48
	除灰系统	19.01	18.16	17.34		16.17		17.22
	水处理系统	18.47	17.20	15.82		14.90		17.98
	供水系统	15.49	14.71	12.99	13.79	12.69	12.56	14.12
	电气系统	19.27	17.42	17.13		15.21		15.85
	热工控制系统	16.33	15.48	15.28		13.99		14.63
	附属生产工程	28.43	26.74	25.37		25.26		20.69
	脱硫工程	13.46	13.26	12.91		12.14		12.79
天津	热力系统	15.94	14.80	14.02		12.63		12.96
	燃料供应系统	19.82	18.76	17.53		16.22		18.81
	除灰系统	14.82	14.25	14.11		13.80		15.28
	水处理系统	18.33	17.90	17.16		16.24		16.56
	供水系统	15.77	14.86	12.84	13.41	12.71	13.27	15.70
	电气系统	20.28	19.64	18.93		18.03		20.01
	热工控制系统	21.11	20.20	19.10		16.18		16.52
	附属生产工程	25.75	24.71	23.59		21.83		23.38
	脱硫工程	12.54	12.37	11.15		9.18		10.27

地区	项目名称	机 组 容 量						
		135MW	200MW	300MW		600MW		1000MW
				空冷	湿冷	空冷	湿冷	
河北南部	热力系统	18.99	17.65	17.01		14.85		14.59
	燃料供应系统	19.85	19.08	18.09		16.36		19.00
	除灰系统	17.87	17.26	17.37		16.05		17.45
	水处理系统	19.86	18.91	17.88		16.00		18.51
	供水系统	14.36	13.93	12.81	12.90	11.52	11.68	14.13
	电气系统	17.65	16.95	16.55		15.82		16.91
	热工控制系统	18.94	17.66	17.06		14.69		13.50
	附属生产工程	23.67	22.17	21.22		19.37		18.15
	脱硫工程	13.59	13.38	13.05		12.37		13.77
河北北部	热力系统	16.56	16.29	15.70		14.95		15.52
	燃料供应系统	20.33	19.11	18.81		16.44		18.10
	除灰系统	15.78	15.04	14.25		12.41		14.68
	水处理系统	19.02	18.51	16.37		13.64		14.29
	供水系统	19.17	16.26	14.25	14.80	12.99	14.61	13.32
	电气系统	19.27	18.19	17.01		13.92		16.35
	热工控制系统	18.82	16.72	15.91		13.38		14.23
	附属生产工程	22.74	20.64	19.63		16.84		18.50
	脱硫工程	15.69	13.39	12.30		10.93		11.85
山西	热力系统	18.65	17.85	16.94		15.02		14.60
	燃料供应系统	20.85	20.10	18.94		17.54		18.66
	除灰系统	17.77	17.29	14.90		12.33		11.85
	水处理系统	20.13	19.10	18.34		16.55		18.25
	供水系统	15.17	14.33	13.40	13.31	12.38	12.79	14.60
	电气系统	18.96	18.30	17.69		16.08		16.85
	热工控制系统	19.32	18.51	18.09		16.98		16.87

地区	项目名称	机 组 容 量						
		135MW	200MW	300MW		600MW		1000MW
				空冷	湿冷	空冷	湿冷	
山西	附属生产工程	26.69	25.42	24.48		21.12		21.32
	脱硫工程	18.66	17.20	15.08		12.72		13.82
山东	热力系统	19.84	17.05	16.05		15.12		14.61
	燃料供应系统	20.02	19.29	18.85		17.34		18.51
	除灰系统	16.25	16.02	15.43		14.74		14.63
	水处理系统	19.25	17.73	16.91		15.55		16.16
	供水系统	21.94	18.51	14.60	17.55	15.29	15.49	14.74
	电气系统	20.01	18.94	18.64		17.79		17.31
	热工控制系统	18.95	16.78	16.47		12.57		8.56
	附属生产工程	25.12	23.57	22.55		21.78		18.79
	脱硫工程	15.03	12.49	12.09		9.65		9.76
内蒙古东部	热力系统	19.39	18.44	18.21		16.67		17.36
	燃料供应系统	21.53	20.20	18.55		17.34		19.49
	除灰系统	17.74	17.48	16.23		15.79		17.13
	水处理系统	19.50	18.40	17.36		16.28		18.79
	供水系统	16.22	16.03	15.39	15.16	14.42	14.27	16.45
	电气系统	20.04	18.37	17.37		14.68		16.76
	热工控制系统	15.25	14.73	14.25		11.41		13.84
	附属生产工程	24.45	22.76	22.38		20.04		19.36
	脱硫工程	14.01	13.81	13.48		13.04		15.68
内蒙古西部	热力系统	20.19	18.50	18.04		16.94		13.73
	燃料供应系统	23.02	21.01	20.50		18.10		19.64
	除灰系统	18.61	16.47	15.83		14.80		14.90
	水处理系统	20.78	18.73	18.40		16.75		17.37
	供水系统	20.00	17.07	14.04	16.91	12.76	14.44	13.91

地区	项目名称	机 组 容 量						
		135MW	200MW	300MW		600MW		1000MW
				空冷	湿冷	空冷	湿冷	
内蒙古西部	电气系统	23.25	20.64	20.55		19.73		19.46
	热工控制系统	18.83	18.03	17.84		13.02		13.53
	附属生产工程	27.21	26.29	23.17		21.15		21.75
	脱硫工程	16.13	14.85	13.04		10.59		10.77
辽宁	热力系统	17.32	16.98	14.44		13.03		11.73
	燃料供应系统	19.07	17.67	16.28		14.19		13.71
	除灰系统	17.92	17.27	14.18		12.07		12.60
	水处理系统	19.57	16.86	16.27		14.65		15.86
	供水系统	17.57	15.29	13.40	14.43	11.82	13.59	11.71
	电气系统	19.91	19.41	18.56		17.50		16.11
	热工控制系统	19.90	18.93	17.45		16.40		14.45
	附属生产工程	21.79	21.40	19.23		18.09		14.83
	脱硫工程	15.14	11.49	9.94		8.88		9.06
吉林	热力系统	15.59	15.01	14.41		13.02		11.04
	燃料供应系统	20.33	19.99	19.69		18.07		19.09
	除灰系统	15.96	15.83	15.14		14.12		14.99
	水处理系统	17.42	16.94	15.95		14.40		12.51
	供水系统	16.03	15.73	14.35	15.56	12.95	15.23	10.07
	电气系统	18.02	17.66	16.26		14.75		16.13
	热工控制系统	20.38	17.64	17.21		15.45		16.56
	附属生产工程	20.66	20.32	20.04		18.49		18.87
	脱硫工程	17.33	16.55	15.14		12.94		13.20
黑龙江	热力系统	17.10	15.98	15.51		14.08		14.12
	燃料供应系统	19.38	18.50	17.23		15.36		18.12
	除灰系统	14.48	14.00	12.73		11.65		13.01

地区	项目名称	机 组 容 量						
		135MW	200MW	300MW		600MW		1000MW
				空冷	湿冷	空冷	湿冷	
黑龙江	水处理系统	18.49	17.56	16.27		15.92		18.82
	供水系统	16.18	15.18	13.96	14.68	13.20	13.64	15.47
	电气系统	19.80	19.64	18.68		16.96		18.40
	热工控制系统	15.76	15.32	14.84		13.92		14.12
	附属生产工程	23.20	21.96	21.68		18.18		18.88
	脱硫工程	14.31	13.31	12.61		11.89		13.63
上海	热力系统	17.36	15.71	14.64		14.20		13.27
	燃料供应系统	18.84	18.01	17.12		16.14		17.07
	除灰系统	20.07	19.23	17.75		17.52		18.61
	水处理系统	18.66	17.99	17.33		16.32		18.20
	供水系统	15.61	15.69	14.06	14.00	13.80	13.78	14.18
	电气系统	19.03	18.08	17.10		15.00		15.65
	热工控制系统	18.07	17.17	17.06		15.59		15.00
	附属生产工程	26.79	22.29	21.50		18.65		20.10
	脱硫工程	13.56	13.19	12.46		11.50		12.83
江苏	热力系统	20.16	18.32	17.53		14.75		15.43
	燃料供应系统	23.69	18.87	17.82		16.08		15.12
	除灰系统	17.97	17.13	15.00		13.84		14.81
	水处理系统	24.41	18.81	17.40		12.72		14.62
	供水系统	18.52	18.22	15.99	15.99	14.34	14.17	13.47
	电气系统	23.30	18.50	16.97		15.44		15.74
	热工控制系统	17.08	16.81	16.05		13.72		15.36
	附属生产工程	25.15	24.61	23.47		22.69		18.57
	脱硫工程	18.06	15.33	13.87		13.19		13.48

344

地区	项目名称	机 组 容 量						
		135MW	200MW	300MW		600MW		1000MW
				空冷	湿冷	空冷	湿冷	
浙江	热力系统	17.59	16.64	16.28		14.60		14.96
	燃料供应系统	19.53	19.29	18.02		16.69		18.95
	除灰系统	16.76	16.11	15.73		14.98		16.28
	水处理系统	19.57	18.25	17.07		16.45		18.13
	供水系统	15.53	15.28	14.35	14.24	12.97	13.14	14.11
	电气系统	20.49	17.91	16.65		15.17		15.83
	热工控制系统	17.71	16.80	16.04		14.44		12.95
	附属生产工程	25.80	23.91	23.31		20.08		22.16
	脱硫工程	12.65	12.34	12.15		11.74		14.06
安徽	热力系统	19.54	18.27	17.24		14.98		14.54
	燃料供应系统	22.63	22.23	21.36		18.52		21.00
	除灰系统	20.45	19.28	18.42		16.56		18.19
	水处理系统	20.52	20.23	18.77		14.42		18.73
	供水系统	19.84	17.21	14.38	15.69	13.89	14.77	14.68
	电气系统	21.64	20.22	19.95		18.69		18.60
	热工控制系统	20.69	18.25	17.99		15.38		17.18
	附属生产工程	24.01	23.07	21.26		17.64		16.49
	脱硫工程	15.60	10.83	10.49		9.84		10.36
福建	热力系统	14.87	13.94	13.28		11.04		11.64
	燃料供应系统	17.23	16.18	15.09		12.35		12.95
	除灰系统	18.82	18.02	15.99		15.10		16.25
	水处理系统	14.37	14.03	13.51		12.57		13.46
	供水系统	13.27	13.13	12.86	12.18	11.93	11.41	13.39
	电气系统	14.24	13.69	13.14		11.99		13.34
	热工控制系统	13.13	12.15	12.09		10.24		11.90

地区	项目名称	机 组 容 量					
		135MW	200MW	300MW		600MW		1000MW
				空冷	湿冷	空冷	湿冷	
福建	附属生产工程	23.79	23.41	22.15		19.88		20.85
	脱硫工程	15.20	13.57	13.47		13.31		15.45
河南	热力系统	18.52	15.76	15.20		14.39		14.90
	燃料供应系统	21.51	20.07	19.64		17.68		18.10
	除灰系统	14.89	14.39	13.54		12.73		12.62
	水处理系统	22.89	18.58	18.32		15.70		14.58
	供水系统	19.40	17.92	17.12	16.77	15.51	14.83	12.19
	电气系统	20.67	19.18	19.00		16.98		17.44
	热工控制系统	18.08	17.47	15.16		14.02		14.98
	附属生产工程	25.18	21.35	19.72		15.90		18.19
	脱硫工程	15.69	14.14	13.94		13.05		13.57
湖北	热力系统	15.81	15.92	15.82		13.81		12.37
	燃料供应系统	19.29	21.67	16.13		17.96		19.41
	除灰系统	16.16	15.21	14.72		16.71		16.94
	水处理系统	19.51	19.98	20.01		16.41		21.16
	供水系统	14.18	14.28	14.99	15.91	16.25	18.42	16.04
	电气系统	20.04	18.68	17.19		18.38		19.32
	热工控制系统	16.72	17.57	18.06		13.70		12.75
	附属生产工程	23.57	22.05	26.32		16.71		19.77
	脱硫工程	14.29	12.25	15.24		15.14		17.83
湖南	热力系统	15.41	14.79	14.52		12.40		14.29
	燃料供应系统	21.52	20.57	18.74		17.48		19.08
	除灰系统	16.06	15.78	15.53		12.74		14.10
	水处理系统	19.39	18.26	16.32		14.71		15.84
	供水系统	19.08	16.68	15.23	16.02	13.67	15.43	15.07

346

地区	项目名称	机 组 容 量						
		135MW	200MW	300MW		600MW		1000MW
				空冷	湿冷	空冷	湿冷	
湖南	电气系统	18.93	18.84	17.64		14.69		16.00
	热工控制系统	18.86	16.88	16.50		14.81		15.71
	附属生产工程	23.79	21.56	21.43		18.72		18.48
	脱硫工程	14.36	13.77	13.58		10.24		12.27
江西	热力系统	18.32	12.31	11.83		10.58		9.70
	燃料供应系统	19.44	18.78	18.46		16.27		17.96
	除灰系统	14.99	14.27	13.81		12.26		11.10
	水处理系统	17.19	16.86	16.39		16.01		14.40
	供水系统	15.13	13.94	13.20	13.83	11.82	13.38	12.69
	电气系统	17.39	16.71	16.37		15.71		16.01
	热工控制系统	18.80	16.18	16.13		14.93		15.75
	附属生产工程	22.71	21.90	21.73		20.62		15.45
	脱硫工程	13.70	13.52	13.25		10.98		12.24
四川	热力系统	15.65	15.11	14.77		13.76		13.24
	燃料供应系统	20.14	19.50	18.72		17.45		19.79
	除灰系统	18.80	18.24	17.37		16.58		16.88
	水处理系统	16.81	16.49	16.39		16.57		17.02
	供水系统	12.95	11.71	10.63	10.39	9.71	9.73	10.27
	电气系统	17.28	15.90	15.57		14.31		16.20
	热工控制系统	14.87	14.54	13.96		13.08		14.02
	附属生产工程	24.61	23.25	22.60		21.41		21.05
	脱硫工程	13.64	12.51	12.07		10.47		10.83
重庆	热力系统	15.70	16.37	13.76		13.15		13.56
	燃料供应系统	16.86	15.98	15.48		14.71		15.94
	除灰系统	15.10	14.45	14.58		12.28		13.16

地区	项目名称	机　组　容　量						
		135MW	200MW	300MW		600MW		1000MW
				空冷	湿冷	空冷	湿冷	
重庆	水处理系统	19.15	18.16	16.12		13.05		14.11
	供水系统	14.94	14.60	13.07	14.29	13.88	14.31	13.32
	电气系统	19.41	17.06	16.85		15.54		15.20
	热工控制系统	16.25	13.57	13.10		11.85		12.76
	附属生产工程	21.20	16.83	14.14		13.18		10.79
	脱硫工程	14.36	14.04	13.61		11.62		13.41
陕西	热力系统	20.88	14.36	13.85		13.16		11.44
	燃料供应系统	20.88	20.42	19.55		17.58		16.87
	除灰系统	16.36	13.92	13.68		12.50		13.38
	水处理系统	19.06	18.35	16.74		14.40		16.16
	供水系统	16.10	14.70	12.39	14.49	11.47	12.67	12.11
	电气系统	19.44	17.85	17.77		17.04		16.64
	热工控制系统	17.62	16.34	15.10		13.67		14.32
	附属生产工程	22.95	22.06	20.55		19.52		14.95
	脱硫工程	13.04	12.05	10.99		10.38		10.60
甘肃（武威以东）	热力系统	16.57	15.34	14.03		12.05		13.85
	燃料供应系统	18.12	17.79	17.34		14.94		16.94
	除灰系统	16.17	15.07	14.86		13.94		15.38
	水处理系统	17.73	17.41	16.45		15.82		16.66
	供水系统	15.09	14.75	13.42	13.48	12.03	11.62	13.74
	电气系统	16.18	15.21	14.94		12.98		15.19
	热工控制系统	17.62	16.28	15.78		14.78		16.61
	附属生产工程	20.81	19.71	18.68		18.32		15.95
	脱硫工程	19.78	19.38	18.64		16.98		20.27

地区	项目名称	机 组 容 量					
		135MW	200MW	300MW		600MW		1000MW
				空冷	湿冷	空冷	湿冷	
甘肃（武威及以西）	热力系统	14.10	13.68	13.27		11.90		10.16
	燃料供应系统	16.81	16.01	15.28		14.46		15.85
	除灰系统	19.24	18.15	16.66		15.66		17.94
	水处理系统	17.56	20.05	18.82		14.42		18.00
	供水系统	15.26	14.70	12.17	14.44	11.95	13.57	14.13
	电气系统	18.51	16.06	15.77		14.94		14.03
	热工控制系统	15.79	15.46	14.22		12.40		10.91
	附属生产工程	25.52	25.20	20.67		17.33		19.72
	脱硫工程	16.68	16.33	13.50		11.21		11.15
宁夏	热力系统	15.51	15.29	14.93		13.76		16.15
	燃料供应系统	19.87	18.72	16.47		13.35		16.18
	除灰系统	17.29	15.65	15.02		14.16		17.87
	水处理系统	15.75	15.39	14.86		13.56		15.45
	供水系统	16.29	15.51	14.70	15.49	13.42	14.07	14.87
	电气系统	17.68	16.98	16.34		15.03		16.54
	热工控制系统	17.58	15.96	15.48		14.42		16.36
	附属生产工程	25.70	24.02	23.69		24.38		22.80
	脱硫工程	12.83	12.64	12.39		11.03		12.39
青海	热力系统	13.98	13.34	12.30		10.99		10.63
	燃料供应系统	15.21	14.01	13.68		12.45		14.14
	除灰系统	19.72	18.74	15.51		15.06		16.59
	水处理系统	16.38	15.85	15.36		14.86		17.15
	供水系统	16.22	15.76	14.60	14.79	13.13	13.66	13.70
	电气系统	15.08	13.55	13.35		11.06		13.31
	热工控制系统	15.79	14.77	14.64		11.90		12.54

地区	项目名称	机 组 容 量						
		135MW	200MW	300MW		600MW		1000MW
				空冷	湿冷	空冷	湿冷	
青海	附属生产工程	21.11	20.99	20.49		19.41		19.66
	脱硫工程	12.86	12.66	12.39		11.70		12.59
新疆	热力系统	20.19	18.50	18.04		16.94		16.36
	燃料供应系统	23.02	21.01	20.50		18.10		19.64
	除灰系统	18.61	16.47	15.83		14.75		14.95
	水处理系统	20.78	18.73	18.40		16.75		17.37
	供水系统	20.00	17.07	14.04	16.91	12.76	14.44	13.91
	电气系统	23.25	20.64	20.55		19.73		19.46
	热工控制系统	18.83	18.03	17.84		13.02		13.53
	附属生产工程	27.21	26.29	23.17		22.12		20.79
	脱硫工程	16.13	14.85	13.04		10.59		10.77
广东	热力系统	17.02	16.14	15.82		14.50		15.14
	燃料供应系统	21.63	20.78	19.47		15.48		18.00
	除灰系统	16.63	15.85	15.50		14.87		17.65
	水处理系统	17.25	16.56	15.21		14.94		17.07
	供水系统	16.47	15.72	14.59	14.46	13.76	12.96	14.27
	电气系统	21.25	19.72	19.09		17.19		17.93
	热工控制系统	17.98	16.90	15.27		12.96		14.06
	附属生产工程	26.00	22.78	22.60		18.23		19.62
	脱硫工程	14.50	13.81	13.11		11.50		13.58
广西	热力系统	19.67	13.68	11.78		10.84		9.92
	燃料供应系统	20.29	19.60	18.64		17.13		17.49
	除灰系统	15.93	15.81	14.45		13.20		10.98
	水处理系统	18.00	17.56	16.80		14.97		16.14
	供水系统	15.96	14.90	14.32	14.71	14.05	14.33	13.87

地区	项目名称	机 组 容 量						
		135MW	200MW	300MW		600MW		1000MW
				空冷	湿冷	空冷	湿冷	
广西	电气系统	17.05	16.64	15.75		13.69		14.68
	热工控制系统	18.94	16.48	16.39		12.91		15.89
	附属生产工程	27.25	23.77	23.13		20.98		17.29
	脱硫工程	14.96	14.31	13.69		12.80		11.34
云南	热力系统	12.97	11.71	11.49		10.55		9.83
	燃料供应系统	18.07	16.82	16.74		15.50		16.09
	除灰系统	18.51	17.63	16.96		15.83		16.81
	水处理系统	15.77	14.42	12.12		11.51		11.07
	供水系统	14.75	12.60	10.67	12.69	9.10	12.18	9.80
	电气系统	15.71	15.10	14.47		12.47		13.18
	热工控制系统	18.70	15.42	14.93		14.40		13.12
	附属生产工程	26.79	23.26	20.07		18.09		14.72
	脱硫工程	15.00	14.67	14.52		13.62		14.03
贵州	热力系统	19.32	18.81	17.30		15.89		16.00
	燃料供应系统	20.15	19.90	17.36		15.76		16.50
	除灰系统	18.06	17.00	16.25		14.94		15.00
	水处理系统	24.66	17.99	16.87		13.33		14.27
	供水系统	17.26	16.77	15.91	16.63	14.62	16.45	15.43
	电气系统	19.67	18.32	17.92		14.55		15.62
	热工控制系统	16.82	14.63	14.45		12.96		14.30
	附属生产工程	25.03	24.68	21.94		20.95		18.20
	脱硫工程	15.48	14.74	14.08		13.15		13.92
海南	热力系统	17.83	14.33	11.19		10.46		10.02
	燃料供应系统	20.06	19.59	18.08		16.63		16.96
	除灰系统	15.81	15.55	14.75		12.53		13.46

地区	项目名称	机 组 容 量						
		135MW	200MW	300MW		600MW		1000MW
				空冷	湿冷	空冷	湿冷	
海南	水处理系统	18.90	17.34	16.36		14.02		15.72
	供水系统	17.99	17.42	14.22	15.35	13.59	14.92	14.04
	电气系统	18.90	18.08	16.37		14.32		14.91
	热工控制系统	18.55	16.96	15.19		14.39		12.28
	附属生产工程	27.92	25.43	22.10		16.64		20.27
	脱硫工程	15.85	11.75	11.40		11.15		10.33

附件3：

电力建设建筑工程概预算定额
施工机械台班价差调整汇总表

附表1 北京市电力建设建筑工程施工机械台班价差调整表

单位：元

序号	机 械	规格	单位	定额单价	实际单价	价差
1	履带式推土机	75kW	台班	514.55	622.00	107.45
2	履带式推土机	90kW	台班	649.90	703.76	53.86
3	轮胎式装载机	2m³	台班	545.35	688.62	143.27
4	履带式液压挖掘机	1m³	台班	834.19	982.90	148.71
5	光轮压路机（内燃）	12t	台班	330.25	386.60	56.35
6	履带式柴油打桩机	3.5t	台班	1194.66	1158.06	−36.60
7	履带式起重机	15t	台班	553.51	648.11	94.60
8	履带式起重机	25t	台班	614.37	717.99	103.62
9	履带式起重机	40t	台班	1173.26	1303.69	130.43
10	履带式起重机	50t	台班	1630.57	1801.04	170.47
11	汽车式起重机	5t	台班	299.19	391.56	92.37
12	汽车式起重机	8t	台班	443.23	543.06	99.83
13	汽车式起重机	16t	台班	764.27	854.88	90.61
14	龙门式起重机	20t	台班	487.86	598.45	110.59
15	龙门式起重机	40t	台班	828.56	970.44	141.88
16	塔式起重机	6t	台班	499.45	512.15	12.70
17	塔式起重机	8t	台班	645.04	661.16	16.12
18	塔式起重机	3000t・m	台班	5830.13	6068.56	238.43

序号	机 械	规格	单位	定额单价	实际单价	价差
19	塔式起重机	4000t·m	台班	7077.91	7359.31	281.40
20	载重汽车	4t	台班	207.52	276.70	69.18
21	载重汽车	8t	台班	310.71	374.49	63.78
22	自卸汽车	4t	台班	310.23	309.93	19.70
23	自卸汽车	8t	台班	407.80	483.10	75.30
24	自卸汽车	12t	台班	549.28	656.28	107.00
25	平板拖车组	40t	台班	1078.25	1192.76	114.51
26	机动翻斗车	1t	台班	90.99	119.27	28.28
27	洒水车	4000L	台班	311.36	408.02	96.66
28	卷扬机	单筒快速 1t	台班	68.47	104.91	36.44
29	卷扬机	单筒慢速 3t	台班	77.76	113.48	35.72
30	皮带输送机	10m	台班	121.71	125.98	4.27
31	灰浆搅拌机	200L	台班	61.80	82.50	20.70
32	混凝土振捣器	插入式	台班	11.80	14.68	2.88
33	钢筋调直机	直径 14mm	台班	42.60	45.35	2.75
34	钢筋切断机	直径 40mm	台班	36.64	44.06	7.42
35	钢筋弯曲机	直径 40mm	台班	22.31	26.70	4.39
36	普通车床	400×2000	台班	95.87	101.13	5.26
37	井点喷射泵		台班	158.37	183.71	25.34
38	交流电焊机	21kVA	台班	48.30	63.80	15.50
39	交流电焊机	32kVA	台班	72.26	88.73	16.47
40	交流电焊机	40kVA	台班	96.56	128.05	31.49
41	对焊机	100kVA	台班	129.05	166.90	37.85
42	内燃空气压缩机	9.0m³	台班	375.44	526.51	151.07
43	爬模机	6000m²	台班	2000.00	2059.02	59.02
44	折臂塔式起重机	240t·m	台班	1670.46	1711.46	41.00
45	多级离心清水泵	150mm	台班	257.16	285.26	28.10

附表2 天津市电力建设建筑工程施工机械台班价差调整表

单位：元

序号	机 械	规格	单位	定额单价	实际单价	价差
1	履带式推土机	75kW	台班	514.55	597.57	83.02
2	履带式推土机	90kW	台班	649.90	678.14	28.24
3	轮胎式装载机	2m³	台班	545.35	659.11	113.76
4	履带式液压挖掘机	1m³	台班	834.19	954.40	120.21
5	光轮压路机（内燃）	12t	台班	330.25	372.08	41.83
6	履带式柴油打桩机	3.5t	台班	1194.66	1136.37	−58.29
7	履带式起重机	15t	台班	553.51	633.52	80.01
8	履带式起重机	25t	台班	614.37	698.64	84.27
9	履带式起重机	40t	台班	1173.26	1274.94	101.68
10	履带式起重机	50t	台班	1630.57	1761.18	130.61
11	汽车式起重机	5t	台班	299.19	390.17	90.98
12	汽车式起重机	8t	台班	443.23	530.20	86.97
13	汽车式起重机	16t	台班	764.27	838.66	74.39
14	龙门式起重机	20t	台班	487.86	574.72	86.86
15	龙门式起重机	40t	台班	828.56	934.28	105.72
16	塔式起重机	6t	台班	499.45	505.85	6.40
17	塔式起重机	8t	台班	645.04	653.16	8.12
18	塔式起重机	3000t·m	台班	5830.13	5950.29	120.16
19	塔式起重机	4000t·m	台班	7077.91	7219.73	141.82
20	载重汽车	4t	台班	207.52	262.61	55.09
21	载重汽车	8t	台班	310.71	358.44	47.73
22	自卸汽车	4t	台班	310.23	293.97	3.74
23	自卸汽车	8t	台班	407.80	464.59	56.79
24	自卸汽车	12t	台班	549.28	635.20	85.92
25	平板拖车组	40t	台班	1078.25	1166.81	88.56

続表

序号	机 械	规格	单位	定额单价	实际单价	价差
26	机动翻斗车	1t	台班	90.99	116.54	25.55
27	洒水车	4000L	台班	311.36	406.41	95.05
28	卷扬机	单筒快速 1t	台班	68.47	101.14	32.67
29	卷扬机	单筒慢速 3t	台班	77.76	109.87	32.11
30	皮带输送机	10m	台班	121.71	123.86	2.15
31	灰浆搅拌机	200L	台班	61.80	80.76	18.96
32	混凝土振捣器	插入式	台班	11.80	14.23	2.43
33	钢筋调直机	直径 14mm	台班	42.60	43.99	1.39
34	钢筋切断机	直径 40mm	台班	36.64	40.38	3.74
35	钢筋弯曲机	直径 40mm	台班	22.31	25.23	2.92
36	普通车床	400×2000	台班	95.87	98.52	2.65
37	井点喷射泵		台班	158.37	167.67	9.30
38	交流电焊机	21kVA	台班	48.30	56.89	8.59
39	交流电焊机	32kVA	台班	72.26	78.73	6.47
40	交流电焊机	40kVA	台班	96.56	112.43	15.87
41	对焊机	100kVA	台班	129.05	148.13	19.08
42	内燃空气压缩机	9.0m³	台班	375.44	503.21	127.77
43	爬模机	6000m²	台班	2000.00	2021.66	21.66
44	折臂塔式起重机	240t·m	台班	1670.46	1685.51	15.05
45	多级离心清水泵	150mm	台班	257.16	264.58	7.42

附表3　河北南部电力建设建筑工程施工机械台班价差调整表

单位：元

序号	机 械	规格	单位	定额单价	实际单价	价差
1	履带式推土机	75kW	台班	514.55	610.43	95.88
2	履带式推土机	90kW	台班	649.90	691.62	41.72

序号	机　　械	规格	单位	定额单价	实际单价	价差
3	轮胎式装载机	2m³	台班	545.35	674.64	129.29
4	履带式液压挖掘机	1m³	台班	834.19	969.40	135.21
5	光轮压路机（内燃）	12t	台班	330.25	379.72	49.47
6	履带式柴油打桩机	3.5t	台班	1194.66	1147.78	−46.88
7	履带式起重机	15t	台班	553.51	641.20	87.69
8	履带式起重机	25t	台班	614.37	708.82	94.45
9	履带起重机	40t	台班	1173.26	1290.07	116.81
10	履带起重机	50t	台班	1630.57	1782.16	151.59
11	汽车式起重机	5t	台班	299.19	384.90	85.71
12	汽车式起重机	8t	台班	443.23	535.53	92.30
13	汽车式起重机	16t	台班	764.27	844.31	80.04
14	龙门式起重机	20t	台班	487.86	594.12	106.26
15	龙门式起重机	40t	台班	828.56	963.83	135.27
16	塔式起重机	6t	台班	499.45	511.00	11.55
17	塔式起重机	8t	台班	645.04	659.70	14.66
18	塔式起重机	3000t·m	台班	5830.13	6046.96	216.83
19	塔式起重机	4000t·m	台班	7077.91	7333.82	255.91
20	载重汽车	4t	台班	207.52	269.42	61.90
21	载重汽车	8t	台班	310.71	365.69	54.98
22	自卸汽车	4t	台班	310.23	301.71	11.48
23	自卸汽车	8t	台班	407.80	473.02	65.22
24	自卸汽车	12t	台班	549.28	644.33	95.05
25	平板拖车组	40t	台班	1078.25	1172.24	93.99
26	机动翻斗车	1t	台班	90.99	117.83	26.84
27	洒水车	4000L	台班	311.36	400.74	89.38
28	卷扬机	单筒快速 1t	台班	68.47	104.22	35.75
29	卷扬机	单筒慢速 3t	台班	77.76	112.82	35.06
30	皮带输送机	10m	台班	121.71	125.60	3.89

序号	机　械	规格	单位	定额单价	实际单价	价差
31	灰浆搅拌机	200L	台班	61.80	82.18	20.38
32	混凝土振捣器	插入式	台班	11.80	14.60	2.80
33	钢筋调直机	直径 14mm	台班	42.60	45.10	2.50
34	钢筋切断机	直径 40mm	台班	36.64	43.38	6.74
35	钢筋弯曲机	直径 40mm	台班	22.31	26.43	4.12
36	普通车床	400×2000	台班	95.87	100.65	4.78
37	井点喷射泵		台班	158.37	180.79	22.42
38	交流电焊机	21kVA	台班	48.30	62.54	14.24
39	交流电焊机	32kVA	台班	72.26	86.90	14.64
40	交流电焊机	40kVA	台班	96.56	125.20	28.64
41	对焊机	100kVA	台班	129.05	163.47	34.42
42	内燃空气压缩机	$9.0m^3$	台班	375.44	515.47	140.03
43	爬模机	$6000m^2$	台班	2000.00	2052.20	52.20
44	折臂塔式起重机	240t·m	台班	1670.46	1706.72	36.26
45	多级离心清水泵	150mm	台班	257.16	281.48	24.32

附表4　河北北部电力建设建筑工程施工机械台班价差调整表

单位：元

序号	机　械	规格	单位	定额单价	实际单价	价差
1	履带式推土机	75kW	台班	514.55	610.43	95.88
2	履带式推土机	90kW	台班	649.90	691.62	41.72
3	轮胎式装载机	$2m^3$	台班	545.35	674.64	129.29
4	履带式液压挖掘机	$1m^3$	台班	834.19	969.40	135.21
5	光轮压路机（内燃）	12t	台班	330.25	379.72	49.47
6	履带式柴油打桩机	3.5t	台班	1194.66	1147.78	−46.88
7	履带式起重机	15t	台班	553.51	641.20	87.69

序号	机　　械	规格	单位	定额单价	实际单价	价差
8	履带式起重机	25t	台班	614.37	708.82	94.45
9	履带式起重机	40t	台班	1173.26	1290.07	116.81
10	履带式起重机	50t	台班	1630.57	1782.16	151.59
11	汽车式起重机	5t	台班	299.19	384.90	85.71
12	汽车式起重机	8t	台班	443.23	535.53	92.30
13	汽车式起重机	16t	台班	764.27	844.31	80.04
14	龙门式起重机	20t	台班	487.86	574.70	86.84
15	龙门式起重机	40t	台班	828.56	934.25	105.69
16	塔式起重机	6t	台班	499.45	505.84	6.39
17	塔式起重机	8t	台班	645.04	653.16	8.12
18	塔式起重机	3000t·m	台班	5830.13	5950.20	120.07
19	塔式起重机	4000t·m	台班	7077.91	7219.62	141.71
20	载重汽车	4t	台班	207.52	269.42	61.90
21	载重汽车	8t	台班	310.71	365.69	54.98
22	自卸汽车	4t	台班	310.23	301.71	11.48
23	自卸汽车	8t	台班	407.80	473.02	65.22
24	自卸汽车	12t	台班	549.28	644.33	95.05
25	平板拖车组	40t	台班	1078.25	1172.24	93.99
26	机动翻斗车	1t	台班	90.99	117.83	26.84
27	洒水车	4000L	台班	311.36	400.74	89.38
28	卷扬机	单筒快速 1t	台班	68.47	101.13	32.66
29	卷扬机	单筒慢速 3t	台班	77.76	109.87	32.11
30	皮带输送机	10m	台班	121.71	123.86	2.15
31	灰浆搅拌机	200L	台班	61.80	80.76	18.96
32	混凝土振捣器	插入式	台班	11.80	14.23	2.43
33	钢筋调直机	直径 14mm	台班	42.60	43.98	1.38
34	钢筋切断机	直径 40mm	台班	36.64	40.37	3.73
35	钢筋弯曲机	直径 40mm	台班	22.31	25.23	2.92

序号	机　　械	规格	单位	定额单价	实际单价	价差
36	普通车床	400×2000	台班	95.87	98.52	2.65
37	井点喷射泵		台班	158.37	167.66	9.29
38	交流电焊机	21kVA	台班	48.30	56.89	8.59
39	交流电焊机	32kVA	台班	72.26	78.73	6.47
40	交流电焊机	40kVA	台班	96.56	112.42	15.86
41	对焊机	100kVA	台班	129.05	148.11	19.06
42	内燃空气压缩机	9.0m³	台班	375.44	515.47	140.03
43	爬模机	6000m²	台班	2000.00	2021.63	21.63
44	折臂塔式起重机	240t·m	台班	1670.46	1685.49	15.03
45	多级离心清水泵	150mm	台班	257.16	264.57	7.41

附表5　山西省电力建设建筑工程施工机械台班价差调整表

单位：元

序号	机　　械	规格	单位	定额单价	实际单价	价差
1	履带式推土机	75kW	台班	514.55	603.36	88.81
2	履带式推土机	90kW	台班	649.90	684.21	34.31
3	轮胎式装载机	2m³	台班	545.35	666.10	120.75
4	履带式液压挖掘机	1m³	台班	834.19	961.15	126.96
5	光轮压路机（内燃）	12t	台班	330.25	375.52	45.27
6	履带式柴油打桩机	3.5t	台班	1194.66	1141.51	−53.15
7	履带式起重机	15t	台班	553.51	636.98	83.47
8	履带式起重机	25t	台班	614.37	703.22	88.85
9	履带式起重机	40t	台班	1173.26	1281.75	108.49
10	履带式起重机	50t	台班	1630.57	1770.62	140.05
11	汽车式起重机	5t	台班	299.19	382.66	83.47
12	汽车式起重机	8t	台班	443.23	531.81	88.58

序号	机械	规格	单位	定额单价	实际单价	价差
13	汽车式起重机	16t	台班	764.27	839.62	75.35
14	龙门式起重机	20t	台班	487.86	580.73	92.87
15	龙门式起重机	40t	台班	828.56	943.44	114.88
16	塔式起重机	6t	台班	499.45	507.44	7.99
17	塔式起重机	8t	台班	645.04	655.19	10.15
18	塔式起重机	3000t・t	台班	5830.13	5980.26	150.13
19	塔式起重机	4000t・t	台班	7077.91	7255.09	177.18
20	载重汽车	4t	台班	207.52	265.35	57.83
21	载重汽车	8t	台班	310.71	361.04	50.33
22	自卸汽车	4t	台班	310.23	297.09	6.86
23	自卸汽车	8t	台班	407.80	467.66	59.86
24	自卸汽车	12t	台班	549.28	638.23	88.95
25	平板拖车组	40t	台班	1078.25	1164.72	86.47
26	机动翻斗车	1t	台班	90.99	117.05	26.06
27	洒水车	4000L	台班	311.36	398.15	86.79
28	卷扬机	单筒快速 1t	台班	68.47	102.09	33.62
29	卷扬机	单筒慢速 3t	台班	77.76	110.79	33.03
30	皮带输送机	10m	台班	121.71	124.40	2.69
31	灰浆搅拌机	200L	台班	61.80	81.20	19.40
32	混凝土振捣器	插入式	台班	11.80	14.34	2.54
33	钢筋调直机	直径 14mm	台班	42.60	44.33	1.73
34	钢筋切断机	直径 40mm	台班	36.64	41.31	4.67
35	钢筋弯曲机	直径 40mm	台班	22.31	25.60	3.29
36	普通车床	400×2000	台班	95.87	99.18	3.31
37	井点喷射泵		台班	158.37	171.74	13.37
38	交流电焊机	21kVA	台班	48.30	58.64	10.34
39	交流电焊机	32kVA	台班	72.26	81.26	9.00

序号	机　　械	规格	单位	定额单价	实际单价	价差
40	交流电焊机	40kVA	台班	96.56	116.39	19.83
41	对焊机	100kVA	台班	129.05	152.88	23.83
42	内燃空气压缩机	9.0m^3	台班	375.44	508.73	133.29
43	爬模机	6000m^2	台班	2000.00	2031.12	31.12
44	折臂塔式起重机	240t·m	台班	1670.46	1692.08	21.62
45	多级离心清水泵	150mm	台班	257.16	269.82	12.66

附表6　山东省电力建设建筑工程施工机械台班价差调整表

单位：元

序号	机　　械	规格	单位	定额单价	实际单价	价差
1	履带式推土机	75kW	台班	514.55	610.43	95.88
2	履带式推土机	90kW	台班	649.90	691.62	41.72
3	轮胎式装载机	2m^3	台班	545.35	674.64	129.29
4	履带式液压挖掘机	1m^3	台班	834.19	969.40	135.21
5	光轮压路机（内燃）	12t	台班	330.25	379.72	49.47
6	履带式柴油打桩机	3.5t	台班	1194.66	1147.78	−46.88
7	履带式起重机	15t	台班	553.51	641.20	87.69
8	履带式起重机	25t	台班	614.37	708.82	94.45
9	履带式起重机	40t	台班	1173.26	1290.07	116.81
10	履带式起重机	50t	台班	1630.57	1782.16	151.59
11	汽车式起重机	5t	台班	299.19	386.15	86.96
12	汽车式起重机	8t	台班	443.23	536.01	92.78
13	汽车式起重机	16t	台班	764.27	845.27	81.00
14	龙门式起重机	20t	台班	487.86	567.87	80.01
15	龙门式起重机	40t	台班	828.56	923.84	95.28
16	塔式起重机	6t	台班	499.45	504.03	4.58
17	塔式起重机	8t	台班	645.04	650.86	5.82

序号	机　　械	规格	单位	定额单价	实际单价	价差
18	塔式起重机	3000t·m	台班	5830.13	5916.15	86.02
19	塔式起重机	4000t·m	台班	7077.91	7179.43	101.52
20	载重汽车	4t	台班	207.52	269.62	62.10
21	载重汽车	8t	台班	310.71	366.09	55.38
22	自卸汽车	4t	台班	310.23	301.93	11.70
23	自卸汽车	8t	台班	407.80	473.46	65.66
24	自卸汽车	12t	台班	549.28	644.98	95.70
25	平板拖车组	40t	台班	1078.25	1174.98	96.73
26	机动翻斗车	1t	台班	90.99	117.88	26.89
27	洒水车	4000L	台班	311.36	402.04	90.68
28	卷扬机	单筒快速 1t	台班	68.47	100.05	31.58
29	卷扬机	单筒慢速 3t	台班	77.76	108.83	31.07
30	皮带输送机	10m	台班	121.71	123.25	1.54
31	灰浆搅拌机	200L	台班	61.80	80.26	18.46
32	混凝土振捣器	插入式	台班	11.80	14.09	2.29
33	钢筋调直机	直径 14mm	台班	42.60	43.59	0.99
34	钢筋切断机	直径 40mm	台班	36.64	39.32	2.68
35	钢筋弯曲机	直径 40mm	台班	22.31	24.81	2.50
36	普通车床	400×2000	台班	95.87	97.77	1.90
37	井点喷射泵		台班	158.37	163.04	4.67
38	交流电焊机	21kVA	台班	48.30	54.90	6.60
39	交流电焊机	32kVA	台班	72.26	75.85	3.59
40	交流电焊机	40kVA	台班	96.56	107.92	11.36
41	对焊机	100kVA	台班	129.05	142.71	13.66
42	内燃空气压缩机	9.0m³	台班	375.44	515.47	140.03
43	爬模机	6000m²	台班	2000.00	2010.87	10.87
44	折臂塔式起重机	240t·m	台班	1670.46	1678.01	7.55
45	多级离心清水泵	150mm	台班	257.16	258.62	1.46

附表 7　内蒙古东部电力建设建筑工程施工 机械台班价差调整表

单位：元

序号	机械	规格	单位	定额单价	实际单价	价差
1	履带式推土机	75kW	台班	514.55	687.56	173.01
2	履带式推土机	90kW	台班	649.90	772.55	122.65
3	轮胎式装载机	2m³	台班	545.35	767.81	222.46
4	履带式液压挖掘机	1m³	台班	834.19	1059.40	225.21
5	光轮压路机（内燃）	12t	台班	330.25	425.56	95.31
6	履带式柴油打桩机	3.5t	台班	1194.66	1216.27	21.61
7	履带式起重机	15t	台班	553.51	687.27	133.76
8	履带式起重机	25t	台班	614.37	769.91	155.54
9	履带式起重机	40t	台班	1173.26	1380.84	207.58
10	履带式起重机	50t	台班	1630.57	1908.03	277.46
11	汽车式起重机	5t	台班	299.19	417.11	117.92
12	汽车式起重机	8t	台班	443.23	577.11	133.88
13	汽车式起重机	16t	台班	764.27	897.45	133.18
14	龙门式起重机	20t	台班	487.86	563.23	75.37
15	龙门式起重机	40t	台班	828.56	916.78	88.22
16	塔式起重机	6t	台班	499.45	502.80	3.35
17	塔式起重机	8t	台班	645.04	649.29	4.25
18	塔式起重机	3000t·m	台班	5830.13	5893.06	62.93
19	塔式起重机	4000t·m	台班	7077.91	7152.18	74.27
20	载重汽车	4t	台班	207.52	314.31	106.79
21	载重汽车	8t	台班	310.71	417.19	106.48
22	自卸汽车	4t	台班	310.23	352.53	42.30
23	自卸汽车	8t	台班	407.80	532.37	124.57
24	自卸汽车	12t	台班	549.28	712.20	162.92
25	平板拖车组	40t	台班	1078.25	1259.68	181.43

序号	机　械	规格	单位	定额单价	实际单价	价差
26	机动翻斗车	1t	台班	90.99	126.55	35.56
27	洒水车	4000L	台班	311.36	437.78	126.42
28	卷扬机	单筒快速 1t	台班	68.47	99.31	30.84
29	卷扬机	单筒慢速 3t	台班	77.76	108.13	30.37
30	皮带输送机	10m	台班	121.71	122.84	1.13
31	灰浆搅拌机	200L	台班	61.80	79.92	18.12
32	混凝土振捣器	插入式	台班	11.80	14.00	2.20
33	钢筋调直机	直径 14mm	台班	42.60	43.33	0.73
34	钢筋切断机	直径 40mm	台班	36.64	38.60	1.96
35	钢筋弯曲机	直径 40mm	台班	22.31	24.52	2.21
36	普通车床	400×2000	台班	95.87	97.26	1.39
37	井点喷射泵		台班	158.37	159.91	1.54
38	交流电焊机	21kVA	台班	48.30	53.55	5.25
39	交流电焊机	32kVA	台班	72.26	73.90	1.64
40	交流电焊机	40kVA	台班	96.56	104.87	8.31
41	对焊机	100kVA	台班	129.05	139.04	9.99
42	内燃空气压缩机	$9.0m^3$	台班	375.44	589.04	213.60
43	爬模机	$6000m^2$	台班	2000.00	2003.58	3.58
44	折臂塔式起重机	240t·m	台班	1670.46	1672.95	2.49
45	多级离心清水泵	150mm	台班	257.16	254.58	−2.58

附表8　内蒙古西部电力建设建筑工程施工机械台班价差调整表

单位：元

序号	机　械	规格	单位	定额单价	实际单价	价差
1	履带式推土机	75kW	台班	514.55	687.56	173.01
2	履带式推土机	90kW	台班	649.90	772.55	122.65

序号	机　　械	规格	单位	定额单价	实际单价	价差
3	轮胎式装载机	2m³	台班	545.35	767.81	222.46
4	履带式液压挖掘机	1m³	台班	834.19	1059.40	225.21
5	光轮压路机（内燃）	12t	台班	330.25	425.56	95.31
6	履带式柴油打桩机	3.5t	台班	1194.66	1216.27	21.61
7	履带式起重机	15t	台班	553.51	687.27	133.76
8	履带式起重机	25t	台班	614.37	769.91	155.54
9	履带式起重机	40t	台班	1173.26	1380.84	207.58
10	履带式起重机	50t	台班	1630.57	1908.03	277.46
11	汽车式起重机	5t	台班	299.19	417.11	117.92
12	汽车式起重机	8t	台班	443.23	577.11	133.88
13	汽车式起重机	16t	台班	764.27	897.45	133.18
14	龙门式起重机	20t	台班	487.86	558.89	71.03
15	龙门式起重机	40t	台班	828.56	910.17	81.61
16	塔式起重机	6t	台班	499.45	501.65	2.20
17	塔式起重机	8t	台班	645.04	647.83	2.79
18	塔式起重机	3000t·m	台班	5830.13	5871.41	41.28
19	塔式起重机	4000t·m	台班	7077.91	7126.63	48.72
20	载重汽车	4t	台班	207.52	314.31	106.79
21	载重汽车	8t	台班	310.71	417.19	106.48
22	自卸汽车	4t	台班	310.23	352.53	42.30
23	自卸汽车	8t	台班	407.80	532.37	124.57
24	自卸汽车	12t	台班	549.28	712.20	162.92
25	平板拖车组	40t	台班	1078.25	1259.68	181.43
26	机动翻斗车	1t	台班	90.99	126.55	35.56
27	洒水车	4000L	台班	311.36	437.78	126.42
28	卷扬机	单筒快速 1t	台班	68.47	98.62	30.15
29	卷扬机	单筒慢速 3t	台班	77.76	107.47	29.71

序号	机 械	规格	单位	定额单价	实际单价	价差
30	皮带输送机	10m	台班	121.71	122.45	0.74
31	灰浆搅拌机	200L	台班	61.80	79.60	17.80
32	混凝土振捣器	插入式	台班	11.80	13.92	2.12
33	钢筋调直机	直径 14mm	台班	42.60	43.08	0.48
34	钢筋切断机	直径 40mm	台班	36.64	37.92	1.28
35	钢筋弯曲机	直径 40mm	台班	22.31	24.25	1.94
36	普通车床	400×2000	台班	95.87	96.78	0.91
37	井点喷射泵		台班	158.37	156.97	−1.40
38	交流电焊机	21kVA	台班	48.30	52.29	3.99
39	交流电焊机	32kVA	台班	72.26	72.07	−0.19
40	交流电焊机	40kVA	台班	96.56	102.01	5.45
41	对焊机	100kVA	台班	129.05	135.60	6.55
42	内燃空气压缩机	$9.0m^3$	台班	375.44	589.04	213.60
43	爬模机	$6000m^2$	台班	2000.00	1996.74	−3.26
44	折臂塔式起重机	240t·m	台班	1670.46	1668.20	−2.26
45	多级离心清水泵	150mm	台班	257.16	250.80	−6.36

注：电网工程含锡盟。

附表9 辽宁省电力建设建筑工程施工机械台班价差调整表

单位：元

序号	机 械	规格	单位	定额单价	实际单价	价差
1	履带式推土机	75kW	台班	514.55	605.93	91.38
2	履带式推土机	90kW	台班	649.90	686.90	37.00
3	轮胎式装载机	$2m^3$	台班	545.35	669.21	123.86
4	履带式液压挖掘机	$1m^3$	台班	834.19	964.15	129.96
5	光轮压路机（内燃）	12t	台班	330.25	377.05	46.80

序号	机　　械	规格	单位	定额单价	实际单价	价差
6	履带式柴油打桩机	3.5t	台班	1194.66	1143.79	−50.87
7	履带式起重机	15t	台班	553.51	638.51	85.00
8	履带式起重机	25t	台班	614.37	705.26	90.89
9	履带式起重机	40t	台班	1173.26	1284.78	111.52
10	履带式起重机	50t	台班	1630.57	1774.82	144.25
11	汽车式起重机	5t	台班	299.19	392.91	93.72
12	汽车式起重机	8t	台班	443.23	534.60	91.37
13	汽车式起重机	16t	台班	764.27	844.21	79.94
14	龙门式起重机	20t	台班	487.86	597.94	110.08
15	龙门式起重机	40t	台班	828.56	969.66	141.10
16	塔式起重机	6t	台班	499.45	512.01	12.56
17	塔式起重机	8t	台班	645.04	660.99	15.95
18	塔式起重机	3000t·m	台班	5830.13	6066.00	235.87
19	塔式起重机	4000t·m	台班	7077.91	7356.30	278.39
20	载重汽车	4t	台班	207.52	267.43	59.91
21	载重汽车	8t	台班	310.71	363.93	53.22
22	自卸汽车	4t	台班	310.23	299.43	9.20
23	自卸汽车	8t	台班	407.80	470.92	63.12
24	自卸汽车	12t	台班	549.28	642.41	93.13
25	平板拖车组	40t	台班	1078.25	1175.68	97.43
26	机动翻斗车	1t	台班	90.99	117.48	26.49
27	洒水车	4000L	台班	311.36	409.58	98.22
28	卷扬机	单筒快速 1t	台班	68.47	104.82	36.35
29	卷扬机	单筒慢速 3t	台班	77.76	113.40	35.64
30	皮带输送机	10m	台班	121.71	125.94	4.23
31	灰浆搅拌机	200L	台班	61.80	82.46	20.66
32	混凝土振捣器	插入式	台班	11.80	14.67	2.87
33	钢筋调直机	直径 14mm	台班	42.60	45.32	2.72

序号	机 械	规格	单位	定额单价	实际单价	价差
34	钢筋切断机	直径 40mm	台班	36.64	43.98	7.34
35	钢筋弯曲机	直径 40mm	台班	22.31	26.67	4.36
36	普通车床	400×2000	台班	95.87	101.07	5.20
37	井点喷射泵		台班	158.37	183.37	25.00
38	交流电焊机	21kVA	台班	48.30	63.65	15.35
39	交流电焊机	32kVA	台班	72.26	88.51	16.25
40	交流电焊机	40kVA	台班	96.56	127.71	31.15
41	对焊机	100kVA	台班	129.05	166.50	37.45
42	内燃空气压缩机	$9.0m^3$	台班	375.44	511.18	135.74
43	爬模机	$6000m^2$	台班	2000.00	2058.21	58.21
44	折臂塔式起重机	240t·m	台班	1670.46	1710.90	40.44
45	多级离心清水泵	150mm	台班	257.16	284.81	27.65

附表 10 吉林省电力建设建筑工程施工机械台班价差调整表

单位：元

序号	机 械	规格	单位	定额单价	实际单价	价差
1	履带式推土机	75kW	台班	514.55	596.93	82.38
2	履带式推土机	90kW	台班	649.90	677.46	27.56
3	轮胎式装载机	$2m^3$	台班	545.35	658.34	112.99
4	履带式液压挖掘机	$1m^3$	台班	834.19	953.65	119.46
5	光轮压路机（内燃）	12t	台班	330.25	371.70	41.45
6	履带式柴油打桩机	3.5t	台班	1194.66	1135.80	−58.86
7	履带式起重机	15t	台班	553.51	633.14	79.63
8	履带式起重机	25t	台班	614.37	698.13	83.76
9	履带式起重机	40t	台班	1173.26	1274.19	100.93
10	履带式起重机	50t	台班	1630.57	1760.13	129.56
11	汽车式起重机	5t	台班	299.19	376.92	77.73

序号	机　　械	规格	单位	定额单价	实际单价	价差
12	汽车式起重机	8t	台班	443.23	529.86	86.63
13	汽车式起重机	16t	台班	764.27	838.23	73.96
14	龙门式起重机	20t	台班	487.86	570.93	83.07
15	龙门式起重机	40t	台班	828.56	928.51	99.95
16	塔式起重机	6t	台班	499.45	504.84	5.39
17	塔式起重机	8t	台班	645.04	651.89	6.85
18	塔式起重机	3000t·m	台班	5830.13	5931.43	101.30
19	塔式起重机	4000t·m	台班	7077.91	7197.47	119.56
20	载重汽车	4t	台班	207.52	262.24	54.72
21	载重汽车	8t	台班	310.71	358.01	47.30
22	自卸汽车	4t	台班	310.23	293.55	3.32
23	自卸汽车	8t	台班	407.80	464.10	56.30
24	自卸汽车	12t	台班	549.28	634.65	85.37
25	平板拖车组	40t	台班	1078.25	1166.12	87.87
26	机动翻斗车	1t	台班	90.99	116.47	25.48
27	洒水车	4000L	台班	311.36	391.05	79.69
28	卷扬机	单筒快速 1t	台班	68.47	100.53	32.06
29	卷扬机	单筒慢速 3t	台班	77.76	109.30	31.54
30	皮带输送机	10m	台班	121.71	123.53	1.82
31	灰浆搅拌机	200L	台班	61.80	80.48	18.68
32	混凝土振捣器	插入式	台班	11.80	14.15	2.35
33	钢筋调直机	直径 14mm	台班	42.60	43.77	1.17
34	钢筋切断机	直径 40mm	台班	36.64	39.79	3.15
35	钢筋弯曲机	直径 40mm	台班	22.31	25.00	2.69
36	普通车床	400×2000	台班	95.87	98.11	2.24
37	井点喷射泵		台班	158.37	165.11	6.74
38	交流电焊机	21kVA	台班	48.30	55.79	7.49

序号	机械	规格	单位	定额单价	实际单价	价差
39	交流电焊机	32kVA	台班	72.26	77.14	4.88
40	交流电焊机	40kVA	台班	96.56	109.94	13.38
41	对焊机	100kVA	台班	129.05	145.13	16.08
42	内燃空气压缩机	9.0m^3	台班	375.44	502.60	127.16
43	爬模机	6000m^2	台班	2000.00	2015.70	15.70
44	折臂塔式起重机	240t·m	台班	1670.46	1681.37	10.91
45	多级离心清水泵	150mm	台班	257.16	261.29	4.13

附表 11　黑龙江省电力建设建筑工程施工机械台班价差调整表

单位：元

序号	机械	规格	单位	定额单价	实际单价	价差
1	履带式推土机	75kW	台班	514.55	595.00	80.45
2	履带式推土机	90kW	台班	649.90	675.44	25.54
3	轮胎式装载机	2m^3	台班	545.35	656.01	110.66
4	履带式液压挖掘机	1m^3	台班	834.19	951.40	117.21
5	光轮压路机（内燃）	12t	台班	330.25	370.55	40.30
6	履带式柴油打桩机	3.5t	台班	1194.66	1134.09	−60.57
7	履带式起重机	15t	台班	553.51	631.99	78.48
8	履带式起重机	25t	台班	614.37	696.61	82.24
9	履带式起重机	40t	台班	1173.26	1271.92	98.66
10	履带式起重机	50t	台班	1630.57	1756.98	126.41
11	汽车式起重机	5t	台班	299.19	390.12	90.93
12	汽车式起重机	8t	台班	443.23	528.85	85.62
13	汽车式起重机	16t	台班	764.27	836.95	72.68
14	龙门式起重机	20t	台班	487.86	579.14	91.28
15	龙门式起重机	40t	台班	828.56	941.02	112.46

序号	机　　械	规格	单位	定额单价	实际单价	价差
16	塔式起重机	6t	台班	499.45	507.02	7.57
17	塔式起重机	8t	台班	645.04	654.66	9.62
18	塔式起重机	3000t·m	台班	5830.13	5972.34	142.21
19	塔式起重机	4000t·m	台班	7077.91	7245.75	167.84
20	载重汽车	4t	台班	207.52	261.13	53.61
21	载重汽车	8t	台班	310.71	356.75	46.04
22	自卸汽车	4t	台班	310.23	292.29	2.06
23	自卸汽车	8t	台班	407.80	462.64	54.84
24	自卸汽车	12t	台班	549.28	632.98	83.70
25	平板拖车组	40t	台班	1078.25	1164.07	85.82
26	机动翻斗车	1t	台班	90.99	116.26	25.27
27	洒水车	4000L	台班	311.36	406.34	94.98
28	卷扬机	单筒快速 1t	台班	68.47	101.84	33.37
29	卷扬机	单筒慢速 3t	台班	77.76	110.55	32.79
30	皮带输送机	10m	台班	121.71	124.26	2.55
31	灰浆搅拌机	200L	台班	61.80	81.08	19.28
32	混凝土振捣器	插入式	台班	11.80	14.31	2.51
33	钢筋调直机	直径 14mm	台班	42.60	44.24	1.64
34	钢筋切断机	直径 40mm	台班	36.64	41.06	4.42
35	钢筋弯曲机	直径 40mm	台班	22.31	25.50	3.19
36	普通车床	400×2000	台班	95.87	99.01	3.14
37	井点喷射泵		台班	158.37	170.66	12.29
38	交流电焊机	21kVA	台班	48.30	58.18	9.88
39	交流电焊机	32kVA	台班	72.26	80.60	8.34
40	交流电焊机	40kVA	台班	96.56	115.34	18.78
41	对焊机	100kVA	台班	129.05	151.63	22.58
42	内燃空气压缩机	9.0m³	台班	375.44	500.76	125.32

序号	机　　械	规格	单位	定额单价	实际单价	价差
43	爬模机	6000m^2	台班	2000.00	2028.62	28.62
44	折臂塔式起重机	240t·m	台班	1670.46	1690.34	19.88
45	多级离心清水泵	150mm	台班	257.16	268.44	11.28

附表 12　上海市电力建设建筑工程施工机械台班价差调整表

单位：元

序号	机　　械	规格	单位	定额单价	实际单价	价差
1	履带式推土机	75kW	台班	514.55	618.14	103.59
2	履带式推土机	90kW	台班	649.90	699.72	49.82
3	轮胎式装载机	2m^3	台班	545.35	683.96	138.61
4	履带式液压挖掘机	1m^3	台班	834.19	978.40	144.21
5	光轮压路机（内燃）	12t	台班	330.25	384.31	54.06
6	履带式柴油打桩机	3.5t	台班	1194.66	1154.63	−40.03
7	履带式起重机	15t	台班	553.51	645.81	92.30
8	履带式起重机	25t	台班	614.37	714.93	100.56
9	履带式起重机	40t	台班	1173.26	1299.15	125.89
10	履带式起重机	50t	台班	1630.57	1794.75	164.18
11	汽车式起重机	5t	台班	299.19	390.28	91.09
12	汽车式起重机	8t	台班	443.23	541.03	97.80
13	汽车式起重机	16t	台班	764.27	852.31	88.04
14	龙门式起重机	20t	台班	487.86	590.68	102.82
15	龙门式起重机	40t	台班	828.56	958.59	130.03
16	塔式起重机	6t	台班	499.45	510.08	10.63
17	塔式起重机	8t	台班	645.04	658.54	13.50
18	塔式起重机	3000t·m	台班	5830.13	6029.82	199.69
19	塔式起重机	4000t·m	台班	7077.91	7313.59	235.68
20	载重汽车	4t	台班	207.52	274.47	66.95

序号	机　械	规格	单位	定额单价	实际单价	价差
21	载重汽车	8t	台班	310.71	371.96	61.25
22	自卸汽车	4t	台班	310.23	307.41	17.18
23	自卸汽车	8t	台班	407.80	480.18	72.38
24	自卸汽车	12t	台班	549.28	652.95	103.67
25	平板拖车组	40t	台班	1078.25	1188.66	110.41
26	机动翻斗车	1t	台班	90.99	118.84	27.85
27	洒水车	4000L	台班	311.36	406.53	95.17
28	卷扬机	单筒快速 1t	台班	68.47	103.67	35.20
29	卷扬机	单筒慢速 3t	台班	77.76	112.30	34.54
30	皮带输送机	10m	台班	121.71	125.29	3.58
31	灰浆搅拌机	200L	台班	61.80	81.93	20.13
32	混凝土振捣器	插入式	台班	11.80	14.53	2.73
33	钢筋调直机	直径 14mm	台班	42.60	44.90	2.30
34	钢筋切断机	直径 40mm	台班	36.64	42.85	6.21
35	钢筋弯曲机	直径 40mm	台班	22.31	26.22	3.91
36	普通车床	400×2000	台班	95.87	100.28	4.41
37	井点喷射泵		台班	158.37	178.46	20.09
38	交流电焊机	21kVA	台班	48.30	61.54	13.24
39	交流电焊机	32kVA	台班	72.26	85.45	13.19
40	交流电焊机	40kVA	台班	96.56	122.93	26.37
41	对焊机	100kVA	台班	129.05	160.75	31.70
42	内燃空气压缩机	9.0m^3	台班	375.44	522.83	147.39
43	爬模机	6000m^2	台班	2000.00	2046.78	46.78
44	折臂塔式起重机	240t·m	台班	1670.46	1702.96	32.50
45	多级离心清水泵	150mm	台班	257.16	278.49	21.33

附表 13 江苏省电力建设建筑工程施工机械台班价差调整表

单位：元

序号	机 械	规格	单位	定额单价	实际单价	价差
1	履带式推土机	75kW	台班	514.55	598.22	83.67
2	履带式推土机	90kW	台班	649.90	678.81	28.91
3	轮胎式装载机	2m³	台班	545.35	659.89	114.54
4	履带式液压挖掘机	1m³	台班	834.19	955.15	120.96
5	光轮压路机（内燃）	12t	台班	330.25	372.46	42.21
6	履带式柴油打桩机	3.5t	台班	1194.66	1136.94	−57.72
7	履带起重机	15t	台班	553.51	633.90	80.39
8	履带起重机	25t	台班	614.37	699.15	84.78
9	履带起重机	40t	台班	1173.26	1275.70	102.44
10	履带起重机	50t	台班	1630.57	1762.23	131.66
11	汽车式起重机	5t	台班	299.19	384.37	85.18
12	汽车式起重机	8t	台班	443.23	529.10	85.87
13	汽车式起重机	16t	台班	764.27	836.20	71.93
14	龙门式起重机	20t	台班	487.86	579.35	91.49
15	龙门式起重机	40t	台班	828.56	941.34	112.78
16	塔式起重机	6t	台班	499.45	507.08	7.63
17	塔式起重机	8t	台班	645.04	654.73	9.69
18	塔式起重机	3000t·m	台班	5830.13	5973.39	143.26
19	塔式起重机	4000t·m	台班	7077.91	7246.99	169.08
20	载重汽车	4t	台班	207.52	262.38	54.86
21	载重汽车	8t	台班	310.71	357.66	46.95
22	自卸汽车	4t	台班	310.23	293.73	3.50
23	自卸汽车	8t	台班	407.80	463.76	55.96
24	自卸汽车	12t	台班	549.28	633.79	84.51
25	平板拖车组	40t	台班	1078.25	1159.26	81.01

序号	机　械	规格	单位	定额单价	实际单价	价差
26	机动翻斗车	1t	台班	90.99	116.47	25.48
27	洒水车	4000L	台班	311.36	400.13	88.77
28	卷扬机	单筒快速 1t	台班	68.47	101.87	33.40
29	卷扬机	单筒慢速 3t	台班	77.76	110.58	32.82
30	皮带输送机	10m	台班	121.71	124.28	2.57
31	灰浆搅拌机	200L	台班	61.80	81.10	19.30
32	混凝土振捣器	插入式	台班	11.80	14.32	2.52
33	钢筋调直机	直径 14mm	台班	42.60	44.25	1.65
34	钢筋切断机	直径 40mm	台班	36.64	41.10	4.46
35	钢筋弯曲机	直径 40mm	台班	22.31	25.52	3.21
36	普通车床	400×2000	台班	95.87	99.03	3.16
37	井点喷射泵		台班	158.37	170.80	12.43
38	交流电焊机	21kVA	台班	48.30	58.24	9.94
39	交流电焊机	32kVA	台班	72.26	80.69	8.43
40	交流电焊机	40kVA	台班	96.56	115.48	18.92
41	对焊机	100kVA	台班	129.05	151.79	22.74
42	内燃空气压缩机	$9.0m^3$	台班	375.44	503.82	128.38
43	爬模机	$6000m^2$	台班	2000.00	2028.96	28.96
44	折臂塔式起重机	240t・m	台班	1670.46	1690.58	20.12
45	多级离心清水泵	150mm	台班	257.16	268.62	11.46

附表 14　浙江省电力建设建筑工程施工机械台班价差调整表

单位：元

序号	机　械	规格	单位	定额单价	实际单价	价差
1	履带式推土机	75kW	台班	514.55	610.43	95.88
2	履带式推土机	90kW	台班	649.90	691.62	41.72

序号	机　械	规格	单位	定额单价	实际单价	价差
3	轮胎式装载机	2m³	台班	545.35	674.64	129.29
4	履带式液压挖掘机	1m³	台班	834.19	969.40	135.21
5	光轮压路机（内燃）	12t	台班	330.25	379.72	49.47
6	履带式柴油打桩机	3.5t	台班	1194.66	1147.78	−46.88
7	履带式起重机	15t	台班	553.51	641.20	87.69
8	履带式起重机	25t	台班	614.37	708.82	94.45
9	履带式起重机	40t	台班	1173.26	1290.07	116.81
10	履带式起重机	50t	台班	1630.57	1782.16	151.59
11	汽车式起重机	5t	台班	299.19	384.68	85.49
12	汽车式起重机	8t	台班	443.23	535.53	92.30
13	汽车式起重机	16t	台班	764.27	844.31	80.04
14	龙门式起重机	20t	台班	487.86	570.86	83.00
15	龙门式起重机	40t	台班	828.56	928.40	99.84
16	塔式起重机	6t	台班	499.45	504.82	5.37
17	塔式起重机	8t	台班	645.04	651.86	6.82
18	塔式起重机	3000t·m	台班	5830.13	5931.06	100.93
19	塔式起重机	4000t·m	台班	7077.91	7197.03	119.12
20	载重汽车	4t	台班	207.52	269.42	61.90
21	载重汽车	8t	台班	310.71	365.69	54.98
22	自卸汽车	4t	台班	310.23	301.71	11.48
23	自卸汽车	8t	台班	407.80	473.02	65.22
24	自卸汽车	12t	台班	549.28	644.33	95.05
25	平板拖车组	40t	台班	1078.25	1172.24	93.99
26	机动翻斗车	1t	台班	90.99	117.83	26.84
27	洒水车	4000L	台班	311.36	400.49	89.13
28	卷扬机	单筒快速 1t	台班	68.47	100.52	32.05
29	卷扬机	单筒慢速 3t	台班	77.76	109.29	31.53
30	皮带输送机	10m	台班	121.71	123.52	1.81

序号	机　　械	规格	单位	定额单价	实际单价	价差
31	灰浆搅拌机	200L	台班	61.80	80.48	18.68
32	混凝土振捣器	插入式	台班	11.80	14.15	2.35
33	钢筋调直机	直径 14mm	台班	42.60	43.76	1.16
34	钢筋切断机	直径 40mm	台班	36.64	39.78	3.14
35	钢筋弯曲机	直径 40mm	台班	22.31	24.99	2.68
36	普通车床	400×2000	台班	95.87	98.10	2.23
37	井点喷射泵		台班	158.37	165.06	6.69
38	交流电焊机	21kVA	台班	48.30	55.77	7.47
39	交流电焊机	32kVA	台班	72.26	77.11	4.85
40	交流电焊机	40kVA	台班	96.56	109.89	13.33
41	对焊机	100kVA	台班	129.05	145.07	16.02
42	内燃空气压缩机	9.0m^3	台班	375.44	515.47	140.03
43	爬模机	6000m^2	台班	2000.00	2015.58	15.58
44	折臂塔式起重机	240t・m	台班	1670.46	1681.29	10.83
45	多级离心清水泵	150mm	台班	257.16	261.22	4.06

附表 15　安徽省电力建设建筑工程施工机械台班价差调整表

单位：元

序号	机　　械	规格	单位	定额单价	实际单价	价差
1	履带式推土机	75kW	台班	514.55	595.65	81.10
2	履带式推土机	90kW	台班	649.90	676.11	26.21
3	轮胎式装载机	2m^3	台班	545.35	656.78	111.43
4	履带式液压挖掘机	1m^3	台班	834.19	952.15	117.96
5	光轮压路机（内燃）	12t	台班	330.25	370.93	40.68
6	履带式柴油打桩机	3.5t	台班	1194.66	1134.66	−60.00
7	履带式起重机	15t	台班	553.51	632.37	78.86

序号	机　械	规格	单位	定额单价	实际单价	价差
8	履带式起重机	25t	台班	614.37	697.12	82.75
9	履带式起重机	40t	台班	1173.26	1272.67	99.41
10	履带式起重机	50t	台班	1630.57	1758.03	127.46
11	汽车式起重机	5t	台班	299.19	386.04	86.85
12	汽车式起重机	8t	台班	443.23	528.55	85.32
13	汽车起重机	16t	台班	764.27	836.10	71.83
14	龙门式起重机	20t	台班	487.86	586.85	98.99
15	龙门式起重机	40t	台班	828.56	952.76	124.20
16	塔式起重机	6t	台班	499.45	509.07	9.62
17	塔式起重机	8t	台班	645.04	657.25	12.21
18	塔式起重机	3000t·m	台班	5830.13	6010.73	180.60
19	塔式起重机	4000t·m	台班	7077.91	7291.06	213.15
20	载重汽车	4t	台班	207.52	261.23	53.71
21	载重汽车	8t	台班	310.71	356.64	45.93
22	自卸汽车	4t	台班	310.23	292.42	2.19
23	自卸汽车	8t	台班	407.80	462.54	54.74
24	自卸汽车	12t	台班	549.28	632.66	83.38
25	平板拖车组	40t	台班	1078.25	1161.10	82.85
26	机动翻斗车	1t	台班	90.99	116.26	25.27
27	洒水车	4000L	台班	311.36	401.81	90.45
28	卷扬机	单筒快速 1t	台班	68.47	103.06	34.59
29	卷扬机	单筒慢速 3t	台班	77.76	111.72	33.96
30	皮带输送机	10m	台班	121.71	124.95	3.24
31	灰浆搅拌机	200L	台班	61.80	81.65	19.85
32	混凝土振捣器	插入式	台班	11.80	14.46	2.66
33	钢筋调直机	直径 14mm	台班	42.60	44.68	2.08
34	钢筋切断机	直径 40mm	台班	36.64	42.26	5.62
35	钢筋弯曲机	直径 40mm	台班	22.31	25.98	3.67

序号	机 械	规格	单位	定额单价	实际单价	价差
36	普通车床	400×2000	台班	95.87	99.85	3.98
37	井点喷射泵		台班	158.37	175.87	17.50
38	交流电焊机	21kVA	台班	48.30	60.42	12.12
39	交流电焊机	32kVA	台班	72.26	83.84	11.58
40	交流电焊机	40kVA	台班	96.56	120.41	23.85
41	对焊机	100kVA	台班	129.05	157.72	28.67
42	内燃空气压缩机	9.0m³	台班	375.44	501.37	125.93
43	爬模机	6000m²	台班	2000.00	2040.75	40.75
44	折臂塔式起重机	240t·m	台班	1670.46	1698.77	28.31
45	多级离心清水泵	150mm	台班	257.16	275.15	17.99

附表16 福建省电力建设建筑工程施工机械台班价差调整表

单位：元

序号	机 械	规格	单位	定额单价	实际单价	价差
1	履带式推土机	75kW	台班	514.55	611.07	96.52
2	履带式推土机	90kW	台班	649.90	692.30	42.40
3	轮胎式装载机	2m³	台班	545.35	675.42	130.07
4	履带式液压挖掘机	1m³	台班	834.19	970.15	135.96
5	光轮压路机（内燃）	12t	台班	330.25	380.10	49.85
6	履带式柴油打桩机	3.5t	台班	1194.66	1148.35	−46.31
7	履带式起重机	15t	台班	553.51	641.58	88.07
8	履带式起重机	25t	台班	614.37	709.33	94.96
9	履带式起重机	40t	台班	1173.26	1290.83	117.57
10	履带式起重机	50t	台班	1630.57	1783.21	152.64
11	汽车式起重机	5t	台班	299.19	386.03	86.84
12	汽车式起重机	8t	台班	443.23	536.67	93.44

序号	机　械	规格	单位	定额单价	实际单价	价差
13	汽车式起重机	16t	台班	764.27	846.34	82.07
14	龙门式起重机	20t	台班	487.86	574.25	86.39
15	龙门式起重机	40t	台班	828.56	933.57	105.01
16	塔式起重机	6t	台班	499.45	505.72	6.27
17	塔式起重机	8t	台班	645.04	653.01	7.97
18	塔式起重机	3000t·m	台班	5830.13	5947.96	117.83
19	塔式起重机	4000t·m	台班	7077.91	7216.98	139.07
20	载重汽车	4t	台班	207.52	270.13	62.61
21	载重汽车	8t	台班	310.71	366.78	56.07
22	自卸汽车	4t	台班	310.23	302.50	12.27
23	自卸汽车	8t	台班	407.80	474.24	66.44
24	自卸汽车	12t	台班	549.28	645.98	96.70
25	平板拖车组	40t	台班	1078.25	1177.49	99.24
26	机动翻斗车	1t	台班	90.99	117.99	27.00
27	洒水车	4000L	台班	311.36	401.81	90.45
28	卷扬机	单筒快速 1t	台班	68.47	101.06	32.59
29	卷扬机	单筒慢速 3t	台班	77.76	109.80	32.04
30	皮带输送机	10m	台班	121.71	123.82	2.11
31	灰浆搅拌机	200L	台班	61.80	80.72	18.92
32	混凝土振捣器	插入式	台班	11.80	14.22	2.42
33	钢筋调直机	直径14mm	台班	42.60	43.96	1.36
34	钢筋切断机	直径40mm	台班	36.64	40.31	3.67
35	钢筋弯曲机	直径40mm	台班	22.31	25.20	2.89
36	普通车床	400×2000	台班	95.87	98.47	2.60
37	井点喷射泵		台班	158.37	167.36	8.99
38	交流电焊机	21kVA	台班	48.30	56.76	8.46
39	交流电焊机	32kVA	台班	72.26	78.54	6.28
40	交流电焊机	40kVA	台班	96.56	112.12	15.56

序号	机 械	规格	单位	定额单价	实际单价	价差
41	对焊机	100kVA	台班	129.05	147.76	18.71
42	内燃空气压缩机	9.0m^3	台班	375.44	516.08	140.64
43	爬模机	6000m^2	台班	2000.00	2020.92	20.92
44	折臂塔式起重机	240t·m	台班	1670.46	1684.99	14.53
45	多级离心清水泵	150mm	台班	257.16	264.18	7.02

附表 17 河南省电力建设建筑工程施工机械台班价差调整表

单位：元

序号	机 械	规格	单位	定额单价	实际单价	价差
1	履带式推土机	75kW	台班	514.55	613.00	98.45
2	履带式推土机	90kW	台班	649.90	694.32	44.42
3	轮胎式装载机	2m^3	台班	545.35	677.75	132.40
4	履带式液压挖掘机	1m^3	台班	834.19	972.40	138.21
5	光轮压路机（内燃）	12t	台班	330.25	381.25	51.00
6	履带式柴油打桩机	3.5t	台班	1194.66	1150.07	−44.59
7	履带式起重机	15t	台班	553.51	642.74	89.23
8	履带式起重机	25t	台班	614.37	710.86	96.49
9	履带式起重机	40t	台班	1173.26	1293.10	119.84
10	履带式起重机	50t	台班	1630.57	1786.35	155.78
11	汽车式起重机	5t	台班	299.19	385.29	86.10
12	汽车式起重机	8t	台班	443.23	537.85	94.62
13	汽车式起重机	16t	台班	764.27	847.94	83.67
14	龙门式起重机	20t	台班	487.86	584.64	96.78
15	龙门式起重机	40t	台班	828.56	949.39	120.83
16	塔式起重机	6t	台班	499.45	508.48	9.03
17	塔式起重机	8t	台班	645.04	656.51	11.47

序号	机 械	规格	单位	定额单价	实际单价	价差
18	塔式起重机	3000t·m	台班	5830.13	5999.71	169.58
19	塔式起重机	4000t·m	台班	7077.91	7278.05	200.14
20	载重汽车	4t	台班	207.52	271.31	63.79
21	载重汽车	8t	台班	310.71	368.18	57.47
22	自卸汽车	4t	台班	310.23	303.83	13.60
23	自卸汽车	8t	台班	407.80	475.84	68.04
24	自卸汽车	12t	台班	549.28	647.86	98.58
25	平板拖车组	40t	台班	1078.25	1180.45	102.20
26	机动翻斗车	1t	台班	90.99	118.22	27.23
27	洒水车	4000L	台班	311.36	400.90	89.54
28	卷扬机	单筒快速 1t	台班	68.47	102.71	34.24
29	卷扬机	单筒慢速 3t	台班	77.76	111.38	33.62
30	皮带输送机	10m	台班	121.71	124.75	3.04
31	灰浆搅拌机	200L	台班	61.80	81.48	19.68
32	混凝土振捣器	插入式	台班	11.80	14.42	2.62
33	钢筋调直机	直径 14mm	台班	42.60	44.56	1.96
34	钢筋切断机	直径 40mm	台班	36.64	41.91	5.27
35	钢筋弯曲机	直径 40mm	台班	22.31	25.84	3.53
36	普通车床	400×2000	台班	95.87	99.61	3.74
37	井点喷射泵		台班	158.37	174.37	16.00
38	交流电焊机	21kVA	台班	48.30	59.78	11.48
39	交流电焊机	32kVA	台班	72.26	82.91	10.65
40	交流电焊机	40kVA	台班	96.56	118.96	22.40
41	对焊机	100kVA	台班	129.05	155.97	26.92
42	内燃空气压缩机	9.0m³	台班	375.44	517.92	142.48
43	爬模机	6000m²	台班	2000.00	2037.27	37.27
44	折臂塔式起重机	240t·m	台班	1670.46	1696.35	25.89
45	多级离心清水泵	150mm	台班	257.16	273.22	16.06

附表18 湖北省电力建设建筑工程施工机械台班价差调整表

单位：元

序号	机 械	规格	单位	定额单价	实际单价	价差
1	履带式推土机	75kW	台班	514.55	613.00	98.45
2	履带式推土机	90kW	台班	649.90	694.32	44.42
3	轮胎式装载机	2m³	台班	545.35	677.75	132.40
4	履带式液压挖掘机	1m³	台班	834.19	972.40	138.21
5	光轮压路机（内燃）	12t	台班	330.25	381.25	51.00
6	履带式柴油打桩机	3.5t	台班	1194.66	1150.07	−44.59
7	履带式起重机	15t	台班	553.51	642.74	89.23
8	履带式起重机	25t	台班	614.37	710.86	96.49
9	履带式起重机	40t	台班	1173.26	1293.10	119.84
10	履带式起重机	50t	台班	1630.57	1786.35	155.78
11	汽车式起重机	5t	台班	299.19	387.09	87.90
12	汽车式起重机	8t	台班	443.23	537.85	94.62
13	汽车式起重机	16t	台班	764.27	847.94	83.67
14	龙门式起重机	20t	台班	487.86	585.81	97.95
15	龙门式起重机	40t	台班	828.56	951.18	122.62
16	塔式起重机	6t	台班	499.45	508.79	9.34
17	塔式起重机	8t	台班	645.04	656.90	11.86
18	塔式起重机	3000t·m	台班	5830.13	6005.57	175.44
19	塔式起重机	4000t·m	台班	7077.91	7284.97	207.06
20	载重汽车	4t	台班	207.52	271.31	63.79
21	载重汽车	8t	台班	310.71	368.18	57.47
22	自卸汽车	4t	台班	310.23	303.83	13.60
23	自卸汽车	8t	台班	407.80	475.84	68.04
24	自卸汽车	12t	台班	549.28	647.86	98.58
25	平板拖车组	40t	台班	1078.25	1180.45	102.20

序号	机 械	规格	单位	定额单价	实际单价	价差
26	机动翻斗车	1t	台班	90.99	118.22	27.23
27	洒水车	4000L	台班	311.36	402.99	91.63
28	卷扬机	单筒快速 1t	台班	68.47	102.90	34.43
29	卷扬机	单筒慢速 3t	台班	77.76	111.56	33.80
30	皮带输送机	10m	台班	121.71	124.86	3.15
31	灰浆搅拌机	200L	台班	61.80	81.57	19.77
32	混凝土振捣器	插入式	台班	11.80	14.44	2.64
33	钢筋调直机	直径 14mm	台班	42.60	44.62	2.02
34	钢筋切断机	直径 40mm	台班	36.64	42.10	5.46
35	钢筋弯曲机	直径 40mm	台班	22.31	25.92	3.61
36	普通车床	400×2000	台班	95.87	99.74	3.87
37	井点喷射泵		台班	158.37	175.17	16.80
38	交流电焊机	21kVA	台班	48.30	60.12	11.82
39	交流电焊机	32kVA	台班	72.26	83.40	11.14
40	交流电焊机	40kVA	台班	96.56	119.73	23.17
41	对焊机	100kVA	台班	129.05	156.90	27.85
42	内燃空气压缩机	9.0m³	台班	375.44	517.92	142.48
43	爬模机	6000m²	台班	2000.00	2039.12	39.12
44	折臂塔式起重机	240t·m	台班	1670.46	1697.64	27.18
45	多级离心清水泵	150mm	台班	257.16	274.25	17.09

附表 19 湖南省电力建设建筑工程施工机械台班价差调整表

单位：元

序号	机 械	规格	单位	定额单价	实际单价	价差
1	履带式推土机	75kW	台班	514.55	604.64	90.09
2	履带式推土机	90kW	台班	649.90	685.55	35.65

序号	机 械	规格	单位	定额单价	实际单价	价差
3	轮胎式装载机	2m³	台班	545.35	667.65	122.30
4	履带式液压挖掘机	1m³	台班	834.19	962.65	128.46
5	光轮压路机（内燃）	12t	台班	330.25	376.28	46.03
6	履带式柴油打桩机	3.5t	台班	1194.66	1142.65	−52.01
7	履带式起重机	15t	台班	553.51	637.74	84.23
8	履带式起重机	25t	台班	614.37	704.24	89.87
9	履带式起重机	40t	台班	1173.26	1283.26	110.00
10	履带式起重机	50t	台班	1630.57	1772.72	142.15
11	汽车式起重机	5t	台班	299.19	391.86	92.67
12	汽车式起重机	8t	台班	443.23	533.45	90.22
13	汽车式起重机	16t	台班	764.27	842.39	78.12
14	龙门式起重机	20t	台班	487.86	587.88	100.02
15	龙门式起重机	40t	台班	828.56	954.34	125.78
16	塔式起重机	6t	台班	499.45	509.34	9.89
17	塔式起重机	8t	台班	645.04	657.60	12.56
18	塔式起重机	3000t·m	台班	5830.13	6015.89	185.76
19	塔式起重机	4000t·m	台班	7077.91	7297.15	219.24
20	载重汽车	4t	台班	207.52	266.49	58.97
21	载重汽车	8t	台班	310.71	362.68	51.97
22	自卸汽车	4t	台班	310.23	298.37	8.14
23	自卸汽车	8t	台班	407.80	469.51	61.71
24	自卸汽车	12t	台班	549.28	640.65	91.37
25	平板拖车组	40t	台班	1078.25	1171.58	93.33
26	机动翻斗车	1t	台班	90.99	117.28	26.29
27	洒水车	4000L	台班	311.36	408.51	97.15
28	卷扬机	单筒快速 1t	台班	68.47	103.23	34.76
29	卷扬机	单筒慢速 3t	台班	77.76	111.88	34.12
30	皮带输送机	10m	台班	121.71	125.04	3.33

序号	机　　械	规格	单位	定额单价	实际单价	价差
31	灰浆搅拌机	200L	台班	61.80	81.72	19.92
32	混凝土振捣器	插入式	台班	11.80	14.48	2.68
33	钢筋调直机	直径 14mm	台班	42.60	44.74	2.14
34	钢筋切断机	直径 40mm	台班	36.64	42.42	5.78
35	钢筋弯曲机	直径 40mm	台班	22.31	26.04	3.73
36	普通车床	400×2000	台班	95.87	99.97	4.10
37	井点喷射泵		台班	158.37	176.57	18.20
38	交流电焊机	21kVA	台班	48.30	60.73	12.43
39	交流电焊机	32kVA	台班	72.26	84.28	12.02
40	交流电焊机	40kVA	台班	96.56	121.09	24.53
41	对焊机	100kVA	台班	129.05	158.54	29.49
42	内燃空气压缩机	9.0m³	台班	375.44	509.95	134.51
43	爬模机	6000m²	台班	2000.00	2042.38	42.38
44	折臂塔式起重机	240t·m	台班	1670.46	1699.90	29.44
45	多级离心清水泵	150mm	台班	257.16	276.05	18.89

附表 20　江西省电力建设建筑工程施工机械台班价差调整表

单位：元

序号	机　　械	规格	单位	定额单价	实际单价	价差
1	履带式推土机	75kW	台班	514.55	613.64	99.09
2	履带式推土机	90kW	台班	649.90	695.00	45.10
3	轮胎式装载机	2m³	台班	545.35	678.52	133.17
4	履带式液压挖掘机	1m³	台班	834.19	973.15	138.96
5	光轮压路机（内燃）	12t	台班	330.25	381.63	51.38
6	履带式柴油打桩机	3.5t	台班	1194.66	1150.64	−44.02
7	履带式起重机	15t	台班	553.51	643.12	89.61

序号	机 械	规格	单位	定额单价	实际单价	价差
8	履带式起重机	25t	台班	614.37	711.37	97.00
9	履带式起重机	40t	台班	1173.26	1293.85	120.59
10	履带式起重机	50t	台班	1630.57	1787.40	156.83
11	汽车式起重机	5t	台班	299.19	385.63	86.44
12	汽车式起重机	8t	台班	443.23	537.22	93.99
13	汽车式起重机	16t	台班	764.27	846.45	82.18
14	龙门式起重机	20t	台班	487.86	611.13	123.27
15	龙门式起重机	40t	台班	828.56	989.75	161.19
16	塔式起重机	6t	台班	499.45	515.51	16.06
17	塔式起重机	8t	台班	645.04	665.43	20.39
18	塔式起重机	3000t·m	台班	5830.13	6131.73	301.60
19	塔式起重机	4000t·m	台班	7077.91	7433.87	355.96
20	载重汽车	4t	台班	207.52	271.28	63.76
21	载重汽车	8t	台班	310.71	367.80	57.09
22	自卸汽车	4t	台班	310.23	303.81	13.58
23	自卸汽车	8t	台班	407.80	475.46	67.66
24	自卸汽车	12t	台班	549.28	647.10	97.82
25	平板拖车组	40t	台班	1078.25	1175.65	97.40
26	机动翻斗车	1t	台班	90.99	118.19	27.20
27	洒水车	4000L	台班	311.36	401.59	90.23
28	卷扬机	单筒快速 1t	台班	68.47	106.92	38.45
29	卷扬机	单筒慢速 3t	台班	77.76	115.41	37.65
30	皮带输送机	10m	台班	121.71	127.12	5.41
31	灰浆搅拌机	200L	台班	61.80	83.42	21.62
32	混凝土振捣器	插入式	台班	11.80	14.93	3.13
33	钢筋调直机	直径 14mm	台班	42.60	46.08	3.48
34	钢筋切断机	直径 40mm	台班	36.64	46.02	9.38
35	钢筋弯曲机	直径 40mm	台班	22.31	27.48	5.17

序号	机　　械	规格	单位	定额单价	实际单价	价差
36	普通车床	400×2000	台班	95.87	102.52	6.65
37	井点喷射泵		台班	158.37	192.29	33.92
38	交流电焊机	21kVA	台班	48.30	67.49	19.19
39	交流电焊机	32kVA	台班	72.26	94.06	21.80
40	交流电焊机	40kVA	台班	96.56	136.39	39.83
41	对焊机	100kVA	台班	129.05	176.93	47.88
42	内燃空气压缩机	9.0m^3	台班	375.44	518.54	143.10
43	爬模机	6000m^2	台班	2000.00	2078.97	78.97
44	折臂塔式起重机	240t·m	台班	1670.46	1725.32	54.86
45	多级离心清水泵	150mm	台班	257.16	296.30	39.14

附表 21　四川省电力建设建筑工程施工机械台班价差调整表

单位：元

序号	机　　械	规格	单位	定额单价	实际单价	价差
1	履带式推土机	75kW	台班	514.55	606.57	92.02
2	履带式推土机	90kW	台班	649.90	687.58	37.68
3	轮胎式装载机	2m^3	台班	545.35	669.98	124.63
4	履带式液压挖掘机	1m^3	台班	834.19	964.90	130.71
5	光轮压路机（内燃）	12t	台班	330.25	377.43	47.18
6	履带式柴油打桩机	3.5t	台班	1194.66	1144.36	−50.30
7	履带式起重机	15t	台班	553.51	638.90	85.39
8	履带式起重机	25t	台班	614.37	705.77	91.40
9	履带式起重机	40t	台班	1173.26	1285.53	112.27
10	履带式起重机	50t	台班	1630.57	1775.86	145.29
11	汽车式起重机	5t	台班	299.19	387.15	87.96
12	汽车式起重机	8t	台班	443.23	533.50	90.27

序号	机 械	规格	单位	定额单价	实际单价	价差
13	汽车式起重机	16t	台班	764.27	841.75	77.48
14	龙门式起重机	20t	台班	487.86	602.38	114.52
15	龙门式起重机	40t	台班	828.56	976.42	147.86
16	塔式起重机	6t	台班	499.45	513.19	13.74
17	塔式起重机	8t	台班	645.04	662.49	17.45
18	塔式起重机	3000t·m	台班	5830.13	6088.13	258.00
19	塔式起重机	4000t·m	台班	7077.91	7382.41	304.50
20	载重汽车	4t	台班	207.52	267.20	59.68
21	载重汽车	8t	台班	310.71	363.15	52.44
22	自卸汽车	4t	台班	310.23	299.19	8.96
23	自卸汽车	8t	台班	407.80	470.10	62.30
24	自卸汽车	12t	台班	549.28	641.00	91.72
25	平板拖车组	40t	台班	1078.25	1168.14	89.89
26	机动翻斗车	1t	台班	90.99	117.40	26.41
27	洒水车	4000L	台班	311.36	403.35	91.99
28	卷扬机	单筒快速 1t	台班	68.47	105.53	37.06
29	卷扬机	单筒慢速 3t	台班	77.76	114.08	36.32
30	皮带输送机	10m	台班	121.71	126.34	4.63
31	灰浆搅拌机	200L	台班	61.80	82.78	20.98
32	混凝土振捣器	插入式	台班	11.80	14.76	2.96
33	钢筋调直机	直径 14mm	台班	42.60	45.58	2.98
34	钢筋切断机	直径 40mm	台班	36.64	44.67	8.03
35	钢筋弯曲机	直径 40mm	台班	22.31	26.94	4.63
36	普通车床	400×2000	台班	95.87	101.56	5.69
37	井点喷射泵		台班	158.37	186.37	28.00
38	交流电焊机	21kVA	台班	48.30	64.94	16.64
39	交流电焊机	32kVA	台班	72.26	90.38	18.12
40	交流电焊机	40kVA	台班	96.56	130.64	34.08

序号	机 械	规格	单位	定额单价	实际单价	价差
41	对焊机	100kVA	台班	129.05	170.01	40.96
42	内燃空气压缩机	9.0m³	台班	375.44	511.79	136.35
43	爬模机	6000m²	台班	2000.00	2065.20	65.20
44	折臂塔式起重机	240t·m	台班	1670.46	1715.75	45.29
45	多级离心清水泵	150mm	台班	257.16	288.68	31.52

附表22 重庆市电力建设建筑工程施工机械台班价差调整表

单位：元

序号	机 械	规格	单位	定额单价	实际单价	价差
1	履带式推土机	75kW	台班	514.55	605.93	91.38
2	履带式推土机	90kW	台班	649.90	686.90	37.00
3	轮胎式装载机	2m³	台班	545.35	669.21	123.86
4	履带式液压挖掘机	1m³	台班	834.19	964.15	129.96
5	光轮压路机（内燃）	12t	台班	330.25	377.05	46.80
6	履带式柴油打桩机	3.5t	台班	1194.66	1143.79	−50.87
7	履带式起重机	15t	台班	553.51	638.51	85.00
8	履带式起重机	25t	台班	614.37	705.26	90.89
9	履带式起重机	40t	台班	1173.26	1284.78	111.52
10	履带式起重机	50t	台班	1630.57	1774.82	144.25
11	汽车式起重机	5t	台班	299.19	389.07	89.88
12	汽车式起重机	8t	台班	443.23	533.16	89.93
13	汽车式起重机	16t	台班	764.27	841.33	77.06
14	龙门式起重机	20t	台班	487.86	574.50	86.64
15	龙门式起重机	40t	台班	828.56	933.95	105.39
16	塔式起重机	6t	台班	499.45	505.79	6.34
17	塔式起重机	8t	台班	645.04	653.09	8.05

序号	机械	规格	单位	定额单价	实际单价	价差
18	塔式起重机	3000t·m	台班	5830.13	5949.22	119.09
19	塔式起重机	4000t·m	台班	7077.91	7218.47	140.56
20	载重汽车	4t	台班	207.52	266.83	59.31
21	载重汽车	8t	台班	310.71	362.73	52.02
22	自卸汽车	4t	台班	310.23	298.77	8.54
23	自卸汽车	8t	台班	407.80	469.61	61.81
24	自卸汽车	12t	台班	549.28	640.45	91.17
25	平板拖车组	40t	台班	1078.25	1167.46	89.21
26	机动翻斗车	1t	台班	90.99	117.33	26.34
27	洒水车	4000L	台班	311.36	405.58	94.22
28	卷扬机	单筒快速 1t	台班	68.47	101.10	32.63
29	卷扬机	单筒慢速 3t	台班	77.76	109.84	32.08
30	皮带输送机	10m	台班	121.71	123.84	2.13
31	灰浆搅拌机	200L	台班	61.80	80.74	18.94
32	混凝土振捣器	插入式	台班	11.80	14.22	2.42
33	钢筋调直机	直径 14mm	台班	42.60	43.97	1.37
34	钢筋切断机	直径 40mm	台班	36.64	40.34	3.70
35	钢筋弯曲机	直径 40mm	台班	22.31	25.22	2.91
36	普通车床	400×2000	台班	95.87	98.50	2.63
37	井点喷射泵		台班	158.37	167.53	9.16
38	交流电焊机	21kVA	台班	48.30	56.83	8.53
39	交流电焊机	32kVA	台班	72.26	78.64	6.38
40	交流电焊机	40kVA	台班	96.56	112.29	15.73
41	对焊机	100kVA	台班	129.05	147.96	18.91
42	内燃空气压缩机	9.0m³	台班	375.44	511.18	135.74
43	爬模机	6000m²	台班	2000.00	2021.32	21.32
44	折臂塔式起重机	240t·m	台班	1670.46	1685.27	14.81
45	多级离心清水泵	150mm	台班	257.16	264.40	7.24

附表 23 陕西省电力建设建筑工程施工机械台班价差调整表

单位：元

序号	机　械	规格	单位	定额单价	实际单价	价差
1	履带式推土机	75kW	台班	514.55	614.28	99.73
2	履带式推土机	90kW	台班	649.90	695.67	45.77
3	轮胎式装载机	2m³	台班	545.35	679.30	133.95
4	履带式液压挖掘机	1m³	台班	834.19	973.90	139.71
5	光轮压路机（内燃）	12t	台班	330.25	382.01	51.76
6	履带式柴油打桩机	3.5t	台班	1194.66	1151.21	−43.45
7	履带式起重机	15t	台班	553.51	643.50	89.99
8	履带式起重机	25t	台班	614.37	711.88	97.51
9	履带式起重机	40t	台班	1173.26	1294.61	121.35
10	履带式起重机	50t	台班	1630.57	1788.45	157.88
11	汽车式起重机	5t	台班	299.19	383.84	84.65
12	汽车式起重机	8t	台班	443.23	537.56	94.33
13	汽车式起重机	16t	台班	764.27	846.87	82.60
14	龙门式起重机	20t	台班	487.86	574.25	86.39
15	龙门式起重机	40t	台班	828.56	933.56	105.00
16	塔式起重机	6t	台班	499.45	505.72	6.27
17	塔式起重机	8t	台班	645.04	653.01	7.97
18	塔式起重机	3000t·m	台班	5830.13	5947.94	117.81
19	塔式起重机	4000t·m	台班	7077.91	7216.95	139.04
20	载重汽车	4t	台班	207.52	271.65	64.13
21	载重汽车	8t	台班	310.71	368.22	57.51
22	自卸汽车	4t	台班	310.23	304.23	14.00
23	自卸汽车	8t	台班	407.80	475.95	68.15
24	自卸汽车	12t	台班	549.28	647.66	98.38
25	平板拖车组	40t	台班	1078.25	1176.33	98.08

序号	机　械	规格	单位	定额单价	实际单价	价差
26	机动翻斗车	1t	台班	90.99	118.27	27.28
27	洒水车	4000L	台班	311.36	399.51	88.15
28	卷扬机	单筒快速 1t	台班	68.47	101.06	32.59
29	卷扬机	单筒慢速 3t	台班	77.76	109.80	32.04
30	皮带输送机	10m	台班	121.71	123.82	2.11
31	灰浆搅拌机	200L	台班	61.80	80.72	18.92
32	混凝土振捣器	插入式	台班	11.80	14.22	2.42
33	钢筋调直机	直径 14mm	台班	42.60	43.96	1.36
34	钢筋切断机	直径 40mm	台班	36.64	40.30	3.66
35	钢筋弯曲机	直径 40mm	台班	22.31	25.20	2.89
36	普通车床	400×2000	台班	95.87	98.47	2.60
37	井点喷射泵		台班	158.37	167.35	8.98
38	交流电焊机	21kVA	台班	48.30	56.76	8.46
39	交流电焊机	32kVA	台班	72.26	78.53	6.27
40	交流电焊机	40kVA	台班	96.56	112.12	15.56
41	对焊机	100kVA	台班	129.05	147.75	18.70
42	内燃空气压缩机	9.0m^3	台班	375.44	519.15	143.71
43	爬模机	6000m^2	台班	2000.00	2020.91	20.91
44	折臂塔式起重机	240t·m	台班	1670.46	1684.99	14.53
45	多级离心清水泵	150mm	台班	257.16	264.17	7.01

附表24　甘肃省电力建设建筑工程施工机械台班价差调整表

单位：元

序号	机　械	规格	单位	定额单价	实际单价	价差
1	履带式推土机	75kW	台班	514.55	605.29	90.74
2	履带式推土机	90kW	台班	649.90	686.23	36.33

序号	机　械	规格	单位	定额单价	实际单价	价差
3	轮胎式装载机	2m³	台班	545.35	668.43	123.08
4	履带式液压挖掘机	1m³	台班	834.19	963.40	129.21
5	光轮压路机（内燃）	12t	台班	330.25	376.67	46.42
6	履带式柴油打桩机	3.5t	台班	1194.66	1143.22	−51.44
7	履带式起重机	15t	台班	553.51	638.13	84.62
8	履带式起重机	25t	台班	614.37	704.75	90.38
9	履带式起重机	40t	台班	1173.26	1284.02	110.76
10	履带式起重机	50t	台班	1630.57	1773.77	143.20
11	汽车式起重机	5t	台班	299.19	384.41	85.22
12	汽车式起重机	8t	台班	443.23	534.26	91.03
13	汽车式起重机	16t	台班	764.27	843.78	79.51
14	龙门式起重机	20t	台班	487.86	606.47	118.61
15	龙门式起重机	40t	台班	828.56	982.65	154.09
16	塔式起重机	6t	台班	499.45	514.27	14.82
17	塔式起重机	8t	台班	645.04	663.86	18.82
18	塔式起重机	3000t·m	台班	5830.13	6108.50	278.37
19	塔式起重机	4000t·m	台班	7077.91	7406.45	328.54
20	载重汽车	4t	台班	207.52	267.06	59.54
21	载重汽车	8t	台班	310.71	363.51	52.80
22	自卸汽车	4t	台班	310.23	299.01	8.78
23	自卸汽车	8t	台班	407.80	470.43	62.63
24	自卸汽车	12t	台班	549.28	641.86	92.58
25	平板拖车组	40t	台班	1078.25	1175.00	96.75
26	机动翻斗车	1t	台班	90.99	117.40	26.41
27	洒水车	4000L	台班	311.36	399.73	88.37
28	卷扬机	单筒快速 1t	台班	68.47	106.18	37.71
29	卷扬机	单筒慢速 3t	台班	77.76	114.70	36.94

序号	机　械	规格	单位	定额单价	实际单价	价差
30	皮带输送机	10m	台班	121.71	126.70	4.99
31	灰浆搅拌机	200L	台班	61.80	83.08	21.28
32	混凝土振捣器	插入式	台班	11.80	14.84	3.04
33	钢筋调直机	直径 14mm	台班	42.60	45.81	3.21
34	钢筋切断机	直径 40mm	台班	36.64	45.30	8.66
35	钢筋弯曲机	直径 40mm	台班	22.31	27.19	4.88
36	普通车床	400×2000	台班	95.87	102.01	6.14
37	井点喷射泵		台班	158.37	189.13	30.76
38	交流电焊机	21kVA	台班	48.30	66.13	17.83
39	交流电焊机	32kVA	台班	72.26	92.10	19.84
40	交流电焊机	40kVA	台班	96.56	133.33	36.77
41	对焊机	100kVA	台班	129.05	173.24	44.19
42	内燃空气压缩机	$9.0m^3$	台班	375.44	510.57	135.13
43	爬模机	$6000m^2$	台班	2000.00	2071.64	71.64
44	折臂塔式起重机	240t・m	台班	1670.46	1720.22	49.76
45	多级离心清水泵	150mm	台班	257.16	292.24	35.08

附表 25　宁夏电力建设建筑工程施工机械台班价差调整表

单位：元

序号	机　械	规格	单位	定额单价	实际单价	价差
1	履带式推土机	75kW	台班	514.55	591.79	77.24
2	履带式推土机	90kW	台班	649.90	672.07	22.17
3	轮胎式装载机	$2m^3$	台班	545.35	652.13	106.78
4	履带式液压挖掘机	$1m^3$	台班	834.19	947.65	113.46
5	光轮压路机（内燃）	12t	台班	330.25	368.64	38.39
6	履带式柴油打桩机	3.5t	台班	1194.66	1131.23	−63.43

序号	机　械	规格	单位	定额单价	实际单价	价差
7	履带式起重机	15t	台班	553.51	630.07	76.56
8	履带式起重机	25t	台班	614.37	694.06	79.69
9	履带式起重机	40t	台班	1173.26	1268.13	94.87
10	履带式起重机	50t	台班	1630.57	1751.74	121.17
11	汽车式起重机	5t	台班	299.19	377.97	78.78
12	汽车式起重机	8t	台班	443.23	525.72	82.49
13	汽车式起重机	16t	台班	764.27	831.94	67.67
14	龙门式起重机	20t	台班	487.86	564.18	76.32
15	龙门式起重机	40t	台班	828.56	918.23	89.67
16	塔式起重机	6t	台班	499.45	503.05	3.60
17	塔式起重机	8t	台班	645.04	649.62	4.58
18	塔式起重机	3000t·m	台班	5830.13	5897.80	67.67
19	塔式起重机	4000t·m	台班	7077.91	7157.77	79.86
20	载重汽车	4t	台班	207.52	258.67	51.15
21	载重汽车	8t	台班	310.71	353.43	42.72
22	自卸汽车	4t	台班	310.23	289.54	0.31
23	自卸汽车	8t	台班	407.80	458.89	51.09
24	自卸汽车	12t	台班	549.28	628.25	78.97
25	平板拖车组	40t	台班	1078.25	1152.43	74.18
26	机动翻斗车	1t	台班	90.99	115.75	24.76
27	洒水车	4000L	台班	311.36	392.72	81.36
28	卷扬机	单筒快速 1t	台班	68.47	99.46	30.99
29	卷扬机	单筒慢速 3t	台班	77.76	108.27	30.51
30	皮带输送机	10m	台班	121.71	122.92	1.21
31	灰浆搅拌机	200L	台班	61.80	79.99	18.19
32	混凝土振捣器	插入式	台班	11.80	14.02	2.22
33	钢筋调直机	直径 14mm	台班	42.60	43.38	0.78

序号	机械	规格	单位	定额单价	实际单价	价差
34	钢筋切断机	直径40mm	台班	36.64	38.74	2.10
35	钢筋弯曲机	直径40mm	台班	22.31	24.58	2.27
36	普通车床	400×2000	台班	95.87	97.36	1.49
37	井点喷射泵		台班	158.37	160.55	2.18
38	交流电焊机	21kVA	台班	48.30	53.83	5.53
39	交流电焊机	32kVA	台班	72.26	74.30	2.04
40	交流电焊机	40kVA	台班	96.56	105.50	8.94
41	对焊机	100kVA	台班	129.05	139.79	10.74
42	内燃空气压缩机	9.0m³	台班	375.44	497.69	122.25
43	爬模机	6000m²	台班	2000.00	2005.08	5.08
44	折臂塔式起重机	240t·m	台班	1670.46	1673.99	3.53
45	多级离心清水泵	150mm	台班	257.16	255.41	−1.75

附表26 青海省电力建设建筑工程施工机械台班价差调整表

单位：元

序号	机械	规格	单位	定额单价	实际单价	价差
1	履带式推土机	75kW	台班	514.55	607.21	92.66
2	履带式推土机	90kW	台班	649.90	688.25	38.35
3	轮胎式装载机	2m³	台班	545.35	670.76	125.41
4	履带式液压挖掘机	1m³	台班	834.19	965.65	131.46
5	光轮压路机（内燃）	12t	台班	330.25	377.81	47.56
6	履带式柴油打桩机	3.5t	台班	1194.66	1144.93	−49.73
7	履带式起重机	15t	台班	553.51	639.28	85.77
8	履带式起重机	25t	台班	614.37	706.28	91.91
9	履带式起重机	40t	台班	1173.26	1286.29	113.03
10	履带式起重机	50t	台班	1630.57	1776.91	146.34

序号	机 械	规格	单位	定额单价	实际单价	价差
11	汽车式起重机	5t	台班	299.19	384.67	85.48
12	汽车式起重机	8t	台班	443.23	533.84	90.61
13	汽车式起重机	16t	台班	764.27	842.18	77.91
14	龙门式起重机	20t	台班	487.86	557.67	69.81
15	龙门式起重机	40t	台班	828.56	908.31	79.75
16	塔式起重机	6t	台班	499.45	501.33	1.88
17	塔式起重机	8t	台班	645.04	647.42	2.38
18	塔式起重机	3000t·m	台班	5830.13	5865.35	35.22
19	塔式起重机	4000t·m	台班	7077.91	7119.48	41.57
20	载重汽车	4t	台班	207.52	267.57	60.05
21	载重汽车	8t	台班	310.71	363.57	52.86
22	自卸汽车	4t	台班	310.23	299.61	9.38
23	自卸汽车	8t	台班	407.80	470.59	62.79
24	自卸汽车	12t	台班	549.28	641.56	92.28
25	平板拖车组	40t	台班	1078.25	1168.82	90.57
26	机动翻斗车	1t	台班	90.99	117.48	26.49
27	洒水车	4000L	台班	311.36	400.48	89.12
28	卷扬机	单筒快速 1t	台班	68.47	98.43	29.96
29	卷扬机	单筒慢速 3t	台班	77.76	107.28	29.52
30	皮带输送机	10m	台班	121.71	122.34	0.63
31	灰浆搅拌机	200L	台班	61.80	79.51	17.71
32	混凝土振捣器	插入式	台班	11.80	13.90	2.10
33	钢筋调直机	直径14mm	台班	42.60	43.01	0.41
34	钢筋切断机	直径40mm	台班	36.64	37.74	1.10
35	钢筋弯曲机	直径40mm	台班	22.31	24.18	1.87
36	普通车床	400×2000	台班	95.87	96.65	0.78
37	井点喷射泵		台班	158.37	156.15	-2.22

序号	机　械	规格	单位	定额单价	实际单价	价差
38	交流电焊机	21kVA	台班	48.30	51.93	3.63
39	交流电焊机	32kVA	台班	72.26	71.56	−0.70
40	交流电焊机	40kVA	台班	96.56	101.21	4.65
41	对焊机	100kVA	台班	129.05	134.64	5.59
42	内燃空气压缩机	9.0m³	台班	375.44	512.41	136.97
43	爬模机	6000m²	台班	2000.00	1994.83	−5.17
44	折臂塔式起重机	240t·m	台班	1670.46	1666.87	−3.59
45	多级离心清水泵	150mm	台班	257.16	249.74	−7.42

附表 27　新疆电力建设建筑工程施工机械台班价差调整表

单位：元

序号	机　械	规格	单位	定额单价	实际单价	价差
1	履带式推土机	75kW	台班	514.55	596.29	81.74
2	履带式推土机	90kW	台班	649.90	676.79	26.89
3	轮胎式装载机	2m³	台班	545.35	657.56	112.21
4	履带式液压挖掘机	1m³	台班	834.19	952.90	118.71
5	光轮压路机（内燃）	12t	台班	330.25	371.32	41.07
6	履带式柴油打桩机	3.5t	台班	1194.66	1135.23	−59.43
7	履带式起重机	15t	台班	553.51	632.75	79.24
8	履带式起重机	25t	台班	614.37	697.63	83.26
9	履带式起重机	40t	台班	1173.26	1273.43	100.17
10	履带式起重机	50t	台班	1630.57	1759.08	128.51
11	汽车式起重机	5t	台班	299.19	383.01	83.82
12	汽车式起重机	8t	台班	443.23	528.09	84.86
13	汽车式起重机	16t	台班	764.27	834.92	70.65
14	龙门式起重机	20t	台班	487.86	558.10	70.24

序号	机　械	规格	单位	定额单价	实际单价	价差
15	龙门式起重机	40t	台班	828.56	908.97	80.41
16	塔式起重机	6t	台班	499.45	501.44	1.99
17	塔式起重机	8t	台班	645.04	647.57	2.53
18	塔式起重机	3000t·m	台班	5830.13	5867.49	37.36
19	塔式起重机	4000t·m	台班	7077.91	7122.00	44.09
20	载重汽车	4t	台班	207.52	261.27	53.75
21	载重汽车	8t	台班	310.71	356.39	45.68
22	自卸汽车	4t	台班	310.23	292.48	2.25
23	自卸汽车	8t	台班	407.80	462.30	54.50
24	自卸汽车	12t	台班	549.28	632.13	82.85
25	平板拖车组	40t	台班	1078.25	1157.21	78.96
26	机动翻斗车	1t	台班	90.99	116.26	25.27
27	洒水车	4000L	台班	311.36	398.55	87.19
28	卷扬机	单筒快速 1t	台班	68.47	98.50	30.03
29	卷扬机	单筒慢速 3t	台班	77.76	107.35	29.59
30	皮带输送机	10m	台班	121.71	122.38	0.67
31	灰浆搅拌机	200L	台班	61.80	79.54	17.74
32	混凝土振捣器	插入式	台班	11.80	13.90	2.10
33	钢筋调直机	直径 14mm	台班	42.60	43.03	0.43
34	钢筋切断机	直径 40mm	台班	36.64	37.80	1.16
35	钢筋弯曲机	直径 40mm	台班	22.31	24.20	1.89
36	普通车床	400×2000	台班	95.87	96.69	0.82
37	井点喷射泵		台班	158.37	156.44	-1.93
38	交流电焊机	21kVA	台班	48.30	52.06	3.76
39	交流电焊机	32kVA	台班	72.26	71.74	-0.52
40	交流电焊机	40kVA	台班	96.56	101.49	4.93
41	对焊机	100kVA	台班	129.05	134.98	5.93

序号	机　械	规格	单位	定额单价	实际单价	价差
42	内燃空气压缩机	9.0m³	台班	375.44	501.98	126.54
43	爬模机	6000m²	台班	2000.00	1995.50	−4.50
44	折臂塔式起重机	240t·m	台班	1670.46	1667.33	−3.13
45	多级离心清水泵	150mm	台班	257.16	250.11	−7.05

附表28　广东省电力建设建筑工程施工机械台班价差调整表

单位：元

序号	机　械	规格	单位	定额单价	实际单价	价差
1	履带式推土机	75kW	台班	514.55	620.71	106.16
2	履带式推土机	90kW	台班	649.90	702.41	52.51
3	轮胎式装载机	2m³	台班	545.35	687.07	141.72
4	履带式液压挖掘机	1m³	台班	834.19	981.40	147.21
5	光轮压路机（内燃）	12t	台班	330.25	385.83	55.58
6	履带式柴油打桩机	3.5t	台班	1194.66	1156.91	−37.75
7	履带式起重机	15t	台班	553.51	647.34	93.83
8	履带式起重机	25t	台班	614.37	716.97	102.60
9	履带式起重机	40t	台班	1173.26	1302.17	128.91
10	履带式起重机	50t	台班	1630.57	1798.94	168.37
11	汽车式起重机	5t	台班	299.19	400.58	101.39
12	汽车式起重机	8t	台班	443.23	542.39	99.16
13	汽车式起重机	16t	台班	764.27	854.02	89.75
14	龙门式起重机	20t	台班	487.86	583.74	95.88
15	龙门式起重机	40t	台班	828.56	948.03	119.47
16	塔式起重机	6t	台班	499.45	508.24	8.79
17	塔式起重机	8t	台班	645.04	656.20	11.16
18	塔式起重机	3000t·m	台班	5830.13	5995.25	165.12

序号	机　械	规格	单位	定额单价	实际单价	价差
19	塔式起重机	4000t·m	台班	7077.91	7272.79	194.88
20	载重汽车	4t	台班	207.52	275.95	68.43
21	载重汽车	8t	台班	310.71	373.65	62.94
22	自卸汽车	4t	台班	310.23	309.09	18.86
23	自卸汽车	8t	台班	407.80	482.13	74.33
24	自卸汽车	12t	台班	549.28	655.17	105.89
25	平板拖车组	40t	台班	1078.25	1191.39	113.14
26	机动翻斗车	1t	台班	90.99	119.13	28.14
27	洒水车	4000L	台班	311.36	418.47	107.11
28	卷扬机	单筒快速 1t	台班	68.47	102.57	34.10
29	卷扬机	单筒慢速 3t	台班	77.76	111.25	33.49
30	皮带输送机	10m	台班	121.71	124.67	2.96
31	灰浆搅拌机	200L	台班	61.80	81.42	19.62
32	混凝土振捣器	插入式	台班	11.80	14.40	2.60
33	钢筋调直机	直径 14mm	台班	42.60	44.50	1.90
34	钢筋切断机	直径 40mm	台班	36.64	41.78	5.14
35	钢筋弯曲机	直径 40mm	台班	22.31	25.79	3.48
36	普通车床	400×2000	台班	95.87	99.51	3.64
37	井点喷射泵		台班	158.37	173.77	15.40
38	交流电焊机	21kVA	台班	48.30	59.52	11.22
39	交流电焊机	32kVA	台班	72.26	82.53	10.27
40	交流电焊机	40kVA	台班	96.56	118.37	21.81
41	对焊机	100kVA	台班	129.05	155.26	26.21
42	内燃空气压缩机	9.0m³	台班	375.44	525.28	149.84
43	爬模机	6000m²	台班	2000.00	2035.86	35.86
44	折臂塔式起重机	240t·m	台班	1670.46	1695.37	24.91
45	多级离心清水泵	150mm	台班	257.16	272.44	15.28

附表 29　广西电力建设建筑工程施工机械台班价差调整表

单位：元

序号	机　械	规格	单位	定额单价	实际单价	价差
1	履带式推土机	75kW	台班	514.55	614.28	99.73
2	履带式推土机	90kW	台班	649.90	695.67	45.77
3	轮胎式装载机	2m³	台班	545.35	679.30	133.95
4	履带式液压挖掘机	1m³	台班	834.19	973.90	139.71
5	光轮压路机（内燃）	12t	台班	330.25	382.01	51.76
6	履带式柴油打桩机	3.5t	台班	1194.66	1151.21	−43.45
7	履带式起重机	15t	台班	553.51	643.50	89.99
8	履带式起重机	25t	台班	614.37	711.88	97.51
9	履带式起重机	40t	台班	1173.26	1294.61	121.35
10	履带式起重机	50t	台班	1630.57	1788.45	157.88
11	汽车式起重机	5t	台班	299.19	389.04	89.85
12	汽车式起重机	8t	台班	443.23	537.56	94.33
13	汽车式起重机	16t	台班	764.27	846.87	82.60
14	龙门式起重机	20t	台班	487.86	587.88	100.02
15	龙门式起重机	40t	台班	828.56	954.34	125.78
16	塔式起重机	6t	台班	499.45	509.34	9.89
17	塔式起重机	8t	台班	645.04	657.60	12.56
18	塔式起重机	3000t·m	台班	5830.13	6015.89	185.76
19	塔式起重机	4000t·m	台班	7077.91	7297.15	219.24
20	载重汽车	4t	台班	207.52	271.65	64.13
21	载重汽车	8t	台班	310.71	368.22	57.51
22	自卸汽车	4t	台班	310.23	304.23	14.00
23	自卸汽车	8t	台班	407.80	475.95	68.15
24	自卸汽车	12t	台班	549.28	647.66	98.38
25	平板拖车组	40t	台班	1078.25	1176.33	98.08
26	机动翻斗车	1t	台班	90.99	118.27	27.28

404

序号	机　　械	规格	单位	定额单价	实际单价	价差
27	洒水车	4000L	台班	311.36	405.54	94.18
28	卷扬机	单筒快速 1t	台班	68.47	103.23	34.76
29	卷扬机	单筒慢速 3t	台班	77.76	111.88	34.12
30	皮带输送机	10m	台班	121.71	125.04	3.33
31	灰浆搅拌机	200L	台班	61.80	81.72	19.92
32	混凝土振捣器	插入式	台班	11.80	14.48	2.68
33	钢筋调直机	直径 14mm	台班	42.60	44.74	2.14
34	钢筋切断机	直径 40mm	台班	36.64	42.42	5.78
35	钢筋弯曲机	直径 40mm	台班	22.31	26.04	3.73
36	普通车床	400×2000	台班	95.87	99.97	4.10
37	井点喷射泵		台班	158.37	176.57	18.20
38	交流电焊机	21kVA	台班	48.30	60.73	12.43
39	交流电焊机	32kVA	台班	72.26	84.28	12.02
40	交流电焊机	40kVA	台班	96.56	121.09	24.53
41	对焊机	100kVA	台班	129.05	158.54	29.49
42	内燃空气压缩机	9.0m³	台班	375.44	519.15	143.71
43	爬模机	6000m²	台班	2000.00	2042.38	42.38
44	折臂塔式起重机	240t·m	台班	1670.46	1699.90	29.44
45	多级离心清水泵	150mm	台班	257.16	276.05	18.89

附表 30　贵州省电力建设建筑工程施工机械台班价差调整表

单位：元

序号	机　　械	规格	单位	定额单价	实际单价	价差
1	履带式推土机	75kW	台班	514.55	607.86	93.31
2	履带式推土机	90kW	台班	649.90	688.93	39.03
3	轮胎式装载机	2m³	台班	545.35	671.54	126.19

序号	机　械	规格	单位	定额单价	实际单价	价差
4	履带式液压挖掘机	1m³	台班	834.19	966.40	132.21
5	光轮压路机（内燃）	12t	台班	330.25	378.19	47.94
6	履带式柴油打桩机	3.5t	台班	1194.66	1145.50	−49.16
7	履带式起重机	15t	台班	553.51	639.66	86.15
8	履带式起重机	25t	台班	614.37	706.79	92.42
9	履带式起重机	40t	台班	1173.26	1287.04	113.78
10	履带式起重机	50t	台班	1630.57	1777.96	147.39
11	汽车式起重机	5t	台班	299.19	391.38	92.19
12	汽车式起重机	8t	台班	443.23	534.18	90.95
13	汽车式起重机	16t	台班	764.27	842.61	78.34
14	龙门式起重机	20t	台班	487.86	575.46	87.60
15	龙门式起重机	40t	台班	828.56	935.41	106.85
16	塔式起重机	6t	台班	499.45	506.04	6.59
17	塔式起重机	8t	台班	645.04	653.41	8.37
18	塔式起重机	3000t·m	台班	5830.13	5953.97	123.84
19	塔式起重机	4000t·m	台班	7077.91	7224.07	146.16
20	载重汽车	4t	台班	207.52	267.94	60.42
21	载重汽车	8t	台班	310.71	364.00	53.29
22	自卸汽车	4t	台班	310.23	300.03	9.80
23	自卸汽车	8t	台班	407.80	471.07	63.27
24	自卸汽车	12t	台班	549.28	642.11	92.83
25	平板拖车组	40t	台班	1078.25	1169.51	91.26
26	机动翻斗车	1t	台班	90.99	117.55	26.56
27	洒水车	4000L	台班	311.36	408.25	96.89
28	卷扬机	单筒快速 1t	台班	68.47	101.25	32.78
29	卷扬机	单筒慢速 3t	台班	77.76	109.99	32.23
30	皮带输送机	10m	台班	121.71	123.93	2.22

序号	机　　　械	规格	单位	定额单价	实际单价	价差
31	灰浆搅拌机	200L	台班	61.80	80.81	19.01
32	混凝土振捣器	插入式	台班	11.80	14.24	2.44
33	钢筋调直机	直径 14mm	台班	42.60	44.03	1.43
34	钢筋切断机	直径 40mm	台班	36.64	40.49	3.85
35	钢筋弯曲机	直径 40mm	台班	22.31	25.28	2.97
36	普通车床	400×2000	台班	95.87	98.60	2.73
37	井点喷射泵		台班	158.37	168.17	9.80
38	交流电焊机	21kVA	台班	48.30	57.11	8.81
39	交流电焊机	32kVA	台班	72.26	79.04	6.78
40	交流电焊机	40kVA	台班	96.56	112.92	16.36
41	对焊机	100kVA	台班	129.05	148.71	19.66
42	内燃空气压缩机	$9.0m^3$	台班	375.44	513.02	137.58
43	爬模机	$6000m^2$	台班	2000.00	2022.82	22.82
44	折臂塔式起重机	240t・m	台班	1670.46	1686.31	15.85
45	多级离心清水泵	150mm	台班	257.16	265.23	8.07

附表 31　云南省电力建设建筑工程施工机械台班价差调整表

单位：元

序号	机　　　械	规格	单位	定额单价	实际单价	价差
1	履带式推土机	75kW	台班	514.55	616.86	102.31
2	履带式推土机	90kW	台班	649.90	698.37	48.47
3	轮胎式装载机	$2m^3$	台班	545.35	682.41	137.06
4	履带式液压挖掘机	$1m^3$	台班	834.19	976.90	142.71
5	光轮压路机（内燃）	12t	台班	330.25	383.54	53.29
6	履带式柴油打桩机	3.5t	台班	1194.66	1153.49	−41.17
7	履带式起重机	15t	台班	553.51	645.04	91.53

序号	机　　械	规格	单位	定额单价	实际单价	价差
8	履带式起重机	25t	台班	614.37	713.91	99.54
9	履带式起重机	40t	台班	1173.26	1297.63	124.37
10	履带式起重机	50t	台班	1630.57	1792.65	162.08
11	汽车式起重机	5t	台班	299.19	390.54	91.35
12	汽车式起重机	8t	台班	443.23	538.92	95.69
13	汽车式起重机	16t	台班	764.27	848.58	84.31
14	龙门式起重机	20t	台班	487.86	579.60	91.74
15	龙门式起重机	40t	台班	828.56	941.72	113.16
16	塔式起重机	6t	台班	499.45	507.14	7.69
17	塔式起重机	8t	台班	645.04	654.81	9.77
18	塔式起重机	3000t·m	台班	5830.13	5974.61	144.48
19	塔式起重机	4000t·m	台班	7077.91	7248.43	170.52
20	载重汽车	4t	台班	207.52	273.13	65.61
21	载重汽车	8t	台班	310.71	369.91	59.20
22	自卸汽车	4t	台班	310.23	305.91	15.68
23	自卸汽车	8t	台班	407.80	477.89	70.09
24	自卸汽车	12t	台班	549.28	649.88	100.60
25	平板拖车组	40t	台班	1078.25	1179.07	100.82
26	机动翻斗车	1t	台班	90.99	118.55	27.56
27	洒水车	4000L	台班	311.36	407.27	95.91
28	卷扬机	单筒快速 1t	台班	68.47	101.91	33.44
29	卷扬机	单筒慢速 3t	台班	77.76	110.62	32.86
30	皮带输送机	10m	台班	121.71	124.30	2.59
31	灰浆搅拌机	200L	台班	61.80	81.12	19.32
32	混凝土振捣器	插入式	台班	11.80	14.32	2.52
33	钢筋调直机	直径 14mm	台班	42.60	44.27	1.67
34	钢筋切断机	直径 40mm	台班	36.64	41.13	4.49

序号	机　　械	规格	单位	定额单价	实际单价	价差
35	钢筋弯曲机	直径40mm	台班	22.31	25.53	3.22
36	普通车床	400×2000	台班	95.87	99.06	3.19
37	井点喷射泵		台班	158.37	170.97	12.60
38	交流电焊机	21kVA	台班	48.30	58.31	10.01
39	交流电焊机	32kVA	台班	72.26	80.79	8.53
40	交流电焊机	40kVA	台班	96.56	115.64	19.08
41	对焊机	100kVA	台班	129.05	151.99	22.94
42	内燃空气压缩机	9.0m^3	台班	375.44	521.60	146.16
43	爬模机	6000m^2	台班	2000.00	2029.34	29.34
44	折臂塔式起重机	240t·m	台班	1670.46	1690.84	20.38
45	多级离心清水泵	150mm	台班	257.16	268.84	11.68

附表32　海南省电力建设建筑工程施工机械台班价差调整表

单位：元

序号	机　　械	规格	单位	定额单价	实际单价	价差
1	履带式推土机	75kW	台班	514.55	614.93	100.38
2	履带式推土机	90kW	台班	649.90	696.34	46.44
3	轮胎式装载机	2m^3	台班	545.35	680.08	134.73
4	履带式液压挖掘机	1m^3	台班	834.19	974.65	140.46
5	光轮压路机（内燃）	12t	台班	330.25	382.40	52.15
6	履带式柴油打桩机	3.5t	台班	1194.66	1151.78	−42.88
7	履带式起重机	15t	台班	553.51	643.89	90.38
8	履带式起重机	25t	台班	614.37	712.39	98.02
9	履带式起重机	40t	台班	1173.26	1295.37	122.11
10	履带式起重机	50t	台班	1630.57	1789.50	158.93
11	汽车式起重机	5t	台班	299.19	421.08	121.89

序号	机　械	规格	单位	定额单价	实际单价	价差
12	汽车式起重机	8t	台班	443.23	537.90	94.67
13	汽车式起重机	16t	台班	764.27	847.30	83.03
14	龙门式起重机	20t	台班	487.86	585.81	97.95
15	龙门式起重机	40t	台班	828.56	951.18	122.62
16	塔式起重机	6t	台班	499.45	508.79	9.34
17	塔式起重机	8t	台班	645.04	656.90	11.86
18	塔式起重机	3000t·m	台班	5830.13	6005.57	175.44
19	塔式起重机	4000t·m	台班	7077.91	7284.97	207.06
20	载重汽车	4t	台班	207.52	272.02	64.50
21	载重汽车	8t	台班	310.71	368.64	57.93
22	自卸汽车	4t	台班	310.23	304.65	14.42
23	自卸汽车	8t	台班	407.80	476.43	68.63
24	自卸汽车	12t	台班	549.28	648.21	98.93
25	平板拖车组	40t	台班	1078.25	1177.02	98.77
26	机动翻斗车	1t	台班	90.99	118.34	27.35
27	洒水车	4000L	台班	311.36	442.66	131.30
28	卷扬机	单筒快速 1t	台班	68.47	102.90	34.43
29	卷扬机	单筒慢速 3t	台班	77.76	111.56	33.80
30	皮带输送机	10m	台班	121.71	124.86	3.15
31	灰浆搅拌机	200L	台班	61.80	81.57	19.77
32	混凝土振捣器	插入式	台班	11.80	14.44	2.64
33	钢筋调直机	直径 14mm	台班	42.60	44.62	2.02
34	钢筋切断机	直径 40mm	台班	36.64	42.10	5.46
35	钢筋弯曲机	直径 40mm	台班	22.31	25.92	3.61
36	普通车床	400×2000	台班	95.87	99.74	3.87
37	井点喷射泵		台班	158.37	175.17	16.80
38	交流电焊机	21kVA	台班	48.30	60.12	11.82

序号	机　械	规格	单位	定额单价	实际单价	价差
39	交流电焊机	32kVA	台班	72.26	83.40	11.14
40	交流电焊机	40kVA	台班	96.56	119.73	23.17
41	对焊机	100kVA	台班	129.05	156.90	27.85
42	内燃空气压缩机	9.0m^3	台班	375.44	519.76	144.32
43	爬模机	6000m^2	台班	2000.00	2039.12	39.12
44	折臂塔式起重机	240t·m	台班	1670.46	1697.64	27.18
45	多级离心清水泵	150mm	台班	257.16	274.25	17.09

12. 关于发布 20kV 及以下配电网工程预算定额 2015 年下半年价格水平调整系数的通知

定额〔2015〕46 号

各有关单位：

依据《20kV 及以下配电网工程预算定额价格水平调整办法》（电定总造〔2009〕34 号），电力工程造价与定额管理总站根据各地区的实际情况，完成了 20kV 及以下配电网工程预算定额 2015 年下半年价格水平调整系数的测算工作，现予发布，请遵照执行。

在编制建设预算时，根据本次调整系数计算的人工费、材料和施工机械费价差只计取税金，汇总计入"编制年价差"。该价差应作为建筑、安装工程费的组成部分。

附件：1. 20kV 及以下配电网工程定额人工费调整系数汇总表

2. 20kV 及以下配电网工程定额材机调整系数汇总表

电力工程造价与定额管理总站（印）

2015 年 12 月 14 日

附件 1：

20kV 及以下配电网工程定额
人工费调整系数汇总表

单位：%

省份或地区	调整系数法（%）		备注
	建筑工程调整系数	安装工程调整系数	
北京	20.55	18.61	
天津	14.66	13.74	
河北南部	12.79	11.39	
河北北部	14.45	12.86	
山西	12.25	11.10	
山东	13.32	12.07	
内蒙古东部	12.14	11.01	
内蒙古西部	11.86	10.36	
辽宁	14.01	12.71	
吉林	13.35	12.09	
黑龙江	11.66	10.14	
上海	17.82	16.15	
江苏	16.23	14.70	
浙江	16.81	15.21	
安徽	12.80	11.48	
福建	15.65	14.34	
河南	11.44	10.14	
湖北	13.27	12.01	

省份或地区	调整系数法（%）		备注
	建筑工程调整系数	安装工程调整系数	
湖南	14.48	13.10	
江西	13.48	12.30	
四川	12.90	11.92	
重庆	12.83	11.64	
陕西	15.85	14.39	
甘肃	14.61	13.27	
宁夏	14.53	13.15	
青海	16.50	14.96	
新疆	21.08	19.11	
广东	21.97	19.89	广州、深圳
	18.53	16.79	佛山、珠海、江门、东莞、中山、惠州、汕头
	15.14	14.14	其他地区
广西	11.17	9.99	
云南	11.96	10.71	
贵州	13.34	12.18	
海南	10.62	9.94	

20kV 及以下配电网工程定额
材机调整系数汇总表

单位：%

省份或地区	工程类别	配电站（开关站）工程	架空线路工程	电缆线路工程	通信与调度自动化
北京	建筑	16.33	13.39	18.77	
	安装	29.42	17.59	28.72	14.73
天津	建筑	14.22	11.67	16.28	
	安装	24.36	17.19	19.93	10.85
河北南部	建筑	11.90	10.97	14.82	
	安装	19.18	15.99	20.43	8.97
河北北部	建筑	12.42	11.45	15.47	
	安装	20.02	16.70	21.35	9.39
山西	建筑	12.57	10.53	13.07	
	安装	16.83	15.31	26.22	8.91
山东	建筑	12.14	11.33	15.91	
	安装	20.91	13.80	17.23	13.50
内蒙古东部	建筑	13.25	12.99	14.52	
	安装	17.46	18.78	20.60	10.36
内蒙古西部	建筑	12.90	12.33	14.48	
	安装	16.61	14.51	16.27	10.12
辽宁	建筑	13.28	11.85	15.71	
	安装	18.93	20.91	22.00	13.31

省份或地区	工程类别	配电站（开关站）工程	架空线路工程	电缆线路工程	通信与调度自动化
吉林	建筑	12.18	10.22	15.13	
	安装	20.63	14.98	22.00	11.37
黑龙江	建筑	12.28	9.89	15.92	
	安装	21.21	12.42	25.16	11.37
上海	建筑	15.15	12.78	17.65	
	安装	27.45	23.16	27.14	13.08
江苏	建筑	9.23	10.62	14.21	
	安装	14.55	18.07	19.60	10.40
浙江	建筑	8.49	9.93	10.79	
	安装	13.70	16.54	17.16	9.81
安徽	建筑	11.61	13.22	9.67	
	安装	16.53	13.96	21.03	11.25
福建	建筑	12.24	12.87	13.28	
	安装	22.45	16.74	17.41	9.80
河南	建筑	10.12	12.04	16.30	
	安装	17.54	17.92	17.21	9.09
湖北	建筑	14.00	14.06	11.58	
	安装	20.07	15.80	19.20	10.97
湖南	建筑	14.45	13.49	14.74	
	安装	20.18	16.79	20.24	7.06
江西	建筑	10.55	11.76	13.24	
	安装	15.42	14.10	11.00	9.15
四川	建筑	14.36	12.42	14.84	
	安装	23.10	17.42	22.56	10.08
重庆	建筑	14.15	11.81	14.65	
	安装	22.92	18.60	21.50	10.47

省份或地区	工程类别	配电站（开关站）工程	架空线路工程	电缆线路工程	通信与调度自动化
陕西	建筑	9.54	10.90	17.75	
	安装	23.42	13.70	26.40	11.43
甘肃	建筑	9.50	10.68	13.80	
	安装	19.57	12.63	24.48	7.17
宁夏	建筑	12.04	11.43	15.12	
	安装	21.30	15.32	24.83	9.32
青海	建筑	15.46	11.94	17.95	
	安装	27.11	18.04	27.24	10.46
新疆	建筑	14.72	12.07	16.11	
	安装	26.02	16.66	27.41	12.31
广东	建筑	14.53	14.89	15.93	
	安装	28.34	21.89	24.81	15.45
广西	建筑	9.07	9.89	13.28	
	安装	18.54	15.34	20.81	9.69
云南	建筑	12.19	11.13	11.88	
	安装	14.85	12.98	15.78	10.91
贵州	建筑	13.01	11.45	12.74	
	安装	14.87	14.10	18.77	8.98
海南	建筑	12.15	8.95	11.48	
	安装	12.94	14.66	11.83	10.70

13. 关于发布 2015 版电网技术改造和检修工程概预算定额 2015 年下半年价格水平调整系数的通知

定额〔2015〕47 号

各有关单位：

依据《电网技术改造及检修工程概预算定额价格水平调整办法》（定额〔2015〕34 号），电力工程造价与定额管理总站根据各地区的实际情况，完成了电网技术改造和检修工程定额 2015 年下半年价格水平调整系数的测算工作，现予发布，请遵照执行。

在编制建设预算时，根据本次调整系数计算的人工费、材料和施工机械费价差只计取税金，汇总计入"编制基准期价差"。该价差应作为建筑、安装工程费的组成部分。

附件：1. 电网技术改造和检修工程定额人工费调整系数汇总表

2. 电网技术改造和检修建筑（修缮）工程定额材机调整系数汇总表

3. 电网技术改造和检修安装（设备检修）工程定额材机调整系数汇总表

电力工程造价与定额管理总站（印）

2015 年 12 月 14 日

电网技术改造和检修工程定额
人工费调整系数汇总表

单位：%

省份或地区	建筑（修缮）工程	安装（设备检修）工程	备注
北京	12.69	11.50	
天津	7.38	6.91	
河北南部	5.28	4.70	
河北北部	6.84	6.09	
山西	4.89	4.43	
山东	5.90	5.34	
内蒙古东部	4.80	4.35	
内蒙古西部	4.28	3.74	
辽宁	6.55	5.94	
吉林	5.92	5.36	
黑龙江	4.06	3.53	
上海	10.13	9.18	
江苏	8.63	7.81	
浙江	9.17	8.30	
安徽	5.35	4.79	
福建	8.17	7.48	
河南	3.99	3.53	
湖北	5.84	5.29	
湖南	6.98	6.31	

省份或地区	建筑（修缮）工程	安装（设备检修）工程	备注
江西	6.09	5.56	
四川	5.64	5.21	
重庆	5.44	4.94	
陕西	8.29	7.52	
甘肃	7.12	6.47	
宁夏	7.03	6.36	
青海	8.89	8.06	
新疆	13.19	11.96	
西藏	18.10	16.39	
广东	14.02	12.70	广州、深圳
	10.80	9.78	佛山、珠海、江门、东莞、中山、惠州、汕头
	7.81	7.29	其他地区
广西	3.79	3.39	
云南	4.54	4.07	
贵州	5.97	5.45	
海南	3.58	3.35	

附件 2:

电网技术改造和检修建筑（修缮）工程定额材机调整系数汇总表

单位：%

省份或地区	技术改造工程	拆除工程	检修工程
北京	−1.60	−0.83	−1.17
天津	−1.42	−0.74	−1.04
河北南部	−1.70	−0.88	−1.24
河北北部	−1.78	−0.93	−1.30
山西	−1.57	−0.82	−1.14
山东	−1.88	−0.98	−1.37
内蒙古东部	−1.58	−0.82	−1.16
内蒙古西部	−1.38	−0.72	−1.01
辽宁	−2.24	−1.16	−1.63
吉林	−2.00	−1.04	−1.46
黑龙江	−1.82	−0.95	−1.33
上海	−2.42	−1.26	−1.77
江苏	−1.84	−0.96	−1.35
浙江	−1.71	−0.89	−1.25
安徽	−2.18	−1.13	−1.59
福建	−2.08	−1.08	−1.52
河南	−1.76	−0.91	−1.28
湖北	−2.39	−1.24	−1.75
湖南	−2.33	−1.21	−1.70

省份或地区	技术改造工程	拆除工程	检修工程
江西	−1.66	−0.86	−1.21
四川	−2.01	−1.05	−1.47
重庆	−1.93	−1.01	−1.41
陕西	−1.91	−0.99	−1.39
甘肃	−1.78	−0.93	−1.30
宁夏	−2.05	−1.06	−1.49
青海	−2.23	−1.16	−1.62
新疆	−2.37	−1.23	−1.73
西藏	−3.16	−1.65	−2.31
广东	−2.24	−1.17	−1.64
广西	−1.36	−0.71	−1.00
云南	−1.14	−0.59	−0.83
贵州	−0.96	−0.50	−0.70
海南	−1.36	−0.71	−1.00

附件3：

电网技术改造和检修安装（设备检修）工程
定额材机调整系数汇总表

单位：%

省份或地区		工程类别	20kV 及以下	110kV 及以下	220kV	330kV/ 500kV	750kV	1000kV
北京	技术改造工程	变电	−3.77	−3.62	−3.48	−3.60	−3.33	
		架空线路	−2.31	−2.17	−2.04	−1.56	−1.57	
		电缆线路	−3.56	−3.73	−3.90	−4.08		
		通信站	−2.39					
		通信线路	−2.03					
	拆除工程	变电	−1.90					
		架空线路	−1.11					
		电缆线路	−1.79					
	检修工程	变电	−2.15	−2.61	−3.16	−1.40	−1.31	
		架空线路	−1.60	−1.52	−1.44	−1.16	−1.08	.
		电缆线路	−2.92	−2.65	−2.40	−2.17		
		通信站	−1.68					
		通信线路	−1.38					
天津	技术改造工程	变电	−3.36	−3.21	−3.07	−2.72	−2.49	−2.28
		架空线路	−1.90	−1.93	−1.96	−1.51	−1.38	−1.25
		电缆线路	−4.08	−4.01	−3.94	−3.87		
		通信站	−2.12					
		通信线路	−1.80					

省份或地区	工程类别		20kV 及以下	110kV 及以下	220kV	330kV/ 500kV	750kV	1000kV
天津	拆除 工程	变电			−1.68			
		架空线路			−0.98			
		电缆线路			−1.92			
	检修 工程	变电	−1.96	−2.31	−2.73	−1.21	−1.39	−1.59
		架空线路	−1.36	−1.35	−1.34	−1.04	−0.88	−0.75
		电缆线路	−3.01	−2.85	−2.69	−2.54		
		通信站			−1.49			
		通信线路			−1.23			
河北 南部	技术改 造工程	变电	−4.06	−3.84	−3.63	−2.98	−1.80	−1.08
		架空线路	−2.51	−2.30	−2.12	−1.87	−1.55	−1.29
		电缆线路	−4.06	−3.95	−3.85	−3.75		
		通信站			−2.53			
		通信线路			−2.15			
	拆除 工程	变电			−2.01			
		架空线路			−1.18			
		电缆线路			−1.89			
	检修 工程	变电	−2.70	−2.77	−2.83	−2.16	−0.76	−0.26
		架空线路	−1.86	−1.61	−1.40	−1.13	−1.05	−0.98
		电缆线路	−2.89	−2.80	−2.72	−2.64		
		通信站			−1.79			
		通信线路			−1.47			
河北 北部	技术改 造工程	变电	−4.26	−4.03	−3.81	−3.13	−2.37	−1.80
		架空线路	−2.64	−2.42	−2.22	−1.96	−1.59	−1.29
		电缆线路	−4.26	−4.14	−4.04	−3.93		
		通信站			−2.66			
		通信线路			−2.26			

省份或地区	工程类别		20kV及以下	110kV及以下	220kV	330kV/500kV	750kV	1000kV
河北北部	拆除工程	变电	-2.11					
		架空线路	-1.23					
		电缆线路	-1.99					
	检修工程	变电	-2.84	-2.90	-2.97	-2.26	-0.89	-0.35
		架空线路	-1.96	-1.69	-1.46	-1.18	-0.94	-0.75
		电缆线路	-3.03	-2.94	-2.86	-2.77		
		通信站	-1.87					
		通信线路	-1.54					
山西	技术改造工程	变电	-3.64	-3.55	-3.46	-2.57	-1.74	-1.18
		架空线路	-2.44	-2.13	-1.86	-1.76	-1.61	-1.47
		电缆线路	-3.86	-3.60	-3.35	-3.12		
		通信站	-2.34					
		通信线路	-1.99					
	拆除工程	变电	-1.86					
		架空线路	-1.09					
		电缆线路	-1.72					
	检修工程	变电	-2.27	-2.55	-2.87	-1.92	-1.35	-0.94
		架空线路	-1.49	-1.49	-1.49	-1.38	-1.31	-1.25
		电缆线路	-2.68	-2.55	-2.43	-2.32		
		通信站	-1.65					
		通信线路	-1.35					
山东	技术改造工程	变电	-4.45	-4.26	-4.07	-2.12	-2.66	-3.33
		架空线路	-3.01	-2.55	-2.17	-1.85	-1.51	-1.24
		电缆线路	-3.55	-3.68	-3.80	-3.93		
		通信站	-2.81					
		通信线路	-2.39					

省份或地区		工程类别	20kV及以下	110kV及以下	220kV	330kV/500kV	750kV	1000kV
山东	拆除工程	变电	-2.23					
		架空线路	-1.30					
		电缆线路	-1.76					
	检修工程	变电	-2.89	-3.06	-3.25	-2.78	-2.68	-2.58
		架空线路	-2.00	-1.79	-1.60	-1.27	-0.91	-0.66
		电缆线路	-3.02	-2.61	-2.26	-1.95		
		通信站	-1.98					
		通信线路	-1.62					
内蒙古东部	技术改造工程	变电	-3.79	-3.58	-3.39	-2.63	-3.68	-5.16
		架空线路	-2.99	-2.15	-1.55	-1.15	-1.42	-1.74
		电缆线路	-3.52	-3.48	-3.43	-3.39		
		通信站	-2.36					
		通信线路	-2.01					
	拆除工程	变电	-1.88					
		架空线路	-1.10					
		电缆线路	-1.67					
	检修工程	变电	-2.78	-2.58	-2.40	-1.94	-1.12	-0.65
		架空线路	-1.30	-1.50	-1.74	-1.65	-1.38	-1.16
		电缆线路	-1.66	-2.47	-3.67	-5.44		
		通信站	-1.67					
		通信线路	-1.37					
内蒙古西部	技术改造工程	变电	-3.27	-3.13	-3.00	-2.39	-1.92	-1.54
		架空线路	-1.99	-1.88	-1.78	-1.42	-1.14	-0.92
		电缆线路	-3.49	-3.39	-3.29	-3.20		
		通信站	-2.07					
		通信线路	-1.76					

省份或地区	工程类别		20kV及以下	110kV及以下	220kV	330kV/500kV	750kV	1000kV
内蒙古西部	拆除工程	变电	−1.64					
		架空线路	−0.96					
		电缆线路	−1.62					
	检修工程	变电	−2.24	−2.26	−2.27	−1.52	−1.02	−0.69
		架空线路	−1.43	−1.32	−1.21	−0.96	−0.65	−0.45
		电缆线路	−2.46	−2.41	−2.35	−2.30		
		通信站	−1.46					
		通信线路	−1.20					
辽宁	技术改造工程	变电	−5.22	−5.06	−4.91	−3.03	−1.89	
		架空线路	−3.50	−3.04	−2.64	−2.32	−1.45	
		电缆线路	−4.31	−4.43	−4.54	−4.65		
		通信站	−3.34					
		通信线路	−2.84					
	拆除工程	变电	−2.65					
		架空线路	−1.55					
		电缆线路	−2.12					
	检修工程	变电	−3.48	−3.64	−3.81	−3.10	−1.61	
		架空线路	−2.38	−2.13	−1.90	−1.87	−1.40	
		电缆线路	−3.19	−3.14	−3.09	−3.04		
		通信站	−2.35					
		通信线路	−1.93					
吉林	技术改造工程	变电	−4.06	−4.53	−5.05	−2.96	−1.76	
		架空线路	−3.18	−2.72	−2.33	−1.97	−1.17	
		电缆线路	−3.83	−4.12	−4.44	−4.79		
		通信站	−2.99					
		通信线路	−2.54					

省份或地区		工程类别	20kV 及以下	110kV 及以下	220kV	330kV/ 500kV	750kV	1000kV
吉林	拆除 工程	变电	−2.37					
		架空线路	−1.39					
		电缆线路	−1.97					
	检修 工程	变电	−3.52	−3.26	−3.02	−2.89	−2.76	
		架空线路	−1.69	−1.90	−2.14	−2.13	−2.03	
		电缆线路	−3.00	−2.93	−2.86	−2.79		
		通信站	−2.11					
		通信线路	−1.73					
黑龙江	技术改造工程	变电	−3.05	−4.13	−5.58	−3.14	−1.79	
		架空线路	−2.67	−2.48	−2.30	−1.86	−1.07	
		电缆线路	−4.56	−4.46	−4.36	−4.26		
		通信站	−2.73					
		通信线路	−2.32					
	拆除 工程	变电	−2.16					
		架空线路	−1.26					
		电缆线路	−2.13					
	检修 工程	变电	−3.34	−2.97	−2.65	−2.59	−0.77	
		架空线路	−1.57	−1.73	−1.92	−1.85	−1.36	
		电缆线路	−3.24	−3.16	−3.09	−3.02		
		通信站	−1.92					
		通信线路	−1.58					
上海	技术改造工程	变电	−5.50	−5.47	−5.45	−3.58	−2.38	−1.58
		架空线路	−4.35	−3.28	−2.48	−2.00	−1.33	−0.88
		电缆线路	−3.19	−3.48	−3.81	−4.16		
		通信站	−3.61					
		通信线路	−3.07					

省份或地区	工程类别		20kV及以下	110kV及以下	220kV	330kV/500kV	750kV	1000kV
上海	拆除工程	变电	-2.87					
		架空线路	-1.67					
		电缆线路	-1.67					
	检修工程	变电	-3.88	-3.94	-4.00	-2.46	-2.46	-2.46
		架空线路	-2.24	-2.30	-2.36	-1.98	-1.43	-1.04
		电缆线路	-2.51	-2.47	-2.44	-2.41		
		通信站	-2.55					
		通信线路	-2.09					
江苏	技术改造工程	变电	-4.15	-4.17	-4.20	-3.12	-2.33	-1.74
		架空线路	-2.98	-2.50	-2.10	-1.81	-1.36	-1.02
		电缆线路	-2.30	-2.47	-2.64	-2.83		
		通信站	-2.75					
		通信线路	-2.34					
	拆除工程	变电	-2.19					
		架空线路	-1.28					
		电缆线路	-1.18					
	检修工程	变电	-3.08	-3.00	-2.93	-2.04	-1.43	-1.00
		架空线路	-1.89	-1.75	-1.62	-1.48	-1.03	-0.72
		电缆线路	-1.96	-1.75	-1.57	-1.41		
		通信站	-1.94					
		通信线路	-1.59					
浙江	技术改造工程	变电	-4.02	-3.86	-3.71	-2.45	-1.63	-1.08
		架空线路	-2.64	-2.32	-2.04	-1.72	-1.14	-0.76
		电缆线路	-3.71	-3.69	-3.67	-3.65		
		通信站	-2.55					
		通信线路	-2.17					

省份或地区	工程类别		20kV及以下	110kV及以下	220kV	330kV/500kV	750kV	1000kV
浙江	拆除工程	变电	−2.03					
		架空线路	−1.18					
		电缆线路	−1.77					
	检修工程	变电	−3.91	−2.78	−1.98	−1.42	−1.03	−0.74
		架空线路	−1.82	−1.62	−1.44	−1.39	−1.01	−0.73
		电缆线路	−2.79	−2.62	−2.47	−2.32		
		通信站	−1.80					
		通信线路	−1.47					
安徽	技术改造工程	变电	−4.49	−4.92	−5.40	−3.26	−1.97	−1.19
		架空线路	−2.99	−2.95	−2.92	−2.53	−1.54	−0.93
		电缆线路	−4.44	−4.42	−4.40	−4.38		
		通信站	−3.25					
		通信线路	−2.76					
	拆除工程	变电	−2.58					
		架空线路	−1.51					
		电缆线路	−2.12					
	检修工程	变电	−3.30	−3.55	−3.80	−2.35	−1.46	−0.91
		架空线路	−1.98	−2.07	−2.16	−1.82	−1.13	−0.70
		电缆线路	−3.24	−3.14	−3.04	−2.95		
		通信站	−2.29					
		通信线路	−1.88					
福建	技术改造工程	变电	−4.17	−4.71	−5.33	−3.44	−2.22	−1.43
		架空线路	−3.87	−2.83	−2.07	−2.05	−1.33	−0.87
		电缆线路	−3.84	−4.13	−4.45	−4.80		
		通信站	−3.11					
		通信线路	−2.64					

省份或地区		工程类别	20kV 及以下	110kV 及以下	220kV	330kV/ 500kV	750kV	1000kV
福建	拆除 工程	变电	-2.47					
		架空线路	-1.44					
		电缆线路	-1.98					
	检修 工程	变电	-3.94	-3.39	-2.92	-2.26	-1.74	-1.35
		架空线路	-1.94	-1.98	-2.02	-1.82	-1.41	-1.10
		电缆线路	-3.26	-2.94	-2.65	-2.39		
		通信站	-2.19					
		通信线路	-1.80					
河南	技术改 造工程	变电	-4.47	-3.98	-3.54	-2.56	-1.86	-1.35
		架空线路	-3.31	-2.39	-1.72	-1.90	-1.38	-1.01
		电缆线路	-3.98	-4.25	-4.55	-4.87		
		通信站	-2.63					
		通信线路	-2.23					
	拆除 工程	变电	-2.08					
		架空线路	-1.22					
		电缆线路	-2.04					
	检修 工程	变电	-3.16	-2.86	-2.60	-2.19	-1.85	-1.56
		架空线路	-1.39	-1.67	-2.01	-1.56	-1.32	-1.12
		电缆线路	-2.53	-3.02	-3.60	-4.30		
		通信站	-1.85					
		通信线路	-1.52					
湖北	技术改 造工程	变电	-5.39	-5.41	-5.44	-2.29	-0.98	-0.42
		架空线路	-2.94	-3.25	-3.58	-3.03	-1.30	-0.56
		电缆线路	-1.47	-1.80	-2.20	-2.68		
		通信站	-3.57					
		通信线路	-3.04					

省份或地区		工程类别	20kV 及以下	110kV 及以下	220kV	330kV/ 500kV	750kV	1000kV
湖北	拆除 工程	变电	-2.84					
		架空线路	-1.66					
		电缆线路	-0.86					
	检修 工程	变电	-4.41	-3.90	-3.44	-2.33	-1.58	-1.07
		架空线路	-2.68	-2.27	-1.93	-1.68	-1.15	-0.79
		电缆线路	-1.28	-1.28	-1.27	-1.26		
		通信站	-2.52					
		通信线路	-2.06					
湖南	技术改 造工程	变电	-4.94	-5.27	-5.63	-2.12	-0.82	-0.32
		架空线路	-3.37	-3.16	-2.97	-3.17	-1.21	-0.46
		电缆线路	-2.87	-2.67	-2.47	-2.30		
		通信站	-3.48					
		通信线路	-2.96					
	拆除 工程	变电	-2.76					
		架空线路	-1.61					
		电缆线路	-1.28					
	检修 工程	变电	-4.03	-3.80	-3.57	-3.26	-2.97	-2.70
		架空线路	-2.39	-2.21	-2.05	-1.68	-1.53	-1.40
		电缆线路	-1.79	-1.89	-2.00	-2.12		
		通信站	-2.45					
		通信线路	-2.01					
江西	技术改 造工程	变电	-4.01	-3.76	-3.52	-2.22	-1.42	-0.90
		架空线路	-2.81	-2.25	-1.81	-1.70	-1.08	-0.69
		电缆线路	-3.95	-4.14	-4.34	-4.55		
		通信站	-2.48					
		通信线路	-2.11					

省份或地区	工程类别		20kV 及以下	110kV 及以下	220kV	330kV/ 500kV	750kV	1000kV
江西	拆除工程	变电	−1.97					
		架空线路	−1.15					
		电缆线路	−1.98					
	检修工程	变电	−2.62	−2.71	−2.79	−2.39	−2.05	−1.76
		架空线路	−1.22	−1.58	−2.03	−1.64	−1.41	−1.21
		电缆线路	−2.22	−2.94	−3.89	−5.15		
		通信站	−1.75					
		通信线路	−1.43					
四川	技术改造工程	变电	−4.82	−4.55	−4.29	−2.98	−2.08	−1.45
		架空线路	−2.99	−2.73	−2.49	−2.24	−1.57	−1.10
		电缆线路	−3.74	−3.98	−4.24	−4.51		
		通信站	−3.00					
		通信线路	−2.55					
	拆除工程	变电	−2.38					
		架空线路	−1.39					
		电缆线路	−1.91					
	检修工程	变电	−3.40	−3.27	−3.16	−2.42	−1.86	−1.43
		架空线路	−2.18	−1.91	−1.68	−1.54	−1.19	−0.92
		电缆线路	−3.17	−2.83	−2.52	−2.25		
		通信站	−2.12					
		通信线路	−1.74					
重庆	技术改造工程	变电	−4.41	−4.38	−4.34	−2.44	−1.38	−0.78
		架空线路	−2.86	−2.63	−2.41	−1.43	−0.81	−0.46
		电缆线路	−3.38	−3.80	−4.29	−4.83		
		通信站	−2.89					
		通信线路	−2.45					

省份或地区	工程类别		20kV及以下	110kV及以下	220kV	330kV/500kV	750kV	1000kV
重庆	拆除工程	变电	-2.29					
		架空线路	-1.34					
		电缆线路	-1.82					
	检修工程	变电	-2.79	-3.15	-3.56	-2.52	-1.79	-1.27
		架空线路	-1.76	-1.84	-1.92	-1.78	-1.26	-0.90
		电缆线路	-3.00	-2.70	-2.43	-2.18		
		通信站	-2.04					
		通信线路	-1.67					
陕西	技术改造工程	变电	-4.46	-4.31	-4.17	-3.63	-3.14	-2.71
		架空线路	-2.86	-2.59	-2.34	-1.86	-1.62	-1.41
		电缆线路	-5.37	-5.26	-5.14	-5.03		
		通信站	-2.85					
		通信线路	-2.42					
	拆除工程	变电	-2.26					
		架空线路	-1.32					
		电缆线路	-2.52					
	检修工程	变电	-3.36	-3.11	-2.87	-2.91	-2.93	-2.95
		架空线路	-2.23	-1.81	-1.47	-1.10	-1.11	-1.13
		电缆线路	-4.06	-3.73	-3.43	-3.15		
		通信站	-2.01					
		通信线路	-1.65					
甘肃	技术改造工程	变电	-4.02	-4.03	-4.03	-2.02	-1.02	-0.52
		架空线路	-2.79	-2.42	-2.09	-1.73	-0.88	-0.44
		电缆线路	-4.71	-4.40	-4.10	-3.82		
		通信站	-2.66					
		通信线路	-2.26					

省份或地区	工程类别		20kV及以下	110kV及以下	220kV	330kV/500kV	750kV	1000kV
甘肃	拆除工程	变电	-2.11					
		架空线路	-1.23					
		电缆线路	-2.11					
	检修工程	变电	-2.74	-2.90	-3.06	-2.21	-1.59	-1.14
		架空线路	-1.92	-1.69	-1.49	-1.45	-1.05	-0.76
		电缆线路	-3.01	-3.12	-3.24	-3.36		
		通信站	-1.87					
		通信线路	-1.54					
宁夏	技术改造工程	变电	-4.68	-4.63	-4.58	-2.61	-1.50	-0.86
		架空线路	-3.43	-2.78	-2.25	-1.84	-1.06	-0.61
		电缆线路	-3.49	-3.40	-3.30	-3.21		
		通信站	-3.06					
		通信线路	-2.60					
	拆除工程	变电	-2.43					
		架空线路	-1.42					
		电缆线路	-1.63					
	检修工程	变电	-2.75	-3.33	-4.04	-2.73	-1.85	-1.25
		架空线路	-2.21	-1.95	-1.72	-1.67	-1.13	-0.77
		电缆线路	-2.41	-2.41	-2.41	-2.41		
		通信站	-2.16					
		通信线路	-1.77					
青海	技术改造工程	变电	-4.87	-5.04	-5.21	-3.12	-1.88	
		架空线路	-2.94	-3.02	-3.10	-1.90	-1.14	
		电缆线路	-5.77	-5.62	-5.47	-5.33		
		通信站	-3.32					
		通信线路	-2.82					

省份或地区		工程类别	20kV及以下	110kV及以下	220kV	330kV/500kV	750kV	1000kV
青海	拆除工程	变电	−2.64					
		架空线路	−1.54					
		电缆线路	−2.69					
	检修工程	变电	−3.80	−3.63	−3.46	−3.11	−2.77	
		架空线路	−2.13	−2.11	−2.10	−1.48	−1.33	
		电缆线路	−3.57	−3.99	−4.45	−4.97		
		通信站	−2.34					
		通信线路	−1.92					
新疆	技术改造工程	变电	−5.39	−5.37	−5.34	−3.30	−2.05	−1.27
		架空线路	−3.06	−3.22	−3.39	−3.20	−1.98	−1.22
		电缆线路	−4.07	−4.07	−4.07	−4.07		
		通信站	−3.54					
		通信线路	−3.01					
	拆除工程	变电	−2.81					
		架空线路	−1.64					
		电缆线路	−1.95					
	检修工程	变电	−3.94	−3.86	−3.79	−3.07	−2.45	−1.96
		架空线路	−2.12	−2.25	−2.40	−1.05	−0.85	−0.69
		电缆线路	−3.67	−2.89	−2.27	−1.79		
		通信站	−2.50					
		通信线路	−2.05					
西藏	技术改造工程	变电	−6.87	−7.16	−7.46	−7.28	−7.16	−7.05
		架空线路	−3.85	−4.30	−4.79	−3.79	−3.70	−3.61
		电缆线路	−8.65	−8.54	−8.44	−8.34		
		通信站	−4.73					
		通信线路	−4.02					

省份或地区		工程类别	20kV 及以下	110kV 及以下	220kV	330kV/ 500kV	750kV	1000kV
西藏	拆除 工程	变电			−3.75			
		架空线路			−2.19			
		电缆线路			−4.09			
	检修 工程	变电	−4.59	−5.16	−5.80	−5.26	−1.98	−0.75
		架空线路	−2.96	−3.01	−3.05	−2.17	−1.61	−1.19
		电缆线路	−6.26	−6.07	−5.87	−5.69		
		通信站			−3.33			
		通信线路			−2.73			
广东	技术改 造工程	变电	−5.18	−5.08	−4.97	−5.49	−2.10	−0.81
		架空线路	−3.17	−3.05	−2.93	−2.52	−1.65	−1.08
		电缆线路	−4.28	−4.37	−4.46	−4.56		
		通信站			−3.35			
		通信线路			−2.85			
	拆除 工程	变电			−2.66			
		架空线路			−1.55			
		电缆线路			−2.09			
	检修 工程	变电	−3.73	−3.66	−3.58	−3.09	−1.87	−1.13
		架空线路	−2.35	−2.13	−1.93	−1.42	−1.63	−1.87
		电缆线路	−3.51	−3.10	−2.74	−2.42		
		通信站			−2.36			
		通信线路			−1.94			
广西	技术改 造工程	变电	−3.04	−3.09	−3.13	−3.68	−2.47	−1.66
		架空线路	−1.65	−1.85	−2.09	−1.82	−1.80	−1.79
		电缆线路	−5.16	−4.39	−3.73	−3.17		
		通信站			−2.04			
		通信线路			−1.73			

省份或地区		工程类别	20kV及以下	110kV及以下	220kV	330kV/500kV	750kV	1000kV
广西	拆除工程	变电	−1.62					
		架空线路	−0.94					
		电缆线路	−2.10					
	检修工程	变电	−2.05	−2.22	−2.41	−2.02	−1.11	−0.61
		架空线路	−1.33	−1.30	−1.26	−1.39	−1.43	−1.47
		电缆线路	−3.69	−3.11	−2.62	−2.21		
		通信站	−1.44					
		通信线路	−1.18					
云南	技术改造工程	变电	−2.27	−2.58	−2.93	−3.23	−3.50	−3.80
		架空线路	−1.76	−1.55	−1.36	−1.81	−1.98	−2.17
		电缆线路	−3.48	−3.78	−4.10	−4.46		
		通信站	−1.70					
		通信线路	−1.45					
	拆除工程	变电	−1.35					
		架空线路	−0.79					
		电缆线路	−1.81					
	检修工程	变电	−1.72	−1.86	−2.01	−1.71	−1.46	−1.24
		架空线路	−1.04	−1.08	−1.13	−1.11	−0.95	−0.81
		电缆线路	−2.42	−2.68	−2.97	−3.28		
		通信站	−1.20					
		通信线路	−0.99					
贵州	技术改造工程	变电	−2.09	−2.18	−2.27	−2.57	−1.72	
		架空线路	−1.49	−1.31	−1.15	−1.00	−0.99	
		电缆线路	−3.89	−4.02	−4.16	−4.30		
		通信站	−1.44					
		通信线路	−1.22					

省份或地区	工程类别		20kV 及以下	110kV 及以下	220kV	330kV/ 500kV	750kV	1000kV
贵州	拆除工程	变电	−1.14					
		架空线路	−0.67					
		电缆线路	−1.93					
	检修工程	变电	−1.52	−1.57	−1.62	−1.45	−1.31	
		架空线路	−0.99	−0.92	−0.85	−0.89	−0.80	
		电缆线路	−3.21	−2.85	−2.54	−2.26		
		通信站	−1.01					
		通信线路	−0.83					
海南	技术改造工程	变电	−3.17	−3.09	−3.00	−3.69	−2.14	
		架空线路	−1.89	−1.85	−1.81	−1.99	−1.94	
		电缆线路	−4.28	−4.28	−4.29	−4.30		
		通信站	−2.04					
		通信线路	−1.73					
	拆除工程	变电	−1.62					
		架空线路	−0.94					
		电缆线路	−2.05					
	检修工程	变电	−2.02	−2.22	−2.44	−1.88	−1.45	
		架空线路	−1.26	−1.30	−1.33	−1.33	−1.03	
		电缆线路	−3.32	−3.04	−2.78	−2.55		
		通信站	−1.44					
		通信线路	−1.18					

14. 关于发布 2010 版电网技术改造和检修工程预算定额 2015 年下半年价格水平调整系数的通知

定额〔2015〕48 号

各有关单位：

依据《电网技术改造和检修工程预算定额价格水平调整办法》（电定总造〔2011〕19 号），电力工程造价与定额管理总站根据各地区的实际情况，完成了电网技术改造和检修工程预算定额 2015 年下半年价格水平调整系数的测算工作，现予发布，请遵照执行。

在编制建设预算时，根据本次调整系数计算的人工费、材料和施工机械费价差只计取税金，汇总计入"编制年价差"。该价差应作为安装工程费的组成部分。

附件：1. 电网技术改造和检修工程定额人工费调整系数汇总表

2. 电网技术改造和检修工程定额材机调整系数汇总表

电力工程造价与定额管理总站（印）

2015 年 12 月 14 日

附件1：

电网技术改造和检修工程定额
人工费调整系数汇总表

单位：%

省份或地区	安装工程调整系数	备注
北京	18.61	
天津	13.74	
河北南部	11.39	
河北北部	12.86	
山西	11.10	
山东	12.07	
内蒙古东部	11.01	
内蒙古西部	10.36	
辽宁	12.71	
吉林	12.09	
黑龙江	10.14	
上海	16.15	
江苏	14.70	
浙江	15.21	
安徽	11.48	
福建	14.34	
河南	10.14	
湖北	12.01	
湖南	13.10	

省份或地区	安装工程调整系数	备注
江西	12.30	
四川	11.92	
重庆	11.64	
陕西	14.39	
甘肃	13.27	
宁夏	13.15	
青海	14.96	
新疆	19.11	
西藏	23.82	
广东	19.89	广州、深圳
	16.79	佛山、珠海、江门、东莞、中山、惠州、汕头
	14.14	其他地区
广西	9.99	
云南	10.71	
贵州	12.18	
海南	9.94	

附件 2:

电网技术改造和检修工程定额
材机调整系数汇总表

单位：%

省份或地区	工程类别		110kV 及以下	220kV	330kV/500kV	750kV
北京	技术改造工程	变电	14.71	14.13	14.64	13.53
		架空线路	18.35	17.28	13.22	13.28
		电缆线路	15.15	15.85		
		通信站	17.81			
		通信线路	7.48			
	拆除工程	变电	22.23			
		架空线路	7.46			
		电缆线路	19.54			
	检修工程	变电	18.07	21.91	9.69	9.06
		架空线路	22.43	21.32	17.08	15.96
		电缆线路	19.89	18.02		
		通信站	11.19			
		通信线路	9.23			
天津	技术改造工程	变电	13.05	12.49	11.05	10.12
		架空线路	14.49	14.73	11.38	10.34
		电缆线路	16.29	16.00		
		通信站	14.18			
		通信线路	7.15			
	拆除工程	变电	13.81			
		架空线路	7.11			
		电缆线路	16.45			

省份或地区		工程类别	110kV 及以下	220kV	330kV/500kV	750kV
天津	检修工程	变电	14.31	16.91	7.50	8.59
		架空线路	20.95	20.83	16.13	13.71
		电缆线路	17.80	16.81		
		通信站	10.36			
		通信线路	10.03			
河北南部	技术改造工程	变电	15.61	14.77	12.11	7.30
		架空线路	17.50	16.07	14.20	11.78
		电缆线路	16.05	15.63		
		通信站	8.73			
		通信线路	7.72			
	拆除工程	变电	18.72			
		架空线路	7.84			
		电缆线路	17.17			
	检修工程	变电	14.88	15.23	11.60	4.06
		架空线路	21.79	18.85	15.20	14.20
		电缆线路	13.81	13.40		
		通信站	7.64			
		通信线路	9.29			
河北北部	技术改造工程	变电	16.37	15.49	12.70	9.64
		架空线路	18.37	16.85	14.90	12.10
		电缆线路	16.84	16.41		
		通信站	9.17			
		通信线路	8.09			
	拆除工程	变电	19.62			
		架空线路	8.22			
		电缆线路	18.02			
	检修工程	变电	15.61	15.98	12.18	4.77
		架空线路	22.85	19.77	15.95	12.67

省份或地区		工程类别	110kV 及以下	220kV	330kV/500kV	750kV
河北北部	检修工程	电缆线路	14.49	14.06		
		通信站	8.01			
		通信线路	9.75			
山西	技术改造工程	变电	14.41	14.05	10.43	7.06
		架空线路	16.26	14.20	13.48	12.31
		电缆线路	14.61	13.62		
		通信站	14.25			
		通信线路	5.74			
	拆除工程	变电	13.42			
		架空线路	6.95			
		电缆线路	16.33			
	检修工程	变电	9.72	10.93	7.30	5.12
		架空线路	16.05	16.08	14.85	14.15
		电缆线路	13.35	12.72		
		通信站	9.98			
		通信线路	7.63			
山东	技术改造工程	变电	17.29	16.54	8.62	10.79
		架空线路	19.90	16.90	14.45	11.79
		电缆线路	14.94	15.45		
		通信站	19.75			
		通信线路	7.18			
	拆除工程	变电	21.20			
		架空线路	8.80			
		电缆线路	16.33			
	检修工程	变电	7.53	7.98	6.82	6.58
		架空线路	25.93	23.15	18.40	13.27
		电缆线路	14.77	12.79		
		通信站	18.07			
		通信线路	10.48			

省份或地区	工程类别		110kV 及以下	220kV	330kV/500kV	750kV
内蒙古东部	技术改造工程	变电	14.56	13.77	10.69	14.97
		架空线路	17.04	12.26	9.15	11.22
		电缆线路	14.13	13.95		
		通信站	13.98			
		通信线路	12.93			
	拆除工程	变电	14.99			
		架空线路	13.05			
		电缆线路	15.35			
	检修工程	变电	13.04	12.12	9.80	5.66
		架空线路	19.58	22.70	21.44	17.97
		电缆线路	11.24	16.70		
		通信站	15.51			
		通信线路	16.26			
内蒙古西部	技术改造工程	变电	12.73	12.18	9.73	7.81
		架空线路	15.22	14.37	11.49	9.26
		电缆线路	13.76	13.38		
		通信站	12.59			
		通信线路	11.35			
	拆除工程	变电	12.38			
		架空线路	12.42			
		电缆线路	13.79			
	检修工程	变电	10.65	10.73	7.20	4.83
		架空线路	15.94	14.67	11.59	7.91
		电缆线路	9.43	9.21		
		通信站	10.78			
		通信线路	16.24			
辽宁	技术改造工程	变电	20.57	19.95	12.31	7.67
		架空线路	19.90	17.29	15.17	9.48

省份或地区	工程类别		110kV 及以下	220kV	330kV/500kV	750kV
辽宁	技术改造工程	电缆线路	17.98	18.44		
		通信站	16.63			
		通信线路	10.06			
	拆除工程	变电	14.48			
		架空线路	10.47			
		电缆线路	11.62			
	检修工程	变电	18.64	19.50	15.84	8.24
		架空线路	23.57	21.03	20.71	15.53
		电缆线路	22.03	21.67		
		通信站	21.06			
		通信线路	12.85			
吉林	技术改造工程	变电	18.41	20.52	12.01	7.14
		架空线路	20.11	17.21	14.54	8.64
		电缆线路	16.75	18.05		
		通信站	17.27			
		通信线路	10.57			
	拆除工程	变电	15.66			
		架空线路	9.16			
		电缆线路	11.85			
	检修工程	变电	18.94	17.53	16.79	16.01
		架空线路	18.04	20.26	20.15	19.28
		电缆线路	21.44	20.91		
		通信站	17.46			
		通信线路	12.99			
黑龙江	技术改造工程	变电	16.78	22.69	12.76	7.27
		架空线路	20.40	18.91	15.33	8.77
		电缆线路	18.11	17.70		
		通信站	15.36			
		通信线路	12.55			

省份或地区	工程类别		110kV 及以下	220kV	330kV/500kV	750kV
黑龙江	拆除工程	变电	16.46			
		架空线路	11.82			
		电缆线路	20.29			
	检修工程	变电	19.14	17.04	16.67	4.95
		架空线路	19.57	21.68	20.88	15.36
		电缆线路	22.00	21.51		
		通信站	18.18			
		通信线路	14.34			
上海	技术改造工程	变电	22.24	22.13	14.55	9.68
		架空线路	21.74	16.41	13.26	8.81
		电缆线路	14.16	15.48		
		通信站	10.74			
		通信线路	6.91			
	拆除工程	变电	21.15			
		架空线路	8.10			
		电缆线路	21.88			
	检修工程	变电	16.80	17.04	10.49	10.50
		架空线路	22.37	22.97	19.24	13.95
		电缆线路	22.47	22.18		
		通信站	11.70			
		通信线路	12.83			
江苏	技术改造工程	变电	16.96	17.06	12.69	9.48
		架空线路	18.71	15.70	13.55	10.14
		电缆线路	10.02	10.74		
		通信站	15.29			
		通信线路	21.25			
	拆除工程	变电	14.31			
		架空线路	13.30			
		电缆线路	18.52			

省份或地区		工程类别	110kV 及以下	220kV	330kV/500kV	750kV
江苏	检修工程	变电	14.02	13.66	9.53	6.66
		架空线路	22.80	21.10	19.19	13.40
		电缆线路	18.51	16.58		
		通信站	10.13			
		通信线路	21.06			
浙江	技术改造工程	变电	15.70	15.08	9.95	6.61
		架空线路	15.55	13.66	11.54	7.67
		电缆线路	15.00	14.92		
		通信站	9.03			
		通信线路	10.07			
	拆除工程	变电	16.17			
		架空线路	9.17			
		电缆线路	16.41			
	检修工程	变电	15.52	11.03	7.94	5.74
		架空线路	19.69	17.53	16.92	12.25
		电缆线路	16.03	15.09		
		通信站	9.64			
		通信线路	12.95			
安徽	技术改造工程	变电	20.01	21.96	13.23	8.01
		架空线路	19.46	19.20	16.64	10.12
		电缆线路	17.97	17.89		
		通信站	17.13			
		通信线路	7.12			
	拆除工程	变电	21.62			
		架空线路	9.60			
		电缆线路	23.14			
	检修工程	变电	14.75	15.82	9.79	6.08
		架空线路	24.53	25.58	21.64	13.40

省份或地区		工程类别	110kV 及以下	220kV	330kV/500kV	750kV
安徽	检修工程	电缆线路	17.34	16.80		
		通信站	10.74			
		通信线路	8.16			
福建	技术改造工程	变电	19.14	21.65	13.99	9.01
		架空线路	20.56	15.03	14.88	9.68
		电缆线路	16.80	18.10		
		通信站	11.29			
		通信线路	22.03			
	拆除工程	变电	21.71			
		架空线路	21.34			
		电缆线路	18.37			
	检修工程	变电	14.82	12.76	9.86	7.62
		架空线路	19.06	19.47	17.55	13.61
		电缆线路	21.98	19.82		
		通信站	10.06			
		通信线路	22.23			
河南	技术改造工程	变电	16.16	14.39	10.42	7.56
		架空线路	17.80	12.84	14.18	10.32
		电缆线路	17.29	18.50		
		通信站	9.09			
		通信线路	14.01			
	拆除工程	变电	12.27			
		架空线路	13.94			
		电缆线路	13.92			
	检修工程	变电	12.21	11.07	9.35	7.88
		架空线路	19.35	23.34	18.12	15.33
		电缆线路	14.34	17.11		
		通信站	16.32			
		通信线路	18.15			

省份或地区		工程类别	110kV 及以下	220kV	330kV/500kV	750kV
湖北	技术改造工程	变电	22.00	22.09	9.30	3.98
		架空线路	9.67	10.67	9.01	3.86
		电缆线路	7.31	8.93		
		通信站	19.10			
		通信线路	9.09			
	拆除工程	变电	12.59			
		架空线路	8.48			
		电缆线路	19.73			
	检修工程	变电	11.11	9.81	6.63	4.51
		架空线路	14.31	12.16	10.55	7.24
		电缆线路	9.49	9.44		
		通信站	10.13			
		通信线路	8.80			
湖南	技术改造工程	变电	21.42	22.88	8.59	3.33
		架空线路	11.37	10.68	11.40	4.36
		电缆线路	10.83	10.06		
		通信站	16.50			
		通信线路	10.41			
	拆除工程	变电	11.22			
		架空线路	9.39			
		电缆线路	21.04			
	检修工程	变电	11.13	10.48	9.56	8.70
		架空线路	13.70	12.71	10.38	9.49
		电缆线路	10.19	10.78		
		通信站	8.88			
		通信线路	9.17			
江西	技术改造工程	变电	15.27	14.30	9.02	5.75
		架空线路	17.49	14.05	13.18	8.39

省份或地区		工程类别	110kV 及以下	220kV	330kV/500kV	750kV
江西	技术改造工程	电缆线路	16.83	17.63		
		通信站	11.37			
		通信线路	13.64			
	拆除工程	变电	13.59			
		架空线路	12.81			
		电缆线路	14.93			
	检修工程	变电	10.34	10.66	9.14	7.84
		架空线路	17.74	22.85	18.49	15.85
		电缆线路	12.81	16.96		
		通信站	15.16			
		通信线路	17.33			
四川	技术改造工程	变电	18.48	17.42	12.11	8.43
		架空线路	18.40	16.78	15.13	10.58
		电缆线路	16.17	17.21		
		通信站	14.56			
		通信线路	10.53			
	拆除工程	变电	15.17			
		架空线路	10.68			
		电缆线路	17.86			
	检修工程	变电	9.87	9.52	7.29	5.60
		架空线路	18.95	16.62	15.31	11.83
		电缆线路	24.75	22.07		
		通信站	11.41			
		通信线路	12.23			
重庆	技术改造工程	变电	17.78	17.63	9.93	5.62
		架空线路	18.85	17.29	10.24	5.85
		电缆线路	15.46	17.42		
		通信站	15.38			
		通信线路	9.65			

省份或地区	工程类别		110kV 及以下	220kV	330kV/500kV	750kV
重庆	拆除工程	变电	13.75			
		架空线路	11.03			
		电缆线路	14.52			
	检修工程	变电	9.26	10.46	7.41	5.26
		架空线路	17.08	17.82	16.54	11.75
		电缆线路	24.87	22.37		
		通信站	9.30			
		通信线路	10.44			
陕西	技术改造工程	变电	17.53	16.95	14.76	12.76
		架空线路	19.57	17.73	14.03	12.23
		电缆线路	21.36	20.90		
		通信站	20.53			
		通信线路	9.65			
	拆除工程	变电	13.74			
		架空线路	13.26			
		电缆线路	15.33			
	检修工程	变电	10.99	10.16	10.32	10.38
		架空线路	21.12	17.17	12.83	12.99
		电缆线路	13.50	12.41		
		通信站	12.43			
		通信线路	9.29			
甘肃	技术改造工程	变电	16.36	16.39	8.20	4.15
		架空线路	15.47	13.37	11.05	5.61
		电缆线路	17.87	16.66		
		通信站	14.56			
		通信线路	14.75			
	拆除工程	变电	14.25			
		架空线路	13.22			
		电缆线路	19.63			

省份或地区		工程类别	110kV 及以下	220kV	330kV/500kV	750kV
甘肃	检修工程	变电	10.81	11.42	8.24	5.92
		架空线路	16.95	14.91	14.58	10.53
		电缆线路	10.97	11.37		
		通信站	9.65			
		通信线路	17.49			
宁夏	技术改造工程	变电	18.82	18.62	10.60	6.09
		架空线路	15.91	12.90	10.55	6.07
		电缆线路	13.80	13.42		
		通信站	14.06			
		通信线路	11.22			
	拆除工程	变电	15.39			
		架空线路	12.59			
		电缆线路	17.08			
	检修工程	变电	11.41	13.81	9.33	6.32
		架空线路	17.76	15.66	15.28	10.35
		电缆线路	12.19	12.20		
		通信站	9.98			
		通信线路	12.63			
青海	技术改造工程	变电	20.46	21.17	12.67	7.64
		架空线路	21.66	22.25	13.63	8.19
		电缆线路	22.84	22.23		
		通信站	9.39			
		通信线路	9.65			
	拆除工程	变电	21.22			
		架空线路	12.58			
		电缆线路	18.56			
	检修工程	变电	21.51	20.50	18.44	16.45
		架空线路	20.91	20.78	14.67	13.16

省份或地区	工程类别		110kV 及以下	220kV	330kV/500kV	750kV
青海	检修工程	电缆线路	11.88	13.26		
		通信站	12.02			
		通信线路	17.08			
新疆	技术改造工程	变电	21.80	21.70	13.39	8.32
		架空线路	22.04	23.22	21.93	13.55
		电缆线路	16.54	16.54		
		通信站	22.95			
		通信线路	11.17			
	拆除工程	变电	16.04			
		架空线路	12.53			
		电缆线路	18.46			
	检修工程	变电	22.09	21.69	17.54	14.02
		架空线路	28.45	30.30	13.29	10.77
		电缆线路	18.52	14.57		
		通信站	12.63			
		通信线路	17.49			
西藏	技术改造工程	变电	29.10	30.32	29.60	29.11
		架空线路	36.25	40.45	31.96	31.22
		电缆线路	34.72	34.30		
		通信站	25.53			
		通信线路	27.37			
	拆除工程	变电	28.01			
		架空线路	36.12			
		电缆线路	37.48			
	检修工程	变电	25.89	29.10	26.39	9.95
		架空线路	41.15	41.76	29.65	22.00
		电缆线路	34.74	33.64		
		通信站	25.21			
		通信线路	30.26			

省份或地区		工程类别	110kV 及以下	220kV	330kV/500kV	750kV
广东	技术改造工程	变电	20.63	20.20	22.32	8.55
		架空线路	20.89	20.11	17.31	11.31
		电缆线路	17.76	18.14		
		通信站	17.17			
		通信线路	12.86			
	拆除工程	变电	14.45			
		架空线路	16.32			
		电缆线路	19.45			
	检修工程	变电	15.84	15.53	13.37	8.09
		架空线路	20.01	18.12	13.30	15.29
		电缆线路	17.23	15.23		
		通信站	12.63			
		通信线路	14.42			
广西	技术改造工程	变电	12.55	12.73	14.95	10.03
		架空线路	12.46	14.02	12.25	12.13
		电缆线路	17.82	15.15		
		通信站	12.13			
		通信线路	9.54			
	拆除工程	变电	12.08			
		架空线路	14.89			
		电缆线路	17.67			
	检修工程	变电	11.32	12.26	10.31	5.65
		架空线路	13.34	13.00	14.34	14.72
		电缆线路	14.90	12.56		
		通信站	13.62			
		通信线路	13.86			
云南	技术改造工程	变电	10.49	11.92	13.11	14.23
		架空线路	13.24	11.62	15.48	16.92

省份或地区		工程类别	110kV 及以下	220kV	330kV/500kV	750kV
云南	技术改造工程	电缆线路	15.35	16.67		
		通信站	12.37			
		通信线路	9.77			
	拆除工程	变电	12.58			
		架空线路	12.29			
		电缆线路	15.33			
	检修工程	变电	11.55	12.49	10.63	9.05
		架空线路	14.02	14.65	14.39	12.26
		电缆线路	12.74	14.10		
		通信站	13.04			
		通信线路	13.90			
贵州	技术改造工程	变电	8.85	9.23	10.44	7.00
		架空线路	21.55	18.95	16.49	16.29
		电缆线路	16.33	16.90		
		通信站	5.58			
		通信线路	8.53			
	拆除工程	变电	14.42			
		架空线路	10.17			
		电缆线路	16.90			
	检修工程	变电	10.43	10.76	9.66	8.68
		架空线路	20.93	19.35	20.41	18.22
		电缆线路	12.51	11.12		
		通信站	8.38			
		通信线路	11.51			
海南	技术改造工程	变电	12.54	12.21	15.01	8.68
		架空线路	12.74	12.46	13.67	13.36
		电缆线路	17.41	17.44		
		通信站	10.60			
		通信线路	12.43			

省份或地区	工程类别		110kV 及以下	220kV	330kV/500kV	750kV
海南	拆除工程	变电	12.09			
		架空线路	13.75			
		电缆线路	15.22			
	检修工程	变电	11.71	12.85	9.92	7.64
		架空线路	13.15	13.49	13.51	10.42
		电缆线路	13.87	12.70		
		通信站	13.91			
		通信线路	15.07			

15. 关于发布 2013 版西藏地区电网工程概预算定额 2015 年度价格水平调整的通知

定额〔2015〕49 号

各有关单位：

依据电力建设工程概预算定额价格水平调整办法的有关规定，电力工程造价与定额管理总站根据西藏地区收集并上报的电网工程各种要素的价格变化情况，完成了 2015 年度西藏地区电网工程概预算定额人工费、材料和施工机械费价差调整测算工作，现予发布，请遵照执行。

在编制建设预算时，根据本次调整系数计算的人工费、材料和施工机械费价差只计取税金，汇总计入"编制基准期价差"。该价差应作为建筑、安装工程费的组成部分。

附件：1. 西藏地区电网工程定额人工费调整系数汇总表
2. 西藏地区电网安装工程定额材机调整系数汇总表
3. 西藏地区电网建筑工程定额施工机械台班价差调整汇总表

电力工程造价与定额管理总站（印）

2015 年 12 月 14 日

西藏地区电网工程定额人工费调整系数汇总表

单位：%

省份或地区	建筑工程	安装工程
西藏	26.30	23.82

附件 2:

西藏地区电网安装工程定额
材机调整系数汇总表

单位：%

省份和地区	工程类别	20kV 及以下	110kV 及以下	220kV	500kV
拉萨、山南、日喀则	变电工程	2.58	2.50	2.53	2.19
	送电工程	6.82	6.61	6.17	5.36
林芝	变电工程	2.60	2.52	2.55	2.21
	送电工程	6.89	6.68	6.23	5.42
昌都	变电工程	2.63	2.55	2.58	2.23
	送电工程	6.96	6.75	6.29	5.47
那曲	变电工程	2.64	2.56	2.59	2.25
	送电工程	6.99	6.78	6.32	5.49
阿里	变电工程	2.78	2.70	2.73	2.37
	送电工程	7.37	7.14	6.66	5.79

西藏地区电网建筑工程定额
施工机械台班价差调整汇总表

单位：元

序号	机　械	规格	单位	定额单价	实际单价	价差
1	履带式推土机	75kW	台班	620.87	646.28	25.41
2	履带式推土机	105kW	台班	791.55	819.45	27.90
3	履带式推土机	135kW	台班	985.86	1016.54	30.68
4	轮胎式装载机	2m³	台班	700.86	731.55	30.69
5	轮胎式拖拉机	10kW	台班	136.24	140.85	4.61
6	履带式单斗挖掘机（液压）	1m³	台班	948.58	978.23	29.65
7	光轮压路机（内燃）	12t	台班	379.11	394.21	15.10
8	光轮压路机（内燃）	15t	台班	448.66	468.87	20.21
9	振动压路机（机械式）	15t	台班	939.05	979.66	40.61
10	轮胎压路机	9t	台班	367.00	380.19	13.19
11	夯实机		台班	23.53	28.19	4.66
12	液压锻钎机	11.25kW	台班	219.61	242.52	22.91
13	履带式柴油打桩机	锤重 3.5t	台班	1264.61	1287.17	22.56
14	履带式柴油打桩机	锤重 7t	台班	2597.56	2624.57	27.01
15	履带式柴油打桩机	锤重 8t	台班	2696.61	2724.57	27.96
16	轨道式柴油打桩机	锤重 2.5t	台班	1067.02	1114.58	47.56
17	履带式钻孔机	φ700	台班	624.54	640.07	15.53
18	单重管旋喷机		台班	1124.08	1160.20	36.12
19	履带式起重机	25t	台班	708.01	728.13	20.12

序号	机 械	规格	单位	定额单价	实际单价	价差
20	履带式起重机	40t	台班	1288.86	1318.76	29.90
21	履带式起重机	50t	台班	1780.48	1821.94	41.46
22	履带式起重机	60t	台班	2214.64	2256.10	41.46
23	履带式起重机	150t	台班	7376.20	7435.34	59.14
24	汽车式起重机	5t	台班	488.91	533.09	44.18
25	汽车式起重机	8t	台班	595.42	609.44	14.02
26	汽车式起重机	12t	台班	730.36	745.70	15.34
27	汽车式起重机	16t	台班	922.83	940.98	18.15
28	汽车式起重机	20t	台班	1030.24	1049.91	19.67
29	汽车式起重机	25t	台班	1148.25	1169.42	21.17
30	汽车式起重机	30t	台班	1401.18	1424.29	23.11
31	汽车式起重机	50t	台班	3293.21	3321.64	28.43
32	龙门式起重机	10t	台班	348.34	373.13	24.79
33	龙门式起重机	20t	台班	560.96	619.11	58.15
34	龙门式起重机	40t	台班	913.32	1001.91	88.59
35	塔式起重机	1500kN·m	台班	4600.00	4820.43	220.43
36	塔式起重机	2500kN·m	台班	5400.00	5660.02	260.02
37	载重汽车	5t	台班	345.31	360.79	15.48
38	载重汽车	6t	台班	369.46	385.50	16.04
39	载重汽车	8t	台班	427.31	444.54	17.23
40	自卸汽车	8t	台班	550.58	570.42	19.84
41	自卸汽车	12t	台班	675.62	698.42	22.80
42	平板拖车组	10t	台班	517.87	585.49	67.62
43	平板拖车组	20t	台班	835.62	858.81	23.19
44	平板拖车组	30t	台班	1010.47	1037.86	27.39
45	平板拖车组	40t	台班	1157.43	1188.08	30.65
46	机动翻斗车	1t	台班	144.93	147.83	2.90

序号	机　械	规格	单位	定额单价	实际单价	价差
47	管子拖车	24t	台班	1430.23	1489.62	59.39
48	洒水车	4000L	台班	432.30	506.63	74.33
49	电动卷扬机(单筒慢速)	30kN	台班	90.98	99.83	8.85
50	灰浆搅拌机	400L	台班	114.24	118.50	4.26
51	混凝土振捣器(平台式)		台班	16.88	18.00	1.12
52	混凝土振捣器(插入式)		台班	13.17	14.29	1.12
53	木工圆锯机	500mm	台班	22.99	29.73	6.74
54	木工压刨床	刨削宽度 三面 400mm	台班	78.75	93.46	14.71
55	摇臂钻床	钻孔直径 50mm	台班	153.11	155.88	2.77
56	剪板机	厚度×宽度 20mm×2500mm	台班	302.93	319.04	16.11
57	剪板机	厚度×宽度 40mm×3100mm	台班	575.69	615.06	39.37
58	钢筋弯曲机	40mm	台班	23.40	26.99	3.59
59	型钢剪断机	500mm	台班	219.83	234.77	14.94
60	弯管机	WC27～108	台班	81.68	90.69	9.01
61	型钢调直机		台班	55.68	61.86	6.18
62	卷板机	板厚×宽度 20mm×1600mm	台班	141.73	149.87	8.14
63	联合冲剪机	板厚　16mm	台班	326.85	330.50	3.65
64	管子切断机	150mm	台班	43.12	46.74	3.62
65	坡口机	426mm	台班	289.48	300.85	11.37
66	电动单级离心清水泵	出口直径 150mm	台班	148.10	172.70	24.60
67	电动单级离心清水泵	出口直径 200mm	台班	178.20	207.40	29.20
68	电动多级离心清水泵	出口直径 100mm, 扬程120m 以下	台班	252.60	303.26	50.66

序号	机　械	规格	单位	定额单价	实际单价	价差
69	试压泵	25MPa	台班	72.26	76.56	4.30
70	试压泵	80MPa	台班	85.80	90.96	5.16
71	井点喷射泵	喷射速度 40m³/h	台班	158.37	197.68	39.31
72	交流电焊机	21kVA	台班	51.33	68.25	16.92
73	交流电焊机	30kVA	台班	70.35	94.84	24.49
74	对焊机	75kVA	台班	103.75	138.26	34.51
75	氩弧焊机	电流　500A	台班	99.52	119.37	19.85
76	点焊机（短臂）	50kVA	台班	84.77	113.75	28.98
77	电动空气压缩机	排气量 10m³/min	台班	376.33	489.55	113.22
78	轴流通风机	7.5kW	台班	34.42	45.65	11.23

16. 关于发布海底电缆工程预算定额 2015年度价格水平调整的通知

定额〔2015〕50号

各有关单位：

依据电力建设工程概预算定额价格水平调整办法的有关规定，电力工程造价与定额管理总站根据各地区的实际情况，完成了海底电缆工程预算定额 2015 年度价格水平调整系数的测算工作，现予发布。

在编制建设预算时，根据本次调整系数计算的人工费、材料和施工机械费价差只计取税金，汇总计入"编制基准期价差"。该价差应作为安装工程费的组成部分。

附件：1. 海底电缆工程预算定额人工费调整系数汇总表
　　　2. 海底电缆工程预算定额材机调整系数汇总表

电力工程造价与定额管理总站（印）

2015 年 12 月 14 日

466

附件 1：

海底电缆工程预算定额人工费调整系数汇总表

单位：%

省份或地区		安装工程
天津		13.74
河北		11.39
山东		12.07
辽宁		12.71
上海		16.15
江苏		14.70
浙江		15.21
福建		14.34
广东	广州、深圳	19.89
	佛山、珠海、江门、东莞、中山、惠州、汕头	16.79
	广东其他地区	14.14
广西		9.99
海南		9.94

附件 2:

海底电缆工程预算定额材机调整系数汇总表

省份或地区	35kV	110kV	220kV
天津	2.67	2.43	2.23
河北	2.76	2.51	2.24
山东	2.45	2.22	2.15
辽宁	2.48	2.25	2.00
上海	2.92	2.65	2.38
江苏	2.55	2.32	2.19
浙江	2.69	2.45	2.18
福建	2.43	2.20	2.10
广东	2.73	2.48	2.27
广西	2.53	2.30	2.10
海南	2.28	2.07	1.94